Entscheidungsfaktoren in der öffentlichen Verwaltung
am Beispiel der Windenergie im Landkreis Aurich

Recht und Rhetorik

Herausgegeben von Katharina Gräfin von Schlieffen

Band 4

PETER LANG
Frankfurt am Main · Berlin · Bern · Bruxelles · New York · Oxford · Wien

Frank Puchert

Entscheidungsfaktoren in der öffentlichen Verwaltung am Beispiel der Windenergie im Landkreis Aurich

PETER LANG
Internationaler Verlag der Wissenschaften

Bibliografische Information der Deutschen Nationalbibliothek
Die Deutsche Nationalbibliothek verzeichnet diese Publikation in der Deutschen Nationalbibliografie; detaillierte bibliografische Daten sind im Internet über http://dnb.d-nb.de abrufbar.

Zugl.: Hagen, FernUniv., Diss., 2009

Veröffentlichung als Dissertation zur Erlangung
des Grades eines Doktors der Rechte
der Rechtswissenschaftlichen Fakultät
der FernUniversität in Hagen.

D 708
ISSN 1619-389X
ISBN 978-3-631-60012-2

© Peter Lang GmbH
Internationaler Verlag der Wissenschaften
Frankfurt am Main 2010
Alle Rechte vorbehalten.

Das Werk einschließlich aller seiner Teile ist urheberrechtlich geschützt. Jede Verwertung außerhalb der engen Grenzen des Urheberrechtsgesetzes ist ohne Zustimmung des Verlages unzulässig und strafbar. Das gilt insbesondere für Vervielfältigungen, Übersetzungen, Mikroverfilmungen und die Einspeicherung und Verarbeitung in elektronischen Systemen.

www.peterlang.de

Gewidmet:
allen supporters von
ARMINIA BIELEFELD
(außer Karl)

Vorwort

Im Sommer 2005 hatte ich Gelegenheit, am Lehrstuhl von Prof. Dr. Gräfin von Schlieffen die möglichen Inhalte einer wissenschaftlichen Arbeit darzulegen. Prof. Dr. Gräfin von Schlieffen hörte sich geduldig meine etwas ungeordneten Vorstellungen an. Aber bereits in diesem ersten Gespräch gelang es, den Inhalt der vorliegenden Dissertation weitgehend zu konkretisieren. Beeindruckt machte ich mich an die Arbeit und konnte tatsächlich Anfang des Jahres 2009 meine Dissertation vorlegen. Dass ich neben meinen Aufgaben als Kreisrat des Landkreises Aurich das Promotionsverfahren erfolgreich abschließen konnte, ist vor allem der Unterstützung durch Prof. Dr. Gräfin von Schlieffen in wissenschaftlicher aber auch menschlicher Hinsicht zuzuschreiben. Schließlich habe ich in den vier Jahren nicht ein einziges Mal ernsthaft den Abbruch der Promotion in Erwägung gezogen. Danken möchte ich auch den Mitarbeitern des Lehrstuhls von Prof. Dr. Gräfin von Schlieffen und hier besonders Dr. Kracht sowie Dr. Baufeld hervorheben. Prof. Dr. Haratsch danke ich für das ausführliche Zweitgutachten zu meiner Dissertation.

Im privaten Umfeld möchte ich Dr. Silke Hüls und Dr. Ralf Kiehne dafür danken, dass sie mir aufgrund ihrer eigenen Erfahrungen die nötige Gelassenheit und Ruhe beim Abfassen einer Dissertation vermitteln konnten. Gelassenheit und Ruhe mussten allerdings auch meine Frau Heike und mein Sohn Nils beim Anblick des regelmäßig als Schreibtisch umfunktionierten Küchentisches aufbringen. Nur die Größe dieses Küchentisches versetzte mich schließlich in die Lage, eine zumeist an den Wochenenden zunehmend größer werdende Ansammlung von Büchern, Kopien, Arbeitspapieren und sonstigen Schriftstücken aufgrund eines nur für mich verständlichen Ordnungssystems noch überschauen zu können. Ohne die Unterstützung meiner Familie hätte ich das Promotionsverfahren nicht erfolgreich abschließen können.

Danken möchte ich überdies dem Dipl.-Ing. Hermann Hollwedel, der sich für unzählige Interviews zur Verfügung stellte und es mir damit ermöglichte, die Genehmigungspraxis des Landkreises Aurich im Bereich der Windenergie wissenschaftlich aufzuarbeiten.

Inhaltsverzeichnis

Abkürzungsverzeichnis 13

A. Einleitung 17

B. Die Verwaltung 21
I. Verwaltungsbegriff 21
II. Verwaltungsorganisation 22
   1. Verwaltungsaufbau 22
   2. Innerer Aufbau der Verwaltung 23
      a) Organisationstheorie 23
         aa) Formalisiertes Verwaltungsmodell 24
         bb) Die informelle (eigentliche) Verwaltungsorganisation 26
      b) Entscheidungstheoretischer Ansatz 27
      c) Organisatorischer Umgang mit relevanten Einflüssen 31
      d) Thematische Schlussfolgerung 34

C. Das Vierteljahrhundert der Windenergie 39

D. Neue Energie trifft auf altes Baurecht 49
I. Geschichtlicher Hintergrund des § 35 BauGB 50
II. Baurechtliche Beurteilung bis Juni 1994 52
   1. Städtebauliche Zulässigkeit 53
      a) Privilegierungstatbestand 53
         aa) § 35 Abs. 1 Nr. 1 BauGB 53
            (1) Auslegungsprobleme 53
            (2) Rechtsprechung 54
            (3) Staatliche Aufsichtsbehörden 58
         bb) § 35 Abs. 1 Nr. 4 BauGB a.F. 60
         cc) § 35 Abs. 1 Nr. 5 BauGB a. F. 62
      b) Sonstige Vorhaben gemäß § 35 Abs. 2 BauGB 63
      c) Gesicherte Erschließung 65
      d) Öffentliche Belange (§ 35 Abs. 3 Satz 1 BauGB) 67
         aa) Landschaftsbild 68
         bb) Denkmalschutz 72

	cc) Naturschutz (Vogelschutz)	74
	e) Gemeindliches Einvernehmen	76
2.	Genehmigungspraxis des Landkreises Aurich	78
	a) Privilegierung	78
	b) Öffentliche Belange	84
	aa) Denkmal- und Landschaftsschutz	85
	bb) Vogelschutz	88
3.	Resumé	90
III.	Rechtliche Beurteilung zwischen 1994 und 1997	91
1.	Urteil des BVerwG's vom 16. Juni 1994	92
2.	Entscheidungspraxis der Auricher Bauverwaltung	94

E. Wer bestimmt heute über die Zulässigkeit einer Windenergieanlage? _ 97
I. Aktuelle Rechtslage _____ 97
   1. Novellierung des Baurechts _____ 97
   2. Raumordnung _____ 100
      a) Raumordnungsklausel (§ 35 Abs. 3 Satz 3) _____ 101
         aa) Raumbedeutsamkeit _____ 101
         bb) Wirkungsgrad der Raumordnung _____ 103
      b) Landesplanung Niedersachsens _____ 106
         aa) Rechtliche Rahmenbedingungen für die Landesplanung _ 106
         bb) Nds. Landesplanung von 1994/98 _____ 107
         cc) Verbindlichkeit der Landesplanung von 1994/98 _____ 108
      c) Regionalplanung _____ 109
         aa) Rechtliche Grundlagen der Regionalplanung _____ 110
         bb) Regionalplanung des Landkreises Aurich von 1992/2004 _ 113
         cc) Wirkungsgrad der Regionalplanung _____ 115
   3. Bauleitplanung _____ 117
      a) Rechtliche Maßgaben für eine Konzentrationsplanung _____ 118
      b) Konzentrationsplanung der Auricher Kommunen _____ 121
      c) Wirkungsgrad der Flächennutzungspläne _____ 123
         aa) Erhalt des Landschaftsbildes _____ 123
         bb) Belange des Naturschutzes _____ 127
         cc) Vorfestlegungen _____ 129
      d) Zwischenergebnis _____ 132
      e) Verwerfungskompetenz _____ 136
   4. Öffentliche Belange (§ 35 Abs. 3 Satz 1 BauGB) _____ 138
      a) Schädliche Umwelteinwirkungen _____ 139
      b) Landschafts- und Denkmalschutz _____ 140
      c) Vogelschutz _____ 144

	d) Planungserfordernis als sonstiger öffentlicher Belang	148
	5. Einvernehmen (§ 36 BauGB)	149
II.	Genehmigungspraxis des Landkreises Aurich	150
	1. Anwendung der Flächennutzungspläne	150
	2. Öffentliche Belange (§ 35 Abs. 3 Satz 1 BauGB)	152
	a) Planungsbedürfnis	152
	b) Landschaftsbild	153
	c) Denkmalrecht	157
	d) Vogelschutz	159
	3. Einvernehmensersetzung	161
III.	Resumé	163

F.	Der Einfluss der Politik auf die Behördenentscheidung	165
I.	Wie politisch ist die (Auricher) Kreisverwaltung im Allgemeinen?	165
	1. Politik und Kommunalverwaltung	166
	a) Der Politikbegriff	166
	b) Kommunalverwaltung	169
	c) Verhältnis zwischen Politik und Kreisverwaltung	170
	aa) Allgemeines Verhältnis	171
	bb) Verfahrensmäßiger Einfluss der Politik in Bausachen	171
	(1) Zuständigkeit	172
	(2) Verfahrensablauf	172
	cc) Verfahrensweise der Auricher Bauverwaltung	174
	d) Fazit	175
II.	Reichweite politischen Drucks	176
	1. Der Begriff des politischen Drucks	176
	2. Das Problem der Rechtsanwendung	178
	3. Das Eigenverständnis der Verwaltungseinheit	183

G.	Welche Einflüsse bestimmten die Auricher Genehmigungspraxis?	185
I.	Die politische Erwartungshaltung	185
II.	Sachpolitische Beweggründe	190
	1. Landwirtschaft	190
	2. Industrie, Arbeitsplätze, Gewerbesteuern (= Wirtschaftskraft)	193
III.	Emotionale Faktoren	198
IV.	Schlussfolgerung	203

H.	Gesamtwürdigung	209
I.	Fazit	209
II.	Ausblick	213

Schlussbemerkung	219
Literaturverzeichnis	221
I. Juristische Fachliteratur	221
II. Kommentare	227
III. Festschriften	229
IV. Sonstige Fachliteratur	229
V. Aufsätze	232
VI. Sonstige Literatur	236
VII. Interviews	239

Abkürzungsverzeichnis

AaO	am angegebenen Ort
AbfG	Abfallgesetz
abgedr.	abgedruckt
Abt.	Abteilung
AcP	Archiv für civilistische Praxis (Zeitschrift)
a. F.	alte Fassung
Amtsbl.	Amtsblatt
allg.	allgemeines
ALR	Preußisches Allgemeines Landrecht
AöR	Archiv des öffentlichen Rechts (Zeitschrift)
Art.	Artikel des Grundgesetzes
Aufl.	Auflage
Ausf.	Ausführungen
Az.	Aktenzeichen
BauGB	Baugesetzbuch
BBauGB	Bundesbaugesetzbuch
BauNVO	Baunutzungsverordnung
BauR	Baurecht (Zeitschrift)
BauRegVO	Verordnung über die Regelung der Bebauung
Bek.	Bekanntmachungen
Beschl.	Beschluss
BezReg.	Bezirksregierung
Bd.	Band
BGBl.	Bundesgesetzblatt
BImschG	Bundesimmissionsschutzgesetz
BImschVO	Bundesimmissionsschutzverordnung
BM	Bundesministerium
BMFT	Bundesministerium für Forschung und Technik
BNatSchG	Bundesnaturschutzgesetz
BR-Drucks.	Bundesrats-Drucksache
BROG	Bundesraumordnungsgesetz v. 1962
BT-Drucks.	Bundestags-Drucksache
BVerfGE	Entscheidungen des Bundesverfassungsgerichts
BVerwGE	Entscheidungen des Bundesverwaltungsgerichts

d.	des
DEWI	Deutsches Windenergie-Institut
Ders.	derselbe
Dies.	dieselben
DÖV	Die Öffentliche Verwaltung (Zeitschrift)
Dts.	deutschen
DVBl.	Deutsches Verwaltungsblatt
DSchG NW	Denkmalschutzgesetz Nordrhein-Westfalen
EEG	Erneuerbare Energie Gesetz
EnWG	Energie Wirtschaftsgesetz
Einf.	Einführung
Einl.	Einleitung
ETI	Europäisches Tourismusinstitut
EuGH	Europäischer Gerichtshof
EWE	Energieversorgung Weser-Ems
EZ	Emder Zeitung
f.	folgende
FAZ	Frankfurter Allgemeine Zeitung
ff.	fortfolgende
FFH-RL	Flora-Fauna-Habitate-Richtlinie
F-plan	Flächennutzungsplan
GAA	Gewerbeaufsichtsamt
GO	Gemeindeordnung
GVBl.	Gesetz- und Verordnungsblatt
Halbs.	Halbsatz
HAZ	Hannoversche Allgemeine Zeitung
IHK	Industrie- und Handelskammer
i.S.	im Sinne
IWB	Interessenverband Windenergie Binnenland e.V.
JZ	Juristenzeitung
Kap.	Kapitel
Komm.	Kommentar
KW	Kilowatt
KW/h	Kilowattstunde
LAI	Länderarbeitsgemeinschaft Immissionsschutz
LPlG	Landesplanungsgesetz
LROP	Landesraumordnungsprogramm
LT-Drucks.	Landtags-Drucksache
LWK	Landwirtschaftskammer
MBl.	Ministerialblatt

MI	Niedersächsisches Innenministerium
ML	Niedersächsisches Landwirtschaftsministerium
MU	Niedersächsisches Umweltministerium
MW	Megawatt
NABU	Naturschutzbund Deutschland
NBauO	Niedersächsische Bauordnung
Nds.	Niedersachsen
NDSchG	Niedersächsisches Denkmalschutzgesetz
NGO	Niedersächsische Gemeindeordnung
NLO	Niedersächsische Landkreisordnung
NLÖ	Niedersächsisches Landesamt für Ökologie
NLS	Niedersächsisches Landesamt für Statistik
NLT	Niedersächsischer Landkreistag
NNatG	Niedersächsisches Naturschutzgesetz
NJW	Neue Juristische Wochenschrift
NROG	Niedersächsisches Raumordnungsgesetz
NuR	Natur und Recht (Zeitschrift)
NV	Verfassung des Landes Niedersachsen
n.v.	nicht veröffentlicht
NVwZ	Neue Zeitschrift für Verwaltungsrecht
NVwZ-RR	Neue Zeitschrift für Verwaltungsrecht-Rechtsreporter
Öffentl.	Öffentliches
OK	Ostfriesischer Kurier
OKD	Oberkreisdirektor
ON	Ostfriesische Nachrichten
OVGE	Entscheidungen des Oberverwaltungsgerichts
OZ	Ostfriesen Zeitung
PrOVG	Preußisches Oberverwaltungsgericht
Rspr.	Rechtsprechung
Rd.	Randnummer
RdE	Recht der Energiewirtschaft (Zeitschrift)
ROG	Raumordnungsgesetz des Bundes
RROP	Regionales Raumordnungsprogramm
Rz.	Randziffer
S.	Seite
SOKO	Institut für Sozialforschung und Kommunikation
SKE	Steinkohleeinheit (veraltetes Maß für den Energiewert eines Brennstoffs)
StrEG	Stromeinspeisungsgesetz
UPR	Umwelt- und Planungsrecht (Zeitschrift)

Urt.	Urteil
UVP-G	Gesetz über die Umweltverträglichkeitsprüfung
v.	vom
VerwArch.	Verwaltungsarchiv (Zeitschrift)
vgl.	vergleiche
Vorbem.	Vorbemerkung
VuF	Verwaltung und Fortbildung (Zeitschrift)
VRL	Vogelschutz-Richtlinie
VVDStRL	Veröffentlichungen der Vereinigung der Deutschen Staatsrechtslehre
WEA	Windenergieanlage
WHG	Gesetz zur Ordnung des Wasserhaushalts (Wasserhaushaltsgesetz)
WKA	Windkraftanlage
WZ	Wilhelmshavener Zeitung
ZBR	Zeitschrift für Beamtenrecht
ZfBR	Zeitschrift für Baurecht
ZfbF	Zeitschrift für betriebswirtschaftliche Forschung
ZUR	Zeitschrift für Umweltrecht

A. Einleitung

„Für Ostfriesland gibt es wieder nur ein paar neue Radwege. Während in allen anderen niedersächsischen Regionen hochtechnologische Entwicklungen sowie innovative Unternehmen gefördert werden, geht der Nordwesten leer aus. Die Ostfriesen werden (jedoch) allmählich munter – Windenergie soll Auftrieb bringen", formulierte der *Anzeiger für Harlingerland* im Jahr 1989.[1]

Ostfriesland liegt im Nordwesten des Landes Niedersachsen. Begrenzt durch die Nordseeküste weist die Region eine prägnante Randlage auf. Ostfriesen zeichnen sich durch eigene Sprache (Plattdeutsch), eigene Kultur und ein besonderes Regionalbewusstsein aus.[2] „Ostfrieslands Geschichte sind tausend Jahre Zweifrontenkrieg: Abwehr aller anderen Deutschen im Süden, Kampf gegen die See im Norden. Eigen ist ihnen, daß sie mit großer Eifersucht und echter Geschlossenheit ihre Sitte, Art und Weise gegen fremden Eindrang zu verteidigen suchen". Der knorrige Stamm an der Küste verstehe sich noch immer als Notgemeinschaft, „nach Innen gekehrt wie ein Leichenzug", meinte *GEO* im Jahr 1978 erkannt zu haben.[3] Tatsächlich prägt den ostfriesischen Raum bis in die Gegenwart eine gemeinschafts- und vor allem familienbezogene Lebensorientierung.[4] Geringer Industriebesatz lässt die Arbeitslosenquote konstant überdurchschnittlich sein. Arbeitslosigkeit werde hier jedoch nach Ansicht von *Grüske/ Lohmeyer* als kollektives Schicksal denn als individuelles Versagen gewertet. Man definiere sich weniger über eine ausgeprägte Arbeitskultur, weshalb die Wirtschaftsentwicklung im ostfriesischen Raum Anfang der 1990iger Jahre noch insgesamt schwach sei.[5]

Die Region Ostfriesland bildet sich aus der kreisfreien Stadt Emden sowie den Landkreisen Leer, Wittmund und Aurich. Der Landkreis Aurich ist überwiegend ländlich geprägt. Mit 75,3% ist die Landwirtschaft aktuell der vorherrschende Flächennutzer.[6] Die agrarwirtschaftliche Struktur mit einem Flächenanteil von mehr als drei Vierteln lässt bereits auf ein hohes Defizit an Arbeitsplätzen in Industrie und Gewerbe schließen. Allerdings gelang es zwischen 1990

---

1 Anzeiger für Harlingerland, Ausgabe v. 02.03.1989.
2 Meissner, in: Berichte zur deutschen Landeskunde, 1986, 227 (243).
3 Geschlossene Gesellschaft, in: GEO, 1978, S. 14 f.
4 Grüske/Lohmeyer, Außerökonomische Faktoren und Beschäftigung, 1990, S. 31 ff.
5 Grüske/Lohmeyer, aaO, S. 56, 66 f.
6 Fachbeitrag LWK, 2001, S. 32.

und 2002, den Anteil sozialversicherungspflichtiger Beschäftigter um 15,8 % zu erhöhen.[7] Dieser wirtschaftliche Aufschwung verläuft parallel zum Boom der Windenergie.

Die 75 km lange Küstenlinie des Landkreises Aurich ist aufgrund ihrer Windverhältnisse prädestiniert für die Errichtung von Windenergieanlagen. Hunderte von Anlagen überprägen hier seit Beginn der 1990iger Jahre die Küstenlandschaft. Der windhöffige Küstenraum bietet sich zudem als Versuchsfeld für Hersteller von Windenergieanlagen an. So gründete 1984 Aloys Wobben in Aurich die Firma Enercon. Mit der E–16 konstruierte Enercon im Jahr 1985 ihre erste Windenergieanlage mit einer Leistung von 55 KW. Das Prädikat eines Pionierlandes der Windenergie dürfte jedoch unbestritten Schleswig-Holstein zukommen. Mit etwa 300 MW installierter Leistung aus Windenergie nahm Schleswig-Holstein im Jahr 1994 Rang 1 unter den Bundesländern ein.[8] Allein im Kreis Nordfriesland waren bereits im Jahr 1995 annähernd 400 Windenergieanlagen errichtet.[9] Zudem werden in einer Übersicht des DEWI aus dem Jahr 1989 insgesamt sieben Hersteller von Windenergieanlagen aufgeführt, die Anlagen mit einer Nennleistung von bis zu einem Megawatt (MW) in Serie produzierten.[10] Kein Anlagenhersteller Norddeutschlands verweist jedoch auf eine derart rasante Entwicklung und dürfte die Wirtschaftskraft einer Region nachhaltiger gestärkt haben als das Auricher Unternehmen Enercon. Schon Mitte der 1990iger Jahre stellte die *IHK für Ostfriesland und Pappenburg* fest, dass ohne die Firma Enercon ein dramatischer Anstieg der Arbeitslosenquote zu befürchten sei.[11]

Allein der politische Wille zur Förderung regenerative Energien vermochte jedoch, diese neue Entwicklung in der Energiegewinnung nicht auszulösen. Erst das Stromeinspeisungsgesetz (StrEG) von 1990 machte die Windkraft gegenüber anderen Energieträgern konkurrenzfähig. Bereits fünf Monate nach Inkrafttreten des StrEG's kommentierte der *Ostfriesische Kurier*: „Ölquelle Ostfrieslands – nach einem neuen Vergütungsgesetz herrscht Goldgräberstimmung".[12] Landesplanerische Maßgaben Niedersachsens flankierten den Aufschwung der Windenergie zudem. Niedersachsen setzte den Trägern der Regionalplanung mit seinem Landes-Raumordnungsprogramm (LROP) von 1994 ehrgeizige Ausbaustufen. In dieser Zeit verfügte die Landesregierung über eine ausgeprägte Bezie-

---

7 RROP-Entwurf, 2004, S. 130.
8 Statistik des DEWI Stand: 30.06.2006; Nds. lag im Jahr 1994 bei ca. 200 MW installierter Leistung.
9 Carstensen, in: ZUR 1995, 312 (313).
10 DEWI, Verzeichnis der dts. Anbieter von WKA, 1989.
11 Franken, in Franken: Rauher Wind, 1998, S. 183.
12 Ostfriesischer Kurier (OK), Ausgabe v. 18.05.1991.

hung zum Landkreis Aurich. Mitglied des Kabinetts war nämlich von 1990 bis 1996 Ostfrieslands einziger Minister Hinrich Swieter. Swieter war außerdem von 1977 bis zu seinem Tod im Jahr 2002 (ehrenamtlicher) Landrat des Landkreises Aurich.

Als ich im Sommer 2003 die Leitung des Baudezernates übernahm, stellte sich das Thema „Windenergie" im Landkreis Aurich aber zugleich als ein Problem mit erheblicher Breitenwirkung dar. Entlang der Nordseeküste hatten Investoren insgesamt mehr als 200 Anträge auf Genehmigung zur Errichtung von Windenergieanlagen gestellt.[13] In der Branche war bekannt geworden, dass die Küstengemeinden zum Teil nicht über eine wirksame bauleitplanerische Steuerung der Windenergienutzung verfügten. Der Landkreis Aurich hatte jedoch in allen Fällen abschlägig entschieden. Offensichtlich sollte ein unkoordinierter Ausbau der Windenergie um jeden Preis im bereits erheblich belasteten Küstenraum vermieden werden. Diese Vorbelastung in Küstennähe hätte jedoch nach ober- und höchstrichterlicher Auffassung nicht eintreten müssen. Die bis Mitte 1994 entlang der windhöffigen Küstenlinie errichteten Windenergieanlagen wurden nämlich nach Ansicht des *BVerwG's* und des *OVG's Lüneburg* ganz überwiegend zu Unrecht genehmigt.

Eine offenbar kritische Verwaltungspraxis über einen Zeitraum von mehr als anderthalb Jahrzehnten wirft Fragen nach den Gründen auf. Für juristisch bedenkliche Entscheidungen kann es vorliegend nur zwei Erklärungsansätze geben:

Die Genehmigungspraxis der Auricher Bauverwaltung zu Beginn des Windkraftbooms könnte einerseits lediglich eine bis zur Baurechtsnovelle von 1998 diffuse Rechtslage abbilden. Die fragwürdigen Entscheidungen des Landkreises Aurich zur Windenergie könnten insoweit also das bloße Ergebnis unbewusst fehlerhafter Rechtsanwendung gewesen sein. *Tacke* geht jedenfalls davon aus, dass Windenergieanlagen bis Mitte der 1990iger Jahre mehr oder weniger willkürlich zugelassen worden seien.[14]

Andererseits könnte die Verwaltung aber auch angesichts einer umwelt- und wirtschaftspolitischen Grundentscheidung unter Druck geraten sein, im Verständnis dieser politischen Neuausrichtung als Bauaufsichts- und Raumordnungsbehörde zu entscheiden. Eine eigenwillige Bauverwaltung könnte dabei den energiepolitischen Richtungswechsel als Chance begriffen haben, die Zukunft Ostfrieslands neu zu gestalten, korrigierte diese Zielsetzung aber wieder, als man mit den spürbaren Folgen der Nutzung von Windenergie konfrontiert wurde.

---

13 Teilweise beschränkt auf die städtebauliche Zulässigkeit (= Bauvorbescheid).
14 Vgl. Tacke, Windenergie, 2003, S. 214.

Letztlich soll auf Grundlage der Genehmigungsverfahren von Windenergieanlagen im Landkreis Aurich dargelegt werden, dass selbst Ordnungsverwaltung nicht einfacher Gesetzesvollzug im Sinne einer programmierten Subsumtionsmechanik sein kann. Gerade der offen formulierte Tatbestand des § 35 BauGB zeigt sich bei seiner einzelfallbezogenen Anwendung für einen allgemeinen (politischen) Stimmungswandel durchlässig. Am ausgewählten Beispiel werden schließlich die insgesamt entscheidungsrelevanten Einflussfaktoren in der öffentlichen Verwaltung untersucht. Ernüchternd gelangt diese Arbeit zu dem erwarteten Ergebnis: Kein Gesetz und keine Organisation lässt eine Verwaltung uneingeschränkt berechenbare Entscheidungen produzieren.

B. Die Verwaltung

Jede Organisation braucht Verwaltung.[15]

I. Verwaltungsbegriff

Verwaltungsaufgaben sind die Verwirklichung des gesetzgeberischen Willens, urteilte *Fleiner* im Jahr 1928.[16] Und *Mayer* definierte im Jahr 1924 Verwaltung als die Staatstätigkeit, die nicht Gesetzgebung und Rechtsprechung sei.[17] Der Begriff „Verwaltung" blieb jedoch bis in die Gegenwart unpräzise. Verwaltung bedeutet nach *Stern* die den Organen der vollziehenden Gewalt übertragene Erledigung von Aufgaben des Gemeinwesens rechtlich verbindlich nach vorgegebener Zwecksetzung.[18] Dagegen erscheint die Begriffsbestimmung von *Wolff* differenzierter: „Unter öffentlicher Verwaltung im materiellen Sinne solle die mannigfaltige, konditional oder nur zweckbestimmte, also insofern fremdbestimmte, nur teilplanende, selbstbeteiligt entscheidend ausführende und gestaltende Wahrnehmung der Angelegenheiten von Gemeinwesen und ihrer Mitglieder als solcher durch die dafür bestellten Sachwalter des Gemeinwesens zu verstehen sein".[19] Insgesamt belegen vielfältige Definitionsversuche, dass eine allgemeinverbindliche Begriffsbestimmung noch nicht erzielt werden konnte. Dies liege an der Eigenart der Verwaltung, die nach Tätigkeitsbereichen, Aufgabenstellung, Struktur und Handlungsformen so vielgestaltig erscheine, dass eine begriffliche Erfassung nicht gelingen wolle.[20] Verwaltung lasse sich nicht definieren, sondern nur beschreiben.[21] Letztlich sei jedoch nach Ansicht von *Ehlers* eine präzise Definition solange entbehrlich, als an die Begrifflichkeit keine Rechtsfolgen geknüpft seien. Erst wenn verfassungsrechtliche oder einfachge-

---

15 Ehlers, in: Erichsen/Ehlers, Allg. Verwaltungsrecht, 13. Aufl. 2006, § 1 Rd. 4.
16 Fleiner, Institutionen des deutschen Verwaltungsrechts, 8. Aufl. 1928, S. 4.
17 Mayer, Deutsches Verwaltungsrecht I, 3. Aufl. 1924, S. 7.
18 Stern, Das Staatsrecht der BRD, Bd. 2, 1980, S. 738.
19 Wolff/Bachof/Stober, Verwaltungsrecht I, 10. Aufl. 1994, Rd. 19 zu § 2.
20 Maurer, Allg. Verwaltungsrecht, 7. Aufl. 1990, Rd. 8 zu § 1.
21 Forsthoff, Verwaltungsrecht, 10. Aufl. 1973, S. 1.

setzliche Regelungen auf das Vorliegen einer Verwaltungstätigkeit im materiellen Sinne abstellen würden, müsse der Begriff eigenständig bestimmt werden.[22]

II. Verwaltungsorganisation

Wenn also jede Organisation einer Verwaltung bedarf, so gilt diese Erkenntnis aber auch für die Verwaltung selbst.

1. Verwaltungsaufbau

Originärer Verwaltungsträger ist der als rechtsfähige Körperschaft des öffentlichen Rechts organisierte Staat in Gestalt von Bund und Länder.[23] Das Schwergewicht der Verwaltung liegt nach dem Grundgesetz jedoch bei den Ländern einschließlich ihrer Untergliederungen.[24] Die Länder üben die Verwaltung unmittelbar und mittelbar aus. Von einer unmittelbaren Verwaltung spricht man, wenn die öffentlichen Aufgaben durch eigene Organe des Staates ohne Rechtspersönlichkeit, d.h. von Behörden erfüllt werden.[25] Dabei besitzt der staatliche Behördenaufbau in den Flächenbundesländern regelmäßig eine dreigliedrig hierarchische Struktur: oberste Landesbehörden (= Landesregierung- und ministerien), Landesoberbehörden (z.B. Landesamt für Statistik, Landeskriminalamt etc.) sowie diesen unmittelbar nachgeordneten Mittelbehörden, welche oberhalb der Kreisebene Verwaltungsaufgaben übernehmen.[26] Als Regionale Landesmittelbehörden unterstehen die Bezirksregierungen der allgemeinen Organaufsicht des Innenministeriums und der Fachaufsicht des jeweils zuständigen Kompetenzbereichs.[27]

Auf der unteren Ebene werden die Verwaltungsaufgaben von den Unteren Landesbehörden wahrgenommen. Die Landesverwaltung wird hier in der Regel im Wege der mittelbaren Verwaltung von den Behörden der Kommunalverwaltung ausgeübt.[28] Die Kommunen würden jedoch durch die Bezeichnung „mittel-

---

22 Ehlers, in: Erichsen/Ehlers, aaO, § 1 Rd. 12.
23 Kritisch dazu: Böckenförde, Festschrift Wolff, 1973, 269 (274 ff.).
24 Püttner, Verwaltungslehre, 2. Aufl. 1989, S. 103.
25 Joerger/Geppert, Grundzüge der Verwaltungslehre, Bd. 2, 4. Aufl. 1996, S. 299.
26 Lecheler, Verwaltungslehre, 1988, S. 115 f.
27 Mattern, in: Mattern/Reinfried, Allg. Verwaltungslehre, 4. Aufl. 1994, Rd. 632; obwohl Flächenstaat löste Niedersachsen hingegen seine Bezirksregierungen im Jahr 2004 auf.
28 Mattern, aaO, Rd. 641.

bare Landesverwaltung" an sich nur unzureichend beschrieben.[29] Immerhin könnten Gemeinden und Gemeindeverbände auf eine eigene demokratische Legitimation verweisen.[30] Nach *Maunz* beziehe das Grundgesetz jedoch die Kommunen in den Aufbau der Landesverwaltung mit ein, weshalb verfassungsrechtlich von einem zweistufigen Verwaltungsaufbau auszugehen sei.[31]

2. Innerer Aufbau der Verwaltung

Organisieren ist dadurch gekennzeichnet, dass Entscheidungsvorbereitung und Entscheidung über das Handeln in angemessenem Abstand vor dem Tätigwerden liegen. Werden Entscheidungsvorbereitung und Entscheidung auf einen Zeitpunkt unmittelbar vor Beginn des Handelns verlegt, wird nicht organisiert, sondern improvisiert.[32]

a) Organisationstheorie

Organisation darf niemals Selbstzweck sein,[33] sondern beinhaltet die Verbindung von Verwaltungspersonal und Sachmitteln zur Erfüllung konkreter Verwaltungsaufgaben.[34] Die Organisation muss insoweit den jeweils gestellten Aufgaben angepasst sein.[35] Dabei bestimme das Verwaltungsrecht zwar Aufgaben und Form öffentlicher Verwaltung. Die Betonung des Verwaltungsrechts habe jedoch den falschen Eindruck entstehen lassen, staatliche Verwaltung bedeute vor allem Verwaltungsrecht.[36] Je bewusster jedoch die soziale Bedeutung der Verwaltung und ihre Tätigkeit werden, umso weniger lässt sich ihre Struktur allein juristisch erklären.[37] Ihre Mehrdimensionalität macht die öffentliche Verwaltung zum Gegenstand unterschiedlichster Disziplinen.[38] Daher umfasst die Organisationslehre mehrere organisationstheoretische Ansätze.

---

29 Hofmann/Muth/Theisen, Kommunalrecht NRW, 6. Aufl. 1992, S. 86.
30 Roters, in: v. Münch, GG, 2. Aufl. 1983, Rd. 2 zu Art. 28.
31 Maunz, in: Maunz/Dürig, GG, Stand: Dezember 2007, Rd. 79 zu Art. 28.
32 Siehe hierzu insgesamt Siepmann/Siepmann, Verwaltungsorganisation, 3. Aufl. 1987, S. 4.
33 Püttner, aaO, S. 139.
34 Lecheler, aaO, S. 142.
35 Arp, in: Becker/Thieme, Handbuch der Verwaltung, 1978, Rd. 3212.
36 Lecheler, aaO, S. 36.
37 Badura, in: DÖV 1970, 18 (18 f.).
38 Eichhorn, in: Festschrift Wolff, aaO, 39 (41).

aa) Formalisiertes Verwaltungsmodell

Weber hält die Bürokratie für die rationalste Form der Herrschaftsausübung, da hier unter Wahrung der Kontinuität (= Aktenmäßigkeit) durch Spezialisten (= Arbeitsteilung) berechenbare Entscheidungen (= Reglementierung) ohne zeitaufwändige Reibungsverluste (= Amtshierarchie) getroffen werden. Aufstieg und Beförderung der Verwaltungsmitarbeiter dürften nur aufgrund fachlicher Kompetenz erfolgen. Der Beamte erscheint bei *Weber* als unpersönlicher Sachwalter bar zwischenmenschlicher Beziehungen, dessen Rechte und Pflichten strikt geregelt sind.[39] Schon *Taylor* wollte Anfang des 20. Jahrhunderts den Menschen als bloßen Produktionsfaktor begreifen; „bisher stand die Persönlichkeit an erster Stelle, in Zukunft wird die Organisation und das System an erster Stelle stehen".[40] Der Verwaltungsmitarbeiter müsse danach in ein fest geordnetes System von Über- und Unterordnung eingebunden werden, in dem programmierte Arbeitsabläufe stattfänden.[41] Ein solches hierarchisches Prinzip weist den einzelnen Verwaltungseinheiten abgestufte Kompetenzen zu und mündet in einer einzigen Verwaltungsspitze.[42] Schematisch dargestellt, erscheint die Behörde als eine geschlossene Ämter- und Personenpyramide.[43]

Dabei sei nach *Fayol* die Einheit der Leitung und Auftragserteilung zu wahren.[44] Jede Stelle ist danach nur einer übergeordneten Position zugeordnet (= Linienorganisation).[45] Von der Behördenspitze bis hin zu jedem einzelnen Verwaltungsmitarbeiter auf der Vollzugsebene führt eine durchgehende und überschneidungsfreie Linie; die Verantwortung werde damit übersichtlich verteilt und die Gefahr kollidierender Weisung vermieden.[46]

Allerdings zeigt die Verwaltungswirklichkeit, dass eine strikte Einlinienorganisation den tatsächlichen Anforderungen nur eingeschränkt gewachsen ist. Probleme werfen vor allem die so genannten Querschnittsfunktionen (= Organisation, Personal, Finanzen, Recht, Rechnungsprüfung) auf, die wegen ihrer Gleichartigkeit von Zentralstellen für die gesamte Verwaltung bearbeitet werden können.[47] Im historischen Einliniensystem sollten diese Zentralabteilungen die

---

39 Weber, Wirtschaft und Gesellschaft, 5. Aufl. 1972, S. 124 ff.; vgl. hierzu auch Siepmann/Siepmann, aaO, S. 28.
40 Taylor, Die Grundsätze wissenschaftlicher Betriebsführung, 1917, S. 4.
41 Taylor, aaO, S. 38 ff.
42 Thieme, Verwaltungslehre, 4. Aufl. 1984, Rd. 243.
43 Lauxmann, Die kranke Hierarchie, 1971, S. 46 ff.
44 Fayol, Allg. und industrielle Verwaltung, 1929, S. 21f.
45 Vollmuth, in: Mattern/Reinfried, aaO, Rd. 803.
46 Lecheler, aaO, S. 143 f.
47 Siepmann/Siepmann, aaO, S. 92.

Querschnittsaufgaben lediglich beratend miterfüllen; die Entscheidung lag allein in den Fachämtern.[48] Diese Kompetenzverteilung führte jedoch zu einer unwirtschaftlichen Doppelarbeit. Zur Vermeidung von Mehrfacharbeit aber auch um die Qualität dieser Leistungen zu verbessern, wurde daher in Weiterentwicklung der Einlinienstruktur für die Querschnittsfunktionen über die traditionelle Spartengliederung eine Gliederung nach Funktionen gelegt. Diese mehrlinige Verklammerung führt dazu, dass eine nachgeordnete Instanz Anordnungen von mehreren Vorgesetzten erhält. Diese so genannte Matrix-Organisation funktioniere daher nur, wenn zwischen den an der jeweiligen Aufgabe beteiligten Organisationseinheiten ohne Vermittlung über die Linienspitze unmittelbar kooperiert werde.[49]

Außerdem könne im Einzelfall zur Aufgabenerledigung eine projektbezogene Organisation erforderlich werden. Dazu werden aus einer Organisation für bestimmte Projekte Mitarbeiter freigestellt und unter der Leitung eines Projektleiters zu einer Projektgruppe zusammengefasst.[50] In diesem Kollegium stehen sich die Amtsträger gleichrangig gegenüber und entscheiden gemeinsam.[51] Eine solche Gruppenarbeit mache laut *Püttner* aber nur Sinn, wenn die Arbeitsergebnisse nicht durch Vorschriften oder Weisung vorfestgelegt seien. Das Kollegialprinzip könne das Hierarchieprinzip jedoch nicht ersetzen, sondern habe die unumgängliche Hierarchie lediglich zu ergänzen oder aufzulockern.[52]

Überdies wird an der Einlinienorganisation häufig kritisiert, sie überfordere die Leistungsfähigkeit der Verwaltungsspitze. Die Behördenspitze habe sich auf die zwingenden Leitungsaufgaben zu konzentrieren und im Übrigen zu delegieren. Die übertragene Zuständigkeit sei damit vorbehaltlich einer Rücknahme für den Delegaten verloren.[53] Aber auch wenn der Behördenleiter sich auf die Wahrnehmung seiner Leitungsbefugnisse beschränke, bedeute dies nicht, dass Führungshilfen überflüssig seien.[54] Verwaltungswissenschaftler haben daher eine Ergänzung der Einlinienorganisation um die Installation von Stäben empfohlen.[55]

Beim Stablinien-System werde die Linienorganisation durch Stellen (= Stäbe) erweitert, die ohne Entscheidungs- und Weisungsbefugnis Arbeiten für be-

---

48 Lecheler, aaO, S. 146.
49 Hierzu insgesamt Lecheler, aaO, S. 149.
50 Lecheler, aaO, S. 149.
51 Dagtoglou, Kollegialorgane und Kollegialakte der Verwaltung, 1960, S. 33.
52 Püttner, aaO, S. 144.
53 Siehe hierzu insgesamt Lecheler, aaO, S. 150 ff.
54 Thieme, in: ZBR 1980, S. 101, der insoweit am Beispiel der Ministerialverwaltung die Abhängigkeit des Behördenchefs von seinen Beamten darstellt.
55 Für alle: Dammann, Stäbe, Intendatur- und Dacheinheiten, 1969, S. 58 ff.

stimmte Linieninstanzen erfüllen würden. Die Kompetenz der Linienstelle bleibe davon unangetastet; sie hätten lediglich vor der Entscheidung fachlich schwieriger Probleme Stellungnahmen des Stabes einzuholen.[56] Stabsähnlich ausgestaltet ist die Bestellung eines Beauftragten für einzelne Grund- oder Querschnittsaufgaben.[57] Da solche Stäbe jedoch bewusst aus der Linienorganiasation ausgegliedert werden, besteht eine Tendenz, dass ihre Arbeitsergebnisse von den Fachämtern mangels Akzeptanz nicht umgesetzt werden.[58]

Letztlich aber bleibt die geschriebene Organisation auch nur eine theoretische Abbildung von Arbeits- und Kommunikationsabläufen.

bb) Die informelle (eigentliche) Verwaltungsorganisation

Bereits *Fayol* erkannte, dass die Arbeitsleistung der Mitarbeiter auch vom Faktor der Billigkeit abhänge. Mitarbeiter würden ihre Pflichten gerne und mit aller Hingabe erfüllen, wenn man sie mit Wohlwollen behandele.[59] Für *Mayo* stellte sich der Mensch als sozialmotiviertes Gruppenwesen dar, weshalb psychische und soziologische Faktoren die Arbeitsleistung beeinflussen würden.[60] Die Organisation müsse daher die Bedürfnisstruktur des Menschen berücksichtigen und könne sich nicht über die Natur des Menschen hinwegsetzen.[61] Aber auch unter Berücksichtigung soziologischer Gesichtspunkte kann der Mensch nicht als konditionierbar erscheinen.

Arbeitsabläufe lassen sich tatsächlich nicht durch eine formale Organisation apodiktisch festlegen. In jeder Organisation bilden sich informale, nicht näher geregelte Beziehungen zwischen den Bediensteten heraus, welche den abstrakten Organisationsplan überlagern und einen erheblichen Einfluss auf das innerbehördliche Geschehen entwickeln können.[62] Politische Störungen an der Behördenspitze oder defizitäre Fachkompetenz bzw. charakterliche Mängel eines Vorgesetzten seien häufig Ursache für Umgehungsstrategien. Außerdem könnten persönliche Bekanntschaft, Sympathie sowie das alltägliche Zusammenleben überlagernde Organisationsstrukturen herausbilden.[63]

---

56 Vgl. insgesamt Siepmann/Siepmann, aaO, S. 83.
57 Püttner, aaO, S. 155.
58 Lecheler, aaO, S. 151 f.
59 Fayol, aaO, S. 31.
60 Mayo, The social problems of an industriell civilisation, 1. Aufl. 1945, S. 8.
61 Joerger/Geppert, Bd. 2, aaO, S. 291.
62 Schönfelder, Rat und Verwaltung im kommunalen Spannungsfeld, 2. Aufl. 1979, S. 83.
63 Lecheler, aaO, S. 153.

Innerhalb eines Verwaltungsapparates bestimmt regelmäßig die faktische (gelebte) Organisation die realen Machtverhältnisse.[64] Letztlich seien die Mitarbeiter nicht nur Teil einer geregelten Organisation, sondern würden als Mitglied einer Gruppe auch von der Soll-Organisation abweichende Verhaltensweisen zeigen.[65] Nicht selten bildeten sich Gruppen, deren Mitglieder durch die Zugehörigkeit zu einem außerhalb der Verwaltung stehenden Verband einen besonderen Zusammenhalt zeigten. Von ihnen gehe eine informelle Macht aus. Die der Verwaltungsspitze zustehende Macht drohe vor allem dann in die Hand anderer zu geraten, wenn die Kontrollspanne zu groß sei.[66] Der unpersönliche Beamte ist schließlich nur eine Fiktion.

Jede Organisation wird daher auch regionale Spezifika einbeziehen müssen. Die Mentalität einer Region aber auch die Genese einer Behörde stellen dann Faktoren für das Organisieren dar. Verwaltungsorganisationen werden deshalb immer eine individuelle Ausprägung besitzen, so dass es ein allgemein verbindliches Verwaltungsmodell nicht geben kann.

Letztlich könne eine Verwaltung laut *Thieme* auch nicht vollumfänglich organisiert sein. Es werde immer Bereiche geben, in denen Organisationsregeln fehlten. Ein absolutes Organisationsmodell würde im Übrigen voraussetzen, dass die Anforderungen an eine Verwaltung tatsächlich unverändert blieben. Veraltete Gesetze, unvorsehbare Umwelteinflüsse und private Motive der Verwaltungsmitarbeiter würden jedoch fortlaufend nicht-formelle Ziele schaffen.[67] Die formelle Organisation könne vor allem auf die Besonderheiten der Menschen nur sehr bedingt Rücksicht nehmen. In Wirklichkeit entferne sich die formalisierte Organisation daher fast immer vom Idealzustand. Unterstellt man jedoch mit *Thieme* die grundsätzliche Loyalität der Verwaltungsmitarbeiter, so beinhaltet die informelle Organisation lediglich eine positiv zu bewertende Ergänzung der formellen Organisation.[68]

b) Entscheidungstheoretischer Ansatz

Kaum eine Entscheidung in der Organisation werde von einem einzelnen Individuum getroffen.[69] Entscheidungen seien vielmehr das Ergebnis einer Vielzahl von Teilentscheidungen einzelner auf unterschiedlichen Organisationsstufen

---

64 Raschauer/Kazda, in: Wenger/Brünner/Oberndorfer, Grundriss der Verwaltungslehre, 1983, S. 177.
65 Siepmann/Siepmann, aaO, S. 29.
66 Siehe hierzu insgesamt Thieme, Verwaltungslehre, aaO, Rd. 222.
67 Thieme, Verwaltungslehre, aaO, Rd. 221.
68 Hierzu insgesamt Thieme, Verwaltungslehre, aaO, Rd. 223.
69 Simon, Das Verwaltungshandeln, 1955, S. 142.

handelnder Mitarbeiter mit abgestuften Kompetenzen. Die Organisationslehre sei daher mit der Entscheidungstheorie eng verbunden; so reflektiere die Organisationslehre letztlich die gruppenbezogene und der entscheidungstheoretische Ansatz die individuelle Seite des Entscheidens.[70]

Dabei sei es nach *Thieme* die vornehmste Aufgabe der Verwaltungswissenschaften, eine Entscheidungslehre hervorzubringen.[71] *Thieme* will die Verwaltung als ein Gesamtsystem begreifen, das sich in Teilsysteme gliedert, die ständig mit der Umwelt kommunizieren.[72] Eine praktische Umsetzung der Systemtheorie für die Verwaltung ist angesichts der Abstraktheit ihrer Aussagen aber nicht gelungen.[73] Vor allem die Ausblendung jeglicher individuell-psychischer Implikationen im Interesse eines rationalen Erklärungsmodells stehe einer Anwendung der Systemtheorie fundamental entgegen.[74] *Thieme* räumt im Jahr 1979 denn auch fast resignativ ein, dass die verwaltungswissenschaftliche Entscheidungstheorie bislang keinen befriedigenden Stand erreicht habe.[75] Die sozialwissenschaftliche Forschung versucht demgegenüber, auf Basis exakter Beschreibung und Analyse von Entscheidungssituationen Empfehlungen für zukünftige Entscheidungsvorgänge zu entwickeln.[76] Die Verwaltungslehre konzentriert sich insofern überwiegend auf den Prozesscharakter des Entscheidens, auf die Entscheidungsvorbereitung und auf ihre verschiedenen Stadien.[77]

Grundsätzlich lässt sich zwar mit *Thieme* zwischen juristischen (= Anwendung einer Norm auf den Einzelfall) und sozialwissenschaftlichen Entscheidungen (= Auswahl einer Maßnahme unter denkbaren Alternativen nach dem Grad der Erreichung eines bestimmten Ziels) unterscheiden.[78] Allerdings handele es sich hierbei nicht um getrennte Entscheidungswelten; bei jeder Entscheidung stelle sich nämlich die Rechtsfrage und die Zweckmäßigkeitsfrage, wobei gelegentlich die Wirtschaftlichkeitsfrage als auch die politische Frage hinzutreten würden.[79] Rechtliche Entscheidungen lassen sich damit nach *Schuppert* nicht auf bloße Normanwendung beschränken. Entscheidungsspielräume in den Gesetzen

---

70 Hierzu insgesamt Wimmer, Dynamische Verwaltungslehre, 1. Aufl. 2004, S. 60.
71 Thieme, Entscheidungen in der öffentlichen Verwaltung, 1981, S. 97.
72 Thieme, Verwaltungslehre, aaO, Rd. 158 ff.
73 Wimmer, aaO, S. 57.
74 Wenger, in: Wenger/Brünner/Oberndorfer, aaO, S. 74.
75 Thieme, in: VuF 1979, 97 (97).
76 Bull/Mehde, Allg. Verwaltungsrecht mit Verwaltungslehre, 7. Aufl. 2005, Rd. 450.
77 Schmidt, in: Bartlsperger/Schmidt, VVDStRL 33, 1975, S. 200.
78 Thieme, Entscheidungen in der öffentlichen Verwaltung, aaO, S. 31.
79 Püttner, aaO, S. 324.

dienten als „Einfallstore" und „Schleusenbegriffe", um sonstige Gesichtspunkte in den Vorgang der Entscheidungsfindung einfließen lassen zu können.[80] Entscheidung beinhaltet also einen Denkprozess, der in der Zahl relevanter Gesichtspunkte Phasen durchläuft. Allerdings würden nach Auffassung von *Lecheler* hier Aspekte eines Vorgangs schrittweise beschrieben, die in Realität nicht voneinander zu trennen wären. Der Entscheidungsvorgang führe insoweit nicht nur zu einem finalen Entschluss, sondern enthalte eine Vielzahl von Teil- und Zwischenentscheidungen. Die Phasen der Informationsgewinnung, Alternativsuche oder alternativen Bewertung kumulierten nicht temporal in abgrenzbaren Abschnitten, sondern würden sich unregelmäßig in der Zeitspanne zwischen Anfang und definitiver Entscheidung verteilen.[81]

Das juristische Interesse an der Entscheidungslehre ist durch die Bemühungen gekennzeichnet, Entscheidungen von sachfremden Erwägungen freizuhalten.[82] Trotz detaillierter Verfahrensvorschriften bleibe die Entscheidung nämlich ein innerer Prozess, der multiplen Einflüssen ausgesetzt sei.[83] Behörden würden laut *Oberndorfer* dann nicht nur einseitige Wirkungen auf ihre Umwelt entfalten. Die Außenbeziehungen seien vielmehr wechselseitig. Schließlich wickele die Verwaltung kommunikative Austauschbeziehungen mit der Umwelt ab. Sie empfange über Politik, Gesetze, Medien, Bürger oder organisierte Interessen Informationen (= inputs), die zu „Entscheidungen" (= outputs) verarbeitet würden.[84]

Gesetzgebung ist dabei eine formale aber keine ausschließliche Strategie zur Durchsetzung politischer Konzepte.[85] Die Verwaltung besitzt hier trotz beachtlicher Eigenmacht häufig eine signifikante Anpassungsbereitschaft. Eine ungeschriebene Verwaltungsregel lautet: „Schlage nichts vor, was keine Aussicht hat, höheren Orts akzeptiert zu werden". Voraussichtliche Reaktionen der Politik werden dann antizipiert.[86] Diese Voraussicht ist Ausdruck einer Verwaltungssteuerung durch Macht und Autorität.[87] Organisierte Interessen beeinflussen die Verwaltungsarbeit aber nicht allein in Gestalt der Politik (im engeren Sinne). Die verstärkte Anfälligkeit für Einwirkungen durch Verbände ist vor allem darin begründet, dass zwischen der Verwaltungskompetenz und dem benötigten Sach-

---

80 Vgl. Schuppert, Verwaltungswissenschaften, 2000, S. 756 f.
81 Lecheler, aaO, S. 288.
82 Lecheler, aaO, S. 285.
83 Vgl. Püttner, aaO, S. 328.
84 Oberndorfer, in: Wenger/Brünner//Oberndorfer, aaO, S. 405/407.
85 Oberndorfer, aaO, S. 418.
86 Hierzu insgesamt Oberndorfer, aaO, S. 425.
87 Bosetzky/Heinrich, Mensch und Organisation, 1980, S. 133 ff.

verstand angesichts einer rasanten Entwicklung auf allen wissenschaftlichen Gebieten eine zunehmend wachsende Diskrepanz besteht.[88]

Daneben werden zusätzliche Anforderungen an die demokratische Legitimation des Verwaltungshandelns gestellt; diese Ansprüche seien verwaltungspolitischer Art und würden in die Diskussion um Bürgernähe und Bürgerfreundlichkeit gipfeln.[89] Die Offenheit bestimmter Verwaltungsentscheidungen ist insoweit dann auch Ausdruck einer Bürgerpartizipation.[90] Allerdings wird Bürgernähe zum Teil dahingehend missgedeutet, dass die Verwaltung im Einzelfall auch unrechtmäßig handeln müsse.[91]

Schließlich stehen Verwaltungen permanent im Blickfeld der Medien. Massenmedien informieren die Öffentlichkeit über die Verwaltungsarbeit und üben damit eine gewisse Kontrollfunktion aus. Die Berichterstattung in Presse, Hörfunk und Fernsehen beeinflusst insoweit das Image von Behörden. Allerdings bemerkte bereits *Noelle-Neumann*, dass Medien kaum Meinung verändern, sondern nur bestehende verstärken.[92] Die Verwaltung versucht regelmäßig, aktiv auf die öffentliche Meinung Einfluss zu nehmen. Verwaltungsleistungen ließen sich zwar nicht im betriebswirtschaftlichen Sinne vermarkten. Der Erfolg der Verwaltungsarbeit werde jedoch wesentlich davon bestimmt, ob es gelinge, einer breiten Öffentlichkeit die Gründe für ein Verwaltungshandeln zu vermitteln.[93] Die öffentliche Meinung ist jedoch nicht erst von Bedeutung, wenn es darum geht, den Bürger über eine Verwaltungsentscheidung zu informieren. Entscheidungsalternativen werden nämlich durchaus bereits auf ihre Wirkung in der Öffentlichkeit hin überprüft. Verwaltung antizipiert insoweit die öffentliche Reaktion auf eine Entscheidung. Die öffentliche Meinung besitzt daher häufig schon im Vorfeld einer endgültigen Entscheidung Relevanz.

Einfluss auf die Entscheidungsfindung besitzt aber vor allem der Verwaltungsmitarbeiter selbst, weshalb Entscheidungen nach *Simon* nur begrenzt rational sein könnten.[94] Die soziologisch ausgerichtete Entscheidungstheorie geht von der Annahme aus, dass Entscheidungen bei unvollkommener Information und einem subjektiv geprägten Bild von der Umwelt getroffen würden.[95] Mit Einstellungen schaffe sich laut *Joerger/Joerger* der Mensch sein eigenes Weltbild. Dieses Weltbild werde als Ansammlung von Überzeugungen zur Bewälti-

---

88 Jäckering, in: Mattern/Reinfried, aaO, Rd. 401.
89 Oberndorfer, aaO, S. 440.
90 Oberndorfer, aaO, S. 448.
91 Joerger/Geppert, Grundzüge der Verwaltungslehre, Bd. 1, 3. Aufl. 1983, S. 216.
92 Noelle-Neumann, Öffentlichkeit als Bedrohung, 1977, S. 116.
93 Hierzu insgesamt Lecheler, aaO, S. 178.
94 Simon, Entscheidungsverhalten in Organisationen, 3. Aufl. 1981, S. 100 ff.
95 Siepmann/Siepmann, aaO, S. 30 f.

gung einer komplizierten Wirklichkeit gebraucht und zeige eine Tendenz, sich gegen Erschütterung abzudichten.[96] Zudem reagierten überforderte Mitarbeiter auf Stress und Leistungsdruck mit Problemvereinfachung oder bestimmten Wahrnehmungs- und Verarbeitungsstrategien. Entscheidungen seien dann nur ausnahmsweise revisionsoffen. Nach einer Entscheidung werde daher selten die Richtigkeit überprüft, sondern nach Gründen für ihre Rechtfertigung gesucht.[97]

c) Organisatorischer Umgang mit relevanten Einflüssen

Sobald Menschen sich zur gemeinsamen Bewältigung einer Aufgabe zusammenfinden, entsteht Organisation; jeder trägt einen Teil bei, der durch andere Leistungen sinnvoll ergänzt wird.[98] So entwickelt sich Arbeitsteilung und Arbeitsvereinigung.[99] Da mit *Wimmer* das „Entscheiden" die Haupttätigkeit der Verwaltung darstellt, dient somit Organisation im Wesentlichen der Herstellung von Entscheidungen zur Erreichung vorgegebener Ziele.[100] Die Organisation weist dabei den jeweiligen Verwaltungseinheiten und letztlich dem einzelnen Mitarbeiter abgestufte Entscheidungskompetenzen zu.[101] Das Organigramm einer Behörde enthält damit typisierte Entscheidungsprozesse, bestimmt Informationswege und implementiert Kontrollmechanismen. Schließlich muss die Organisation sicherstellen, dass die von jeder Person oder Verwaltungseinheit getroffene Entscheidung zur Wahrung der Einheitlichkeit der Verwaltung koordiniert und aufeinander abgestimmt sind.[102] Damit legt Organisation fest, welche Einflussfaktoren überhaupt, mit welchem Gewicht und in welcher Weise auf die Entscheidungsfindung einwirken. Die Organisation entscheidet über die Zulassung von Einflussfaktoren und institutionalisiert Einflussnahme.

Teilweise benennt das Gesetz gewollte Einflüsse. Auf Gemeindeebene ist der politische Einfluss explizit gesetzlich verankert. Rat und Ausschüsse wirken in den Kommunalverwaltungen unmittelbar auf den Entscheidungsvorgang ein. Zudem erfolgt über Beiräte oder Fachausschüsse der Einbezug von Interessenverbänden in die öffentliche Verwaltung.[103] Diese politischen Gremien tagen außerdem überwiegend in öffentlicher Sitzung (§§ 45, 52 NGO). Die Präsenz der Medienvertreter garantiert regelmäßig, dass Entscheidungen auch mit Blick

---

96   Joerger/Geppert, Bd. 1, aaO, S. 250.
97   Siepmann/Siepmann, aaO, S. 31.
98   Wimmer, aaO, S. 135.
99   von Heppe/Becker, in: Marx, Verwaltung, 1965, S. 87.
100 Vgl. Wimmer, aaO, S. 56/136.
101 Vgl. hierzu auch Ausf. auf S. 8.
102 Meyer, Die Verwaltungsorganisation, 1962, S. 41.
103 Jäckering, aaO, Rd. 411.

auf die Stimmung in der Bevölkerung getroffen werden. Angesichts der Regelungen zum Öffentlichkeitsgrundsatz ist der Einfluss der öffentlichen Meinung vom Gesetzgeber demnach gewollt. Letztlich verwirklicht sich über diese mittelbare Teilhabe des Bürgers am Meinungsbildungsprozess das grundgesetzliche Recht der Kommunen auf Selbstverwaltung.[104] Art. 28 Abs. 2 GG formuliert damit auch ein für die Organisation verbindliches Ziel.

Jede Organisation definiert sich aus einer Vielzahl von Zielen, von denen sie ihre Funktionen ableitet.[105] Dabei ist die Verwaltung fremdbestimmt, wenn die Organisationsziele von Außen durch Gesetz oder Politik formuliert werden.[106] Organisationsziele können aber auch von der Organisation selbst gesetzt sein. So seien von der Verwaltung erarbeitete Gesetzesvorlagen häufig derart vorgeformt, dass Alternativen unmöglich erscheinen würden. *Böhret* spricht in diesem Zusammenhang von einer Vorbereitungsherrschaft und bezeichnet die Verwaltung als materiellen Gesetzgeber.[107] Vertreter aus Politik und Verwaltung können sich jedoch in so genannten Lenkungsgruppen auch gleichberechtigt an der Erarbeitung von Organisationszielen beteiligen. So sei es in jüngster Zeit modern geworden, die Kultur einzelner Verwaltungen in einem Leitbild zusammenzufassen. Solche Aussagen sollen die Verwaltungstätigkeit von der routinehaften Fixierung lösen, gelangen jedoch oftmals nicht über die allgemeine Standortbestimmung hinaus.[108]

Becker nennt als Zweck der Organisation: Erfüllung der Aufgaben, Wirtschaftlichkeit, Sicherung der Rechtsstaatlichkeit, Befriedigung menschlicher Grundbedürfnisse, Koordination und Gleichgewicht.[109] Aber auch dieser Versuch einer Definition ist inhaltlich unpräzise. Letztlich bleiben also die vorgebenen Ziele oft unbestimmt. Die Verwaltung müsse daher nach Auffassung von *Wimmer* entscheiden, welche Aufgaben sie aus abstrakt benannten Zielen ableite und mit welchen Instrumenten diese erfüllt werden sollen. Insgesamt komme einer Behörde im Rahmen der Zielerreichung ein hohes Maß an „Eigendefinitionsmacht" zu.[110] Jeder Entscheider habe daher sich widersprechende Ziele unter der Fragestellung zu bewerten, inwieweit bestimmte Ziele unter bestimmten

---

104 Vgl. Thiele, Nds. Gemeindeordnung, 7. Aufl. 2004, S. 170.
105 Wimmer, aaO, S. 138.
106 Thieme, Verwaltungslehre, aaO, Rd. 218.
107 Im Ganzen hierzu Böhret, in: König/von Oertzen/Wagener, Öffentliche Verwaltung in der BRD, 1981, 53 (60, 62).
108 Hierzu insgesamt Wimmer, aaO, S. 233.
109 Becker, in: Becker/Thieme, aaO, Rd. 3128–3158.
110 Im Ganzen hierzu Wimmer, aaO, S. 139.

Konstellationen unbedingt erreicht werden müssten oder auf ihre Erreichung ganz bzw. teilweise verzichtet werden könne.[111]

Demnach habe nach Ansicht von *Schauer* dort, wo die Rechtsordnung einen Handlungsspielraum lasse, eine ausgewogene Wertung sämtlicher Interessenlagen auf rationaler Grundlage zu erfolgen. Insoweit habe das Verwaltungshandeln nicht nur einer allgemeinen Rationalität zu genügen. Eine Entscheidung gelte als politisch rational, wenn sie von einem entsprechenden politischen Konsens und den Bedürfnissen der Bürger getragen würden.[112] In Ergänzung zu einer einzelwirtschaftlichen Betrachtung habe die Verwaltungsentscheidung zudem Vor- und Nachteile in der Form von sozialen Nutzen und sozialen Kosten zu bewerten (volks-, gesamtwirtschaftliche oder umweltbezogene Gesichtspunkte). Das Wirken der öffentlichen Verwaltung im Dienste der Gesellschaft mache es notwendig, auch die Wirkungen der Verwaltungsentscheidung auf die Gesamtwirtschaft und auf die Gesellschaft einzubeziehen.[113] Allerdings dürften ökonomische Überlegungen laut *Bull/Mehde* nicht gegen rechtliche ausgespielt werden. Juristische Anforderungen müssten auch dann beachtet werden, wenn wirtschaftliche Gesichtspunkte eine andere Entscheidung forderten. Selbst offensichtlich ineffiziente Maßnahmen müssten getroffen werden, wenn der Gesetzgeber deren Vornahme bestimme.[114]

Bei allem Bemühen um Rationalität enthält aber jede Wertung subjektive Elemente. Keine Organisation vermag daher, ihre Mitglieder in ihrer Entscheidungsfindung absolut zu binden. Je nach Wohlwollen des Mitarbeiters bestehen fast immer Spielräume, sich bei der Rechtsanwendung bürgernäher oder bürgerferner zu zeigen.[115] Dabei wollte *Weber* die Verwaltung lediglich als Apparat und Maschine sehen, deren Aufgabe es sei, fremdgesetzte Regeln auszuführen.[116] Aber die Entscheidung lässt sich nicht durch Organisation mathematisieren. Zwar lässt sich nach *Wimmer* der Gesamtablauf von Entscheidungen in einem logischen Rahmen darstellen. Die Annahme eines exakt stufenweisen Fortschreitens von Entscheidungen übersehe aber die tatsächlichen Entscheidungskonflikte unter politischen, sozialen, wirtschaftlichen und sonstigen Gesichtspunkten, die miteinander verknüpft, untereinander harmonisiert oder neutralisiert werden müssten.[117] Demgegenüber begreifen moderne Entscheidungsmodelle den Entscheidungsprozess als einen Entscheidungskreislauf und

---

111 Thieme, Verwaltungslehre, aaO, Rd. 218.
112 Schauer, in: Wenger/Brüner/Oberndorfer, aaO, S. 314/319.
113 Hierzu insgesamt Schauer, aaO, S. 322 f.
114 Bull/Mehde, aaO, Rd. 465.
115 Joerger/Geppert, aaO, Bd. 1, S. 244.
116 Weber, aaO, S. 125.
117 Wimmer, aaO, S. 337.

betonen kommunikative Aspekte. Die Verbreiterung des Entscheidungsansatzes durch Berücksichtigung kommunikativer Aspekte beziehe den Adressaten des Verwaltungshandelns bereits in den Vorgang der Entscheidungsfindung ein. Im Gespräch mit dem Antragsteller würden Wege zur Realisierung von Projekten entwickelt, die rechtskonform aber auch für den Betreiber wirtschaftlich vertretbar seien.[118] Gerade im Bereich der Bauverwaltung können jedoch Genehmigungen Nachbarrechte betreffen. Rechtsbehelfsverfahren liegen weder im Interesse des Vorhabensträgers noch der Behörde. Auch hier wird die Behörde das Gespräch mit den Drittbetroffenen in der Absicht suchen, über eine etwaige Modifizierung des Vorhabens einen von allen Beteiligten akzeptierten Kompromiss zu erzielen. Aus einer solchen Entscheidungspartnerschaft resultierende Verwaltungsakte enthalten dann wesentliche Bestandteile des öffentlich-rechtlichen Vertrages.[119]

Die Organisation einer Behörde hat auf solche neuen Anforderungen zu reagieren. Konsensuales Verwaltungshandeln muss als Organisationsziel benannt werden; es ist zu regeln, bei welchen Verwaltungsaufgaben interessenausgleichende Entscheidungen durch eine besondere Kommunikation mit den Betroffenen angestrebt werden sollen. Schließlich hat die Organisation die geforderte Kommunikationsleistung beim Anforderungsprofil der Mitarbeiter zu berücksichtigen und muss eindeutig bestimmen, bis zu welchem Verfahrensstand der Sachbearbeiter abschlusskompetent sein soll.

Schlussendlich können Verwaltungsentscheidungen aber in keinem Fall mit der Präzision eines Rechenergebnisses fallen. Entscheidungsgrößen, die sich außerhalb der Regelweite einer Organisation bewegen, müssen letztlich schlicht als gegeben akzeptiert werden. Eine Organisation ist eben nur so gut, wie die Menschen, die sie ausfüllen.[120]

d) Thematische Schlussfolgerung

Behörden sind bis heute weitgehend in einer Linie hierarchisch organisiert. Ein fest installierter Instanzenweg soll den notwendigen Informationsfluss garantieren und bietet Gewähr für einen gleichförmigen Gesetzesvollzug.[121] Allerdings fand die klassische Einlinienorganisation über die Installation von Querschnittsämtern, Stabstellen oder Projektgruppen eine schrittweise Anpassung an die Verwaltungswirklichkeit. Denn letztlich ist Verwaltung Teil der sozialen Wirk-

---

118 Hierzu insgesamt Wimmer, aaO, S. 339/343.
119 Vgl. Öhlinger, Das Problem des verwaltungsrechtlichen Vertrags, 1974, S. 56.
120 Lecheler, aaO, S. 79.
121 Raschauer/Kazda, aaO, S. 175.

lichkeit (= Verwaltungswirklichkeit)[122] und steht permanent in einer wechselseitigen Beziehung zur Umwelt. Vielfältige Einflüsse wirken somit auf den Entscheidungsprozess. Diese Entscheidungsfaktoren müssen erkannt und vor dem Hintergrund der spezifischen Organisationsziele bewertet werden. Organisation muss schließlich festlegen, in welcher Weise legitime Einflussfaktoren auf die Entscheidungsfindung einwirken. Über koordinative Elemente hat die Organisation zudem sicherzustellen, dass sich die Entscheidungen der Verwaltungseinheiten nicht widersprechen. Gegensätzliche Entscheidungen ein und derselben Behörde lassen sich nämlich nicht kategorisch ausschließen, weil die Organisationsziele trotz Leitbildes unbestimmt oder in ihrer Gewichtung unklar bleiben können. Das regelmäßige Wirrwar konkurrierender Rationalitäten (= Organisationsziele) wird sich daher häufig nicht durch eine einseitige Behördenentscheidung bewältigen lassen. Moderne Entscheidungsmodelle beziehen deshalb die Adressaten eines Verwaltungshandelns in die Entscheidungssituation ein. Vor allem bei komplexen Vorhaben wird die Verwaltungsentscheidung teilweise bereits im Verständnis eines öffentlich-rechtliches Vertrages mit dem Bürger abgestimmt.

Nicht alles ist aber vorherseh- und damit reglementierbar. Vor allem funktioniert der Mensch nicht wie die Mechanik einer Maschine. Keine Organisation ist gegen subjektive Elemente abgeschottet. Sympathien oder Abneigungen bestimmen die eigentliche Organisation mit. Auch prägt die spezifische Entstehungsgeschichte einer Behörde die jeweilige Verwaltungskultur. Die geschriebene Organisation kann daher lediglich den Regelfall eines Arbeits- und Entscheidungsvorgangs abbilden. Und selbst das angenommene Ideal eines Entscheidungsprozesses muss als reversibel begriffen werden.

Jede Neuausrichtung der Verwaltungsorganisation kann nur als vorübergehend verstanden werden. Eine starre Verwaltungsstruktur würde der Behörde die Flexibilität nehmen, um auf neue Anforderungen zeitnah reagieren zu können. Organisieren beschreibt daher einen dynamischen Vorgang. Entsprach die Bildung von Zentralstellen noch der Vorstellung von einer wirtschaftlich geführten Verwaltung, so wird mit einer Gliederung nach Fachbereichen wieder eine partielle Dezentralisierung von Querschnittsaufgaben gefordert. Generell lässt sich eine Tendenz zur Verselbstständigung von Verwaltungseinheiten erkennen. Die Budgetierung weist den Fachämtern eine eigene Finanzverantwortung zu. Ausgliederungen sollen die Entwicklung eines Eigenlebens und damit die Motivation der Mitarbeiter fördern.[123] Eingliederungen erfolgen wiederum, wenn die

---

122 Thieme, Verwaltungslehre, aaO, Rd. 10 ff.
123 Püttner, aaO, S. 84.

Zahl selbstständiger Verwaltungsteile die Koordinationsfähigkeit der Verwaltungsspitze übersteigt. Organisation erscheint damit als unendlicher Prozess, dessen Veränderungen sich auch nicht immer im Organigramm ausdrücken. Die Linienorganisation bildet deshalb lediglich die Grundstruktur einer Verwaltungsgliederung. Neuen Aufgaben muss mit alternativen Organisationsformen begegnet werden können. Eine für alle Situationen optimale Organisationsform kann es somit nicht geben. Die Behördenstruktur hat sich vielmehr den aktuellen Erfordernissen anzupassen. Umwelt, gewachsene Strukturen und die in der Organisation tätigen Menschen sind dabei maßgebliche Kriterien.[124] Organisationslehre wie die Verwaltungswissenschaft überhaupt könne sich daher letztlich nicht einer eindimensionalen Perspektive verschreiben; erst eine Integration verschiedenartiger Blickwinkel ermögliche ein umfassendes Verständnis von Verwaltung.[125]

Diese Erkenntnis gilt jedoch nicht nur für die Theorie, sondern für die Praxis gleichermaßen. Eine Organisation wird angesichts der Komplexität einer Verwaltung nur funktionieren können, wenn sich der Organisator auf eine ganzheitliche Perspektive einlässt. Gerade die Kenntnis von tatsächlichen Beziehungen soziologisch-psychologischer Art und seine praktische Umsetzung macht die Organisationsaufgabe zu einer schwierigen Kunst.[126]

Dabei wird die Notwendigkeit organisatorischer Änderungen nur selten antizipiert. Es sind regelmäßig Fehlentscheidungen, ungelöste Probleme oder eine unzureichende Aufgabenerfüllung, die zu einer Überprüfung der zuständigen Verwaltungseinheit führen. Extreme Entscheidungssituationen können dann sogar Erkenntnisse über die betroffene Verwaltungseinheit hinaus liefern und Aufschluss über einen umfassenden Optimierungsbedarf geben.

So beinhaltet die Windenergie für die Auricher Bauverwaltung schon seit fast zwei Jahrzehnten eine außergewöhnliche Herausforderung. Bereits im März 1991 berichtete die *Ostfriesen-Zeitung*, „Ansturm auf die Windenergie, die Auricher Kreisverwaltung sieht sich mit einer Flut von Anträgen und Nachfragen zum Thema „Windenergie" konfrontiert. Der anhaltende Boom hat das Auricher Kreisgebiet in jüngster Zeit zu einem bundesdeutschen Schwerpunkt dieser Energieform werden lassen".[127] Dieser außergewöhnliche Entscheidungsdruck wirft bis heute die Frage auf, ob die bestehende Verwaltungsorganisation der spezifischen Aufgabenstellung gewachsen ist.

---

124 Freibert, in: Mattern/Reinfried, aaO, Rd. 711.
125 Wenger, aaO, S. 68 ff.
126 Lecheler, aaO, S. 152.
127 Ostfriesen-Zeitung (OZ), Ausgabe v. 08.03.1991.

Die hier beschriebene Aufgabenfülle war allerdings nicht die Folge eines novellierten Baurechts. Der Bundesgesetzgeber hatte mit Erlass des Stromeinspeisungsgesetzes im Jahr 1990 lediglich die Produktion von Windenergie zu einem äußerst lukrativen Geschäft werden lassen. Mit Beginn der 1990iger Jahre hatte daher das Baudezernat des Landkreises Aurich über eine stetig ansteigende Fallzahl von Anträgen auf Genehmigung von Windenergieanlagen zu entscheiden.

Windenergieanlagen wurden damit im Küstenraum aber nicht nur zu einem Massenphänomen, sondern entwickelten sich für die Bauaufsicht auch zu einem Problem mit Massen- und vor allem Öffentlichkeitsdruck.

Dem Außenstehenden müssen die Entscheidungen des Landkreises über die Genehmigung von Windenergieanlagen bis heute als juristisches Mysterium erscheinen. Auf Grundlage höchstrichterlicher Rechtsprechung aus dem Jahr 1994 hatte der Landkreis Aurich in einer Vielzahl von Fällen zu Unrecht die Errichtung von Windenergieanlagen im Außenbereich genehmigt. Hunderte von Windenergieanlagen seien so nach Auffassung des *BVerwG's* materiell rechtswidrig entlang der norddeutschen Küstenlinie entstanden. Aber selbst die Baurechtsnovelle im Jahr 1998 vermochte die Lage nicht zu beruhigen. Eine Flut versagter Genehmigungen wurde der gerichtlichen Überprüfung zugeführt; nur ausnahmsweise bestätigte das *VG Oldenburg* einen abschlägigen Bescheid des Landkreises Aurich. Entscheidungen im offensichtlich unsicheren Raum über einen Zeitraum von annähernd 20 Jahren werfen die Frage nach den Gründen auf.

Gesetze formulieren Verwaltungsaufgaben, dies allerdings nicht abschließend. Entscheidungen lassen sich in der Regel nicht allein aus dem Gesetz herleiten. Gerade die Regelungen zum Bauen im Außenbereich besitzen „Schleusenbegriffe",[128] die dem Entscheider außerrechtliche Wertungen abverlangen. Diese Arbeit will sich daher auf den Entscheidungsprozess bei Anwendung des § 35 BauGB konzentrieren. Dabei werden unter Berücksichtigung raumordnerischer Festlegungen sowie gemeindlicher Flächennutzungspläne die von der Baubehörde insgesamt zu beachtenden Rechtsgrundlagen und insoweit bestehende Entscheidungsspielräume aufgezeigt. Bereits auf dieser Ebene wird dargelegt, in welchem Umfang die Rechtsprechung, Literatur oder staatliche Aufsichtsbehörden auf eine Verdichtung festgestellter Wertungsspielräume hinwirken konnten. Am Beispiel der Windenergie sollen letztlich die entscheidungsrelevanten Einflüsse insgesamt untersucht werden. Es werden insbesondere die potentiellen Einflussgrößen umwelt- und wirtschaftspolitischer Art dargestellt. Die Arbeit befasst sich jedoch auch mit dem etwaigen Einfluss organisatorischer Eigenarten bis hin zu menschlichen Faktoren. Schließlich wird der

---

128 Vgl. Schuppert, aaO, S. 156 f.

Versuch unternommen, auf Basis der oben hergeleiteten Ansätze zur Organisationslehre die Entscheidungsabläufe auf dem Gebiet der Windenergie zu rekonstruieren. Die Analyse des Entscheidungsvorganges soll die tatsächlichen Einflussfaktoren aber auch von den Entscheidungsträgern gebilligte Informationsdefizite herausarbeiten. Letztlich wird die eigentliche Intention der Letztentscheidenden offenzulegen sein.

C. Das Vierteljahrhundert der Windenergie

„Wir können uns drehen, wie wir wollen, unsere Probleme bleiben so lange ungelöst, wie es uns nicht gelingt, die einzige wirkliche Quelle negativer Entropie so intensiv anzuzapfen, daß sie unseren gesamten Energiebedarf deckt".[129] Regenerative Energieträger wurden als historische Notwendigkeit und zugleich als Chance für Wirtschaft und internationale Sicherheit begriffen.[130] Im Übrigen sei Windenergie sauber und unerschöpflich.[131] Galt die Windenergie noch in den 1980iger Jahren als skurrile Form der Energiegewinnung Autarkiebesessener, eine Utopie weniger Außenseiter, so ließ bereits der Erlass des StrEG's ein beachtliches Wirtschaftspotential erahnen.

Das StrEG war jedoch nicht nur ein Gesetzesakt, sondern das Ergebnis einer langwierigen Diskussion. Die öffentliche Auseinandersetzung zur Endlichkeit fossiler Energieträger, Umweltkatastrophen, Erderwärmung, Monopolstellung der Energieversorgungsunternehmen aber auch zu den volkswirtschaftlichen Wirkungen einer neuen Industrie gipfelten im Erlass von Gesetzen, die den Ausbau regenerativer Energien massiv fördern sollten. Auch diese Entstehungsgeschichte des Gesetzes bilden für die öffentliche Verwaltung entscheidungsrelevante Einflussgrößen. Schließlich können diese energiepolitischen Grundaussagen beim Entscheider Einstellungen entstehen lassen, welche auf die Entscheidung zur bauplanungsrechtlichen Zulässigkeit von Windenergieanlagen einwirken können. Immerhin betrifft die Energiesicherheit auch den Rechtsanwender in seiner persönlichen Lebensführung.

Die künftige Energieversorgung ist jedoch ungewiss. Da fossile Energien in wenigen Menschenaltern verbraucht sein würden, besäßen auf solche Energieträger ausgerichtete Industriegesellschaften lediglich einen Übergangsstatus.[132] Schon Anfang der 1970iger Jahre manifestierte sich die Abhängigkeit vom Erdöl durch autofreie Sonntage. Bis zum Jahr 2060 sei mit einem Anstieg des Verbrauchs auf ungefähr 30 Mrd. t SKE zu rechnen.[133] Energiesicherheit könne jedoch durch kurzfristige Lieferunterbrechungen oder langfristig wegen welt-

---

129 Scheer, Sonnen-Strategie, 5. Aufl. 1995, S. 17.
130 Scheer, in: Alt/Claus/Scheer, Windiger Protest, 1998, S. 16.
131 Heymann, Die Geschichte der Windenergie, 1995, S. 467.
132 Sieferle, Der unterirdische Wald, 1982, S. 62.
133 Koitek, Windenergieanlagen in der Raumordnung, 2005, S. 19.

weiter Ungleichgewichte zwischen Angebot und Nachfrage beeinträchtigt werden.[134] Die dynamische Verfügbarkeitsgrenze für Öl, Erdgas und Kernbrennstoffe wird mit weniger als 50 Jahre angegeben, nur bei der Kohle sollen es mehr als 100 Jahre sein.[135] Energie ist ein knappes Gut. Das *BVerfG* qualifiziert eine ausreichende Energieversorgung als ein Gemeinschaftsinteresse höchsten Ranges[136] und wenn auch diese zentrale Bedeutung der Energieversorgung keine Aufgabe der staatlichen Daseinsvorsorge begründe, so lasse sich doch eine besondere Verantwortung des Staates für diesen Wirtschaftszweig daraus ableiten.[137] Energiesicherheit begründet daher eine Priorität in der öffentlichen Diskussion.[138]

Das Bewusstsein für regenerative Energieträger aktualisierte sich mit Energiekrisen. Dies war in der Kohlekrise nach dem ersten Weltkrieg, nach der Weltwirtschaftskrise Ende der 1920iger Jahre und während des Zweiten Weltkriegs der Fall und galt besonders für die Zeit danach in einem Deutschland ohne funktionierende Infrastruktur.[139] „Als nach dem Kriege unsere Wirtschaft in schwerster Weise unter der allgemeinen Kohlenot litt, lenkte sich die Aufmerksamkeit wieder stark anderen Energiequellen zu. Neben dem energischen Ausbau der Wasserkräfte wurde hauptsächlich auch eine stärkere Heranziehung der Windenergie empfohlen", schrieb *Albert Betz* im Vorwort seines 1926 erschienen Werks zur Wind-Energie.[140] Vor allem die Ölkrise im Jahr 1973 versetzte den Menschen einen Schock und ließ ein Bewusstsein für alternative Energieformen entstehen. Mit Überwinden der Krise schwand das Interesse jedoch zumeist wieder. Am deutlichsten lässt sich dies an der Forschungspolitik der Länder ablesen. Deutschland investierte lediglich 4,4 % seiner Fördergelder im Jahr 1979 in Erneuerbare Energien (USA 16,5 %, Frankreich 7,6 %, Schweden 30,4 %).[141] Erst die Risiken durch Kernenergie und ein verändertes Umweltbewusstsein sollten einen Wendepunkt in der Energiepolitik Deutschlands begründen.[142]

In den letzten 150 Jahren kam es bereits zu einer Kohlendioxyd-bedingten Erwärmung der Erdatmosphäre.[143] Es steht zu befürchten, dass die Temperatur

---

134 Steeg, in: RdE 2002, 235 (242).
135 Scheer, in: Alt/Claus/Scheer, aaO, S. 15.
136 BVerfGE 66, 248 (258).
137 Jarass, Wirtschaftsverwaltungsrecht, 3. Aufl. 1997, § 17 Rd. 3.
138 Steeg, in: RdE 2002, 235 (236).
139 Tacke, aaO, S. 126.
140 Betz, Wind-Energie, 1926, Vorwort: Wind leistet Arbeit, S. 2.
141 Kitschelt, Politik und Windenergie, 1983, S. 200, vgl. hierzu auch Tacke, aaO, S. 128; Heymann, aaO, S. 344.
142 Siehe hierzu insgesamt Tacke, aaO, S. 126 ff.
143 Beising/Hildebrand, in: Elektrizitätswirtschaft, 7/1995, S. 330.

in der Atmosphäre innerhalb der nächsten 100 Jahre um bis zu 5,8 Grad steigt.[144] Die Erwärmung der Erdatmosphäre könnte den Meeresspiegel ansteigen lassen und zu Hungerkatastrophen infolge häufiger eintretender Dürreperioden führen.[145] In einigen Regionen der Erde werden Auswirkungen auf das lokale Ökosystem bereits sichtbar: in Alaska und Kanada verschoben sich die Permafrostgebiete nach Norden, in der Arktis verringert sich die Packeisfläche, der Bering-Gletscher im Prince William Sound zieht sich zurück.[146] Angesichts solcher klimabedingten Veränderungen wurde eine vor allem umweltverträgliche Energiepolitik gefordert.

Deutschland hat sich völkerrechtlich verpflichtet, den Ausstoß von Kohlendioxyd[147] bis zum Jahr 2010 um 21 % im Vergleich zum Ausgangsjahr 1990 abzusenken.[148] Diese Verpflichtung aus dem Kyoto-Protokoll konnte weitestgehend erfüllt werden.[149] Treibhausgasemissionen wurden zwischen 1990 und 2000 bereits um 18 % reduziert.[150] Durch die etwa aktuell 7.000 in Deutschland installierten Windenergieanlagen würden 5 Mio. t Kohlendioxyd-Ausstoß jährlich vermieden.[151] In der EU-Richtlinie zur Förderung der Erneuerbaren Energien aus dem Jahr 2001 wurde für den Bereich der Stromerzeugung als Ziel formuliert, den Anteil Erneuerbarer Energien bis 2010 auf 12 % auszubauen.[152]

Diese Zielsetzung erschien vor 40 Jahren jedoch noch als utopisch. Schließlich war in den frühen 1970iger Jahren die Technologiepolitik auf dem Energiesektor in den meisten Ländern allein auf die Kernenergie ausgerichtet.[153] Die Elektrizitätswirtschaft sah die Kernenergie alternativlos und warnte vor zu hohen Erwartungen in die Möglichkeiten der Windenergienutzung. So sah es der britische Energiewissenschaftler *Lucas* im Jahr 1985 schon als Übertreibung an, wenn man bezogen auf West-Deutschland von einer mäßigen Unterstützung der

---

144 Reshöft, in: Reshöft/Steiner/Dreher, EEG, 2. Aufl. 2005, Einl. Rd. 84.
145 Beising/Hildebrand, aaO, S. 330.
146 Franken, aaO, S. 191 f.
147 Jedoch sind die Wirkungen des Kohlenstoff-Ausstoßes nicht unumstritten. Selbst wenn neben Deutschland alle Staaten, die das Kyoto-Protokoll beigetreten sind, die eingegangenen Verpflichtungen einlösen würden, errechne sich nur eine Temperatursenkung von weniger als 1/100 Grad; Quambusch, Windkraftanlagen als Rechtsproblem, 2004, S. 16.
148 Tigges/Berghaus/Niedersberg, in: NVwZ 1999, 1317 (1317).
149 Koitek, aaO, S. 20.
150 Sach/Reese, in: ZUR 2002, 65 (72).
151 Koitek, aaO, S. 20.
152 Richtlinie 2001//77/EG der Eur. Parlaments v. 27.09.2001, Amtsbl. der EU, 27.09.2001, L 283/33 (7).
153 Kitschelt, aaO, S. 117.

Erneuerbaren Energien spreche.[154] Auch das Bundesforschungsministerium stand der Windenergie skeptisch gegenüber. 1974 teilte *Forschungsminister Matthöfer* mit, dass in der Bundesrepublik über Windenergie höchstens die Hälfte des damaligen Stromverbrauchs hätte abgedeckt werden können.[155] 1976 erhielt die MAN den Auftrag zur Erstellung baureifer Unterlagen für Windkraftanlagen mit einem Rotordurchmesser größer als 80 m im 2 bis 3 MW Spitzenbereich. Sie sollte fortan „Growian" (Große Wind Anlage) genannt werden. Das Projekt sollte demonstrieren, dass man sich den Alternativenergien nicht verschließe; wirtschaftliche Interessen waren nachrangig, beschreibt *Tacke* die damalige Motivlage. Schließlich habe *Günter Klätte*, Vorstandsmitglied der RWE, auf der Hauptversammlung der Gesellschaft erklärt:"Wir brauchen den Growian, um zu beweisen, daß es nicht geht". Und *Bundesforschungsminister Matthöfer* kommentierte im Jahr 1982 das mehrere Millionen DM kostende Growian-Projekt sogar öffentlich mit den Worten: „Wir wissen, daß es uns nichts bringt".[156] Nach einer Bauzeit von 38 Monaten mit einer Verzögerung von etwa einem Jahr war die Montage im Februar 1983 abgeschlossen. Wegen technischer Mängel stand Growian etwa 99 % der Betriebszeit still. Im Sommer 1988 wurde Growian abgerissen.[157]

Das Forschungsprogramm hatte offensichtlich seinen Zweck erfüllt. Schlussendlich seien Forschungsministerium als auch Energiewirtschaft offenbar mehr an einem Misserfolg interessiert gewesen, weil sie sich ein Alibi für den wieteren Ausbau der Kernenergie und Argumente gegen die Windenergie als neuartige Alternative der Stromerzeugung erhofft hätten.[158] Dabei ist Windenergie eigentlich nicht innovativ. Bereits im vorindustriellen Europa zählte die Windmühle zu einer der wichtigsten Antriebsmaschinen und diente der Müllerei, den Sägewerken und der Wasserhaltung, berichtet *Heymann*. Fast 200.000 Windmühlen habe es Mitte des vorletzten Jahrhunderts in Europa gegeben.[159] In Deutschland soll die Zahl der Windmühlen um das Jahr 1880 etwa 20.000 er-

---

154 Lucas, Western European Energy Politics, 1985, S. 233; siehe hierzu auch Heymann, Geschichte der Windenergienutzung, 1995, S. 362.
155 BT-Drucks. 7/2366, S. 7 f.; angesichts einer in der Richtlinie 2001/77/EG für Erneuerbare Energien genannten Ausbaustufe von 12 % erscheint die Aussage von Matthöfer aus dem Jahr 1974 wie Satire; siehe hierzu insgesamt Tacke, aaO, S. 140 f.
156 Im Ganzen hierzu Tacke, aaO, S. 142 ff.
157 Heymann, aaO, S. 373.
158 Tacke, aaO, S. 160.
159 Heymann, aaO, S. 20.

reicht haben.[160] Laut *Baker* sollen in dieser Zeit auch die ersten Windmühlen zur Stromerzeugung eingesetzt worden sein.[161]

Ein anderes Problem stellte die Stromeinspeisung dar. Der Begriff „öffentliche Netze" vermittelt den Eindruck, sie seien staatlich. Tatsächlich jedoch gehören die Stromnetze den regionalen Energieversorgungsunternehmen.[162] So seien im Jahr 1986 von 500 in Deutschland stehenden Windenergieanlagen nur 32 im Parallelbetrieb betrieben worden und hätten Strom in das öffentliche Netz eingespeist. Die Stromversorger sollen zwar einen Netzanschluss in der Regel zugelassen haben, hätten aber unverhältnismäßige Anschluss- und Netzverstärkungskosten verlangt.[163] „Wir haben den Windstrom, die Stromversorger haben die Leitungen", die Energieversorgungsunternehmen machten den privaten Stromerzeugern mit hohen Anschlussgebühren und niedrigen Gebühren für den gelieferten Strom das Leben mit der Windkraft unnötig schwer, hieß es in einer Diskussionsrunde, welche die Regionalgruppe Krummhörn der IWB veranstaltete. „Die Energiepolitik werde nicht in Bonn gemacht, sondern von den Unternehmen. Es müsse zu einem Machtausgleich zwischen Privaten und den Unternehmen kommen".[164] Oft soll es zur Verschleppung von Antragsvorgängen und Verhandlungen gekommen sein, mit verspäteten Installationen wegen der verzögerten Lieferung von Einspeisezählern.[165] Schon im Jahr 1986 wurde öffentlich gefordert, dass Politik und Energieversorgungsunternehmen für eine faire Startchance sorgen müssten. Strom aus Windkraftanlagen könne auch in Deutschland durchaus wirtschaftlich werden. Voraussetzung sei allerdings, dass man die Nutzung wirklich wolle – und das sei eine politische Entscheidung. Und so befürwortete *Bundesforschungsminister Riesenhuber* im selben Jahr eine zeitlich befristete Markteinführungssubvention zugunsten von dezentralen Windkraftanlagen.[166]

Den zunehmenden Einsatz Erneuerbarer Energien hätten die Akteure der konventionellen Energiewirtschaft möglicherweise eher hingenommen, als den mit der Abnahme- und Vergütungsregelung verbundenen Markteintritt einer Vielzahl von Stromerzeugern.[167] Erneuerbare Energien dezentralisieren die Stromerzeugung und ließen die Betreiber von Kohle-, Erdgas- und Kernkraftwerken Marktanteile verlieren.[168] Geschichte wiederholt sich, denn auch das

---

160 Mager, Mühlenflügel und Wasserrad, 1. Aufl. 1987, S. 22.
161 Baker, A Field Guide to American Windmills, 1985, S. 45.
162 Tacke, aaO, S. 170.
163 Hierzu insgesamt Heymann, aaO, S. 423.
164 OZ, Ausgabe v. 21.09.1990.
165 Heymann, aaO, S. 424.
166 Siehe hierzu insgesamt Tacke, aaO, S. 171 f.
167 Reshöft/Steiner/Dreher, aaO, Vorwort zur 2. Aufl 2005.
168 Reshöft/Steiner/Dreher, aaO, Vorwort zur 2. Aufl 2005.

Entstehen der heute als idyllisch empfundenen Windmühlen löste Angst vor dem Verlust von Privilegien aus. So wurde die mit dem Betrieb von Windmühlen verbundene wirtschaftliche Unabhängigkeit der Vasallen als das Ende des Lehenswesens begriffen. Die Grundeigentümer sahen sich gegenüber der neuartigen Entwicklung ohnmächtig, da schließlich jedermann die Windkraft nutzen darf.[169]

Nach langwierigen Auseinandersetzungen verabschiedete der Bundestag am 07.12.1990 das StrEG, welches zum 01.01.1991 in Kraft treten sollte. Das StrEG verpflichtete die Energieversorgerunternehmen den in ihrem Versorgungsgebiet aus Erneuerbare Energie erzeugten Strom abzunehmen und zu vergüten. Bis zum Inkrafttreten des StrEG's bestand keine bundesgesetzliche Regelung für die Einspeisung und Vergütung von Strom aus Erneuerbaren Energien.[170] Lediglich in Bayern setzte im Jahr 1952 eine Anordnung des Bayerischen Staatsministeriums für Wirtschaft die Preise für Strom aus Kleinwasserkraftwerken fest.[171] Unabhängige Stromerzeuger besaßen bis dahin lediglich einen kartellrechtlich begründeten Anspruch, ihren Strom in das öffentliche Netz gegen Vergütung einzuspeisen. Die Höhe der Vergütung sollte den vermiedenen Kosten entsprechen, also der Entlastung des Energieversorgers, weil er die eingespeiste Strommenge nicht anderweitig vorhalten musste.[172] Die Ermittlung der im Einzelfall vermiedenen Kosten war jedoch angesichts der marktbeherrschenden Position der öffentlichen Energieversorgungsunternehmen schwierig.[173] Eine im Jahr 1979 getroffene Verbändevereinbarung enthielt erstmals typisierte Vergütungssätze.[174] Das StrEG verpflichtete nun die Versorger, den Strom aus Windenergie in ihr Netz aufzunehmen und gemäß § 3 mit 65 bis 90 % des Durchschnittserlöses je Kilowattstunde aus der Stromabgabe (= 16,51 bis 17,28 Pfennig/kWh)[175] zu vergüten.[176] Der Ausbau windenergetischer Nutzung wurde zudem durch Förderprogramme flankiert. Das im Jahr 1989 vom BMFT aufgelegte „100 MW-Programm", stellte Fördermittel für den Ausbau der Windenergie bis zu einer bundesweiten Gesamtkapazität von 100 MW bereit. 1991 wurde dieses Programm auf 250 MW ausgeweitet.[177]

---

169 Debeir/Deleage/Hernery, Geschichte der Energiesysteme, 1989, S. 130.
170 Oschmann, in: Danner/Theobald, Energierecht, Bd. 2, Stand: 2008, EEG VI, Einf. B 1, Rd. 3 f.
171 Altrock/Oschmann/Theobald, EEG Komm., 2. Aufl. 2008, Einf. Rd. 3.
172 Oschmann, aaO, EEG VI, Einf. B 1, Rd. 3.
173 Steinberg/Britz, Der Energielieferer- und erzeugungsmarkt, 1. Aufl. 1995, S. 118 ff.
174 Salje, EEG Komm., 4. Aufl. 2007, Einf. Rd. 31.
175 Reshöft/Brandt, ForWind Skript, 2006, S. 6.
176 Reshöft, aaO, Einl. Rd. 3.
177 Vgl. Tacke, aaO, S. 176 f.

Das StrEG wurde umweltpolitisch mit der Förderungswürdigkeit Erneuerbarer Energien im Hinblick auf Ressourcenschonung und Klimaschutz begründet.[178] Die Förderung regenerativer Energie sollte aber auch volkswirtschaftlichen Interessen dienen können. Erneuerbare Energien würden einen Beitrag zur Vermeidung von Konflikten um fossile Energieressourcen leisten können. Der weltweit steigende Energiebedarf erhöhe das Risiko kriegerischer Auseinandersetzung um die noch vorhandenen Energiereserven. Außerdem verringerten sich bei Einbeziehung externer Effekte die volkswirtschaftlichen Kosten der Energieversorgung.

Schon heute sei der Einsatz Erneuerbarer Energien auch volkswirtschaftlich sinnvoll, da langfristig die Kostenfolgen von Klimaschäden eingedämmt werden könnten. Überdies fördere das EEG Technologieentwicklungen, schaffe zukunftsfähige Arbeitsplätze und verleihe der deutschen Wirtschaft einen Innovationsvorsprung.[179]

Frei von Kritik war die Windenergie deshalb aber nicht. Bereits im Erfahrungsbericht des Bundeswirtschaftsministeriums aus dem Jahr 1995 wird skeptisch angemerkt, dass längerfristig eine Entwicklung zu erwarten sei, bei welcher die Belastung der norddeutschen Küstenregionen ein nicht mehr vertretbares Ausmaß erreichen werde.[180] Aussprüche wie Windenergie – nein danke, Windräder als Todesfallen, Verseuchung der Landschaft, Landschaftsvandalismus, ökologische Marterpfahle, Gorleben der Windenergie[181] zeugen von einer mit Verbissenheit geführten Auseinandersetzung. Es werde von Horizontverschmutzung gesprochen, um angesichts der realen Luftverschmutzung durch fossile Brennstoffe auch gegen Windkraft einen Schmutzvorwurf erheben zu können.[182] Die Unerschöpflichkeit regenerativer Energien verführe zur Energieverschwendung.[183] Und Windenergie könne nie einen merkbaren Anteil am Strombedarf erreichen, genauso wie ein Radfahrer nie einen Rennwagen einholen könne.[184] Wertungswidersprüche zwischen Klima- und Naturschutz wurden artikuliert. Solche Anachronismen wurden nicht erst mit dem Aufschwung der Windenergie wahrnehmbar. So traten traditionelle Naturschutzverbände in Ba-

---

178 BT-Drucks. 11/7971, S. 4.
179 BT-Drucks. 15/2327, S. 19.
180 Erfahrungsbericht BM 1995, BT-Drucks. 13/2681, S. 4.
181 Als Begriff im Wirtschaftsausschuss des Landkreises Aurich im Zusammenhang mit dem notwenigen Ausbau des Stromnetzes im Jahr 2004 gefallen.
182 Hierzu insgesamt Scheer, in: Alt/Claus/Scheer, aaO, S. 19 f.
183 Wolfrum, Windkraft: Eine Alternative, die keine ist, 1997, S. 15.
184 Wolfrum, aaO, S. 23.

den-Württemberg für Atomkraft ein, um Laufwasser-Kraftwerke an Flüssen des Schwarzwalds schließen zu können.[185]

Kritisiert wurde das StrEG allerdings auch deshalb, weil es keinen bundesweiten Ausgleich zur Entlastung regionaler Netzbetreiber mit hohen Anteilen windproduzierten Stroms vorsah. Dies führte zu einer kontroversen Diskussion, da man infolge höherer Energiekosten Standortnachteile befürchtete. So sollen die Belastungen aus dem StrEG im Jahr 2000 für die norddeutschen Energieversorger einen durchschnittlichen Anteil von 15 % an den Erlösen aus Stromlieferung erreicht haben; für Energieversorgungsunternehmen aus dem übrigen Bundesgebiet habe der Anteil lediglich 0,1 bis 0,5 % betragen.[186] Der Streit eskalierte: „IHK will Windenergie in Ostfriesland stoppen – Der weitere Ausbau der Windenergie im Kammerbezirk Ostfriesland und Papenburg ist abzulehnen. Windenergie sei ohne Subventionierung noch nicht wettbewerbsfähig und verteuere den regionalen Strompreis".[187] Die Forderung nach einem Kohlepfennig analog wurde laut. Eine mögliche Regulierung über das Vergütungsentgelt wurde jedoch als Schlag gegen die Markteinführung Erneuerbarer Energien verstanden. Die Reform werde unweigerlich zu einem Zusammenbruch der jungen Windindustrie führen und insoweit viele der 10.000 geschaffenen Arbeitsplätze gefährden. „Damit hätten die Monopolunternehmen ihr Ziel zur Abwehr der neuen schadstofffreien Konkurrenz erreicht".[188]

Diese Ungleichverteilung der Vergütungsverpflichtungen brachte den Gesetzgeber in Zugzwang.[189]

Im Jahr 2000 trat das Erneuerbare Energie Gesetz (EEG) in Kraft. Die Entstehungsgeschichte des EEG's aus dem Jahr 2000 weicht vom Regelfall des Gesetzgebungsverfahrens ab. Der Gesetzentwurf wurde nicht abseits des Parlaments im für Erneuerbare Energien federführenden Wirtschaftsministerium, sondern von einer Arbeitsgruppe der Regierungsfraktionen erarbeitet. Im Gegensatz zum Wirtschaftsministerium waren die Regierungsfraktionen an einer raschen und ambitionierten Novelle des StrEG's interessiert.[190] Erstaunlich war zudem, dass das Gesetzgebungsverfahren nach nur drei Monaten Dauer bereits abgeschlossen werden konnte.[191] Mit dem EEG wurden der wirtschaftliche Rahmen für Herstellung und Absatz von Elektrizität aus erneuerbaren Energiequellen neu geordnet. So werden die Netzbetreiber gemäß §§ 5 ff verpflichtet,

---

185 Scheer, in: Alt/Claus/Scheer, aaO, S. 24.
186 Salje, aaO, Einf. Rd. 11.
187 Ostfriesische Nachrichten (ON), Ausgabe v. 08.07.1994.
188 Frankfurter Rundschau, Ausgabe v. 19.03.1997.
189 Oschmann, aaO, Rd. 7.
190 Hierzu insgesamt Altrock/Oschmann/Theobald, aaO, Einf. Rd. 17.
191 Salje, aaO, Einf. Rd. 15.

den Strom aller Erneuerbaren Energien für einen Zeitraum von 20 Jahren bei festgeschriebener Mindestvergütung abzunehmen. Dabei werden über einen bundesweiten Ausgleich die Netzbetreiber entlastet, deren Netze windenergetisch erzeugten Strom aufnehmen. Außerdem gibt § 4 EEG dem Anlagenbetreiber unter anderem einen Anspruch auf unverzüglichen Anschluss und Ausbau des Stromnetzes, wobei der Anlagenbetreiber die Netzanschlusskosten und der Netzbetreiber die Netzausbaukosten zu tragen hat.

Primär beabsichtigte das EEG von 2000 jedoch, den Anteil Erneuerbarer Energien bis zum Jahr 2010 zu verdoppeln. Gegenüber dem StrEG erfasst § 3 Abs. 1 EEG deshalb auch Geothermie, Grubengas und biologisch abbaubare Abfälle als Primärenergieträger. Das im Jahr 2000 in Kraft getretene EEG forcierte den Ausbau regenerativer Energieträger noch einmal. Ihr Anteil am Stromverbrauch stieg von 4,6 % im Jahr 1998 bis auf 10 % Mitte des Jahres 2004. Am stärksten profitierte die Windenergie vom EEG. Ende 2004 waren in Deutschland 17.000 MW Windleistung installiert; gegenüber dem Jahr 2000 wurde damit die Gesamtmenge fast verdoppelt und entsprach etwa einem Drittel der weltweit produzierenden Kapazität.[192] Zwei Jahre später bedeuteten annährend 20.000 Windenergieanlagen (davon 4.724 in Niedersachsen errichtet) eine installierte Leistung von 20.622 MW[193] und einen Gesamtumsatz von 16,5 Mrd. €.[194] Damit besaß die Windenergie im Jahr 2006 einen potentiellen Anteil von 5,0 % am Bruttostromverbrauch Deutschlands.[195] Vor allem jedoch erlangte die deutsche Industrie mit der Windenergie einen Innovationsvorsprung in dem zunehmend an Bedeutung gewinnenden Markt der Energieerzeugung.[196] Nebenbei soll die Förderung Erneuerbarer Energien bereits im Jahr 2001 über 120.000 Arbeitsplätze geschaffen haben.[197] Trotz dieser erfolgreichen Entwicklung bestand aus verschiedenen Gründen Novellierungsbedarf.[198] Die *Bundesregierung* hatte in ihrer Nachhaltigkeitsstrategie das Ziel formuliert, bis zur Mitte des Jahrhunderts die Hälfte des Energieverbrauchs aus Erneuerbaren Energien zu decken.[199] Die am 01. August 2004 in Kraft getretene Novellierung des EEG's intendiert deshalb, den Anteil Erneuerbarer Energien an der Stromver-

---

192 Im Ganzen hierzu Oschmann, aaO, EEG VI, Einf. B 1, Rd. 9 f.
193 Altrock/Oschmann/Theobald, aaO, Rd. 9 zu § 10.
194 Altrock/Oschmann/Theobald, aaO, Einf. Rd. 21c.
195 Altrock/Oschmann/Theobald, aaO, Rd. 9 zu § 10.
196 BT-Drucks. 15/2327, S. 19.
197 Erfahrungsbericht zum EEG, BT-Drucks. 14/9807, S. 5.
198 BT-Drucks. 15/2864, S. 20 ff.
199 Nachhaltigkeitsstrategie der BReg 2002, BT-Drucks. 15/2864, S. 28.

sorgung bis zum Jahr 2010 von zunächst 12 % auf mindestens 20 % zu erhöhen.[200]

Diese Gesetze über die Einführung regenerativer Energien artikulierten eine mehrheitliche Erwartungshaltung der bundesdeutschen Gesellschaft zur künftigen Energieversorgung. Die Windenergie galt insoweit aber nicht nur als umwelt- und energiepolitisch opportun, sondern ließ zudem frühzeitig eine volkswirtschaftliche Dimension erkennen. In der öffentlichen Wahrnehmung avancierten Windenergieanlagen schnell zum Hoffnungsträger für eine energiesichere, saubere und wirtschaftsstarke Zukunft; aus der Perspektive von Baubehörden bedeuteten diese modernen Windkonverter eigentlich nur bauliche Anlagen, über deren Genehmigungsfähigkeit nach dem jeweils einschlägigen Baurecht zu entscheiden war.

Die Baubehörden waren jedoch zunächst damit konfrontiert, dass das BauGB nicht auf das neue Energierecht ausgerichtet war. So stieß das StrEG von 1990 auf ein Bauplanungsrecht, das die Zulassung von Windenergieanlagen nicht explizit regelte und für die Abwägung mit den sonst betroffenen Belangen (§ 35 Abs. 3 BauGB) keine Vorfestlegung zugunsten der neuen Energieform traf. Mangels Transformationsaktes blieb das neue Energierecht deshalb lediglich eine außertatbestandliche Einflussgröße. Die Verwaltung hatte deshalb die Frage zu beantworten, inwieweit die energiepolitische Neuausrichtung als entscheidungsrelevant in die bauplanungsrechtliche Beurteilung einzubeziehen sei.

---

200 Der EuGH hat in seinem Urteil vom 13.03.2001 festgestellt, dass es sich bei den Regelungen des EEG nicht um eine staatliche Beihilfe im Sinne von Art. 92 Abs. 1 EG-Vertrag handele, EuGH NJW 2001, 3695 ff.

D. Neue Energie trifft auf altes Baurecht

Nach § 29 Abs. 1 BauGB beurteilt sich die bauplanungsrechtliche Zulässigkeit von Vorhaben, welche die Errichtung, Änderung oder Nutzungsänderung von baulichen Anlagen zum Inhalt haben, nach den §§ 30 bis 37 BauGB. Dabei seien Windkraftanlagen mit einem begehbaren Turm bereits gemäß § 2 NBauO als bauliche Anlage im obigen Sinne zu verstehen und würden anderenfalls gemäß § 12a NBauO als solche gelten, wenn von ihnen Wirkungen wie von Gebäuden ausgingen.[201] Windenergieanlagen fanden jedoch zunächst in den §§ 30 ff. BauGB keine ausdrückliche Erwähnung. Mangels einer expliziten Regelung erschien die Rechtslage zur Zulässigkeit von Windenergieanlagen insbesondere als Außenbereichsvorhaben (§ 35 BauGB) undurchsichtig. Keiner wisse so recht, unter welchen Bedingungen Windenergieanlagen zu genehmigen seien, stellte die *Ostfriesen-Zeitung* in ihrer Ausgabe vom 26.10.1994 fest. Und *Franken* kam zu dem Ergebnis, dass die Bauämter mit der unbekannten Welt des Maschinenbaus offenbar überfordert gewesen seien.[202] Letztlich seien die Antragsteller der Gnade oder Ungnade ihres jeweiligen Kreisbaurats ausgeliefert gewesen.[203]

Art. 20 Abs. 3 GG formuliert jedoch ein absolutes Willkürverbot; Verwaltung ist an die Gesetze gebunden. Allerdings lässt sich der Gesetzesvollzug nicht auf das Verstehen eines Rechtssatzes und dessen automatisierte Anwendung reduzieren.[204] Die Gesetzgebung versucht, durch offene Formulierungen Gesetze zukunftsfähig zu artikulieren.[205] Da sich nicht jede Eventualität regeln lasse, müssten denkbare Einzelfälle durch einen abstrakten Begriff ersetzt werden.[206] Rechtsauslegung bedeutet somit Wertung. Der Verwaltungsmitarbeiter benötigt dazu regelmäßig über den Gesetzestext hinausgehende Informationen. Rechtsprechung, Literatur aber auch der historische Hintergrund eines Gesetzes können der Verwaltung Auslegungshilfen bieten. Nach Auffassung des *BVerfG's*

---

201 Große-Suchsdorf/Lindorf/Schmaltz/Wiechert, NBauO, 8. Aufl. 2006, Rd. 12 zu § 12a.
202 Franken, aaO, S. 10.
203 Heymann, aaO, S. 421.
204 Kriele, Theorie der Rechtsgewinnung, 2. Aufl. 1967, S. 196.
205 Fleiner-Gerster, Wie soll man Gesetze schreiben?, 1985, S. 153.
206 Röhl, Allg. Rechtslehre, 1994, S. 57.

könne aus der Entstehungsgeschichte einer Rechtsnorm auf die Bedeutung eines Wortes oder den Zweck eines Gesetzes geschlossen werden.[207]

I. Geschichtlicher Hintergrund des § 35 BauGB

Das öffentliche Baurecht regelt die Grenzen der Nutzung von Grund und Boden durch bauliche Anlagen und berührt damit die Lebensverhältnisse aller Bürger.[208]

Innerhalb des öffentlichen Baurechts lässt sich zwischen dem Bauplanungs- und Bauordnungsrecht unterscheiden. Dabei wird das Bauplanungsrecht herkömmlich auch als Städtebaurecht bezeichnet.[209]

Im 19. Jahrhundert vermittelte jedoch der Glaube an die Freiheit des Einzelnen ein nahezu uneingeschränktes Recht zum Bauen.[210] Während der liberalen Epoche wurde der schon geringe Einfluss des Staates auf das Bauwesen noch weiter zurückgedrängt.[211] Die Möglichkeit einer städtebaulichen Planung bestand zunächst nur in bescheidenen Ansätzen. Das Preußische Wohnungsgesetz von 1918 gestattete dann jedoch, Regelungen zur Bauweise und Nutzbarkeit von Grundstücken zu treffen. Mit der Bauregelungsverordnung von 1936 wurden schließlich die Grundlagen geschaffen, Baugebiete auszuweisen und ihre Abstufung zu regeln.[212]

Nach dem Zweiten Weltkrieg erließen die meisten Länder Aufbaugesetze, die eine vollständige und verbindliche Planung der gesamten städtebaulichen Bodennutzung in überwiegend dreistufigen Plänen vorsah. Dieses Planungsinstrumentarium sowie die Nutzung von Grund und Boden wurde nach Klärung kompetenzrechtlicher Zweifel durch Rechtsgutachten des *BVerfG's*[213] mit Erlass des Bundesbaugesetzes von 1960 (BBauG) für das Bundesgebiet einheitlich geregelt.[214]

Schon das BBauG sah eine zweistufige Bauleitplanung auf Gemeindeebene vor: die Festlegung eines gesamtgebietlichen Entwicklungskonzeptes im Flächennutzungsplan und eine rechtlich verbindliche Feinplanung durch Bebau-

---

207 BVerfGE 11, 126 (130 f.).
208 Vgl. Hoppe, in: Hoppe/Bönker/Grotefels, Öffentl. Baurecht, 3. Aufl. 2004, § 1 Rd. 1.
209 Brohm, Öffentliches Baurecht, 3. Aufl. 2002, § 3 Rd. 4.
210 Vgl. Lütke, Deutsche Sozial- und Wirtschaftsgeschichte, 2. Aufl. 1960, S. 380 und 446 f.
211 Friauf, in: von Münch, Bes. Verwaltungsrecht, 1969, S. 360.
212 Hoppe/Grotefels, Öffentliches Baurecht, 1995, Rd. 15 f.
213 Vgl. BVerfGE 3, 407 ff.
214 Im Ganzen hierzu Hoppe/Grotefels, aaO, Rd. 17 ff.

ungspläne, in denen die Nutzung der einzelnen Grundstücke festgesetzt wird.[215] Dabei ist im Geltungsbereich eines qualifizierten Bebauungsplanes ein Vorhaben gemäß §§ 29, 30 Abs. 1 BauGB zulässig, wenn es den darin getroffenen Festsetzungen nicht widerspricht. Bei einem im Zusammenhang bebauten Ortsteil, für den kein Bebauungsplan oder nur ein nicht qualifizierter Bebauungsplan besteht, ersetzt gemäß § 34 BauGB die faktische Bebauung die Festsetzungen eines Bebauungsplanes.[216] Im Übrigen regelt § 35 BauGB die Zulässigkeit baulicher Vorhaben im Außenbereich.

Im Außenbereich war das Bauen jedoch schon nach dem Preußischen Ansiedlungsgesetz aus dem Jahr 1876 nur auf der Grundlage einer besonderen Ansiedlungsgenehmigung zulässig.[217] Zudem ließ das Ansiedlungsgesetz eine Beschränkung der Bebauung zu, falls die Erschließung nicht gesichert sei oder land- bzw. forstwirtschaftliche Belange beeinträchtigt seien. Gesetzgeberisches Motiv war jedoch hier primär die Entlastung der Gemeinden von Erschließungs- und sonstigen Infrastrukturkosten.[218] Schließlich ermöglichte die im Jahr 1936 erlassene Bauregelungsverordnung, außerhalb von Baugebieten oder außerhalb der im Zusammenhang bebauten Ortschaften durch Bauverbote auf eine geordnete Entwicklung des Gemeindegebietes hinzuwirken.[219]

Auch dem im Jahr 1960 in Kraft getretenen BBauG lag die gesetzgeberische Absicht zugrunde, den Außenbereich mit seiner naturgegebenen Bodennutzung und seiner Erholungsfunktion weitestgehend von einer Bebauung freizuhalten.[220] Nur Bauvorhaben, die der Gesetzgeber im Außenbereich planähnlich angesiedelt wissen wolle, seien dort privilegiert zulässig und im Übrigen als sonstige Vorhaben regelmäßig ausgeschlossen.[221]

Der Wortlaut des § 35 BBauGB führte jedoch zu einer Genehmigungspraxis, die mit den tatsächlichen Siedlungsstrukturen nicht im Einklang stand. Vor allem der Strukturwandel in der Landwirtschaft veranlasste den Gesetzgeber im Jahr 1976 zu einer insoweit grundsätzlichen Novellierung. Die hierin liegende Bevorzugung landwirtschaftlicher Betriebe wurde durch die Novelle von 1979 ausgedehnt, so dass nunmehr auch gewerbliche Betriebe unter erleichterten Voraussetzungen angemessen erweitert werden können. Das am 01. Juli 1987 in Kraft

---

215 Brohm, aaO, § 3 Rd. 4.
216 Brohm, aaO, § 20 Rd. 1.
217 Hoppe/Grotefels, aaO, § 1 Rd. 15.
218 Rabe/Heintz, Bau- und Planungsrecht, 5. Aufl. 2002, S. 6 f.
219 Hoppe/Grotesfels, aaO, § 1 Rd. 16.
220 BVerwGE 48, 109 (115).
221 Vgl. BVerwGE 28, 268 (274).

getretene BauGB übernahm die Grundstruktur des § 35 BBauGB und setzte die in den Vorjahren begonnene Lockerung für bestimmte Fallgruppen fort.[222]

Allerdings fand die bauplanungsrechtliche Zulässigkeit von Windenergieanlagen im Außenbereich zunächst keine ausdrückliche Erwähnung im Tatbestand des § 35 BauGB. Bereits im Jahr 1984 legte die Fraktion „Die Grünen" den Gesetzesentwurf zur Förderung der Windenergie vor.[223] Dieser Entwurf war jedoch nicht mehrheitsfähig. Offensichtlich wurde angesichts der Grundsatzentscheidungen des *BVerwG's* aus dem Jahr 1983[224] kein Regelungsbedarf gesehen. Unter Hinweis auf die mit der Erteilung einer Genehmigung für die Errichtung einer Windenergieanlage verbundenen Schwierigkeiten reichte der *Verein Windrad e.V.* am 12.05.1987 den Entwurf eines Windenergiegesetzes beim Petitionsausschuss ein.[225]

Die Bundesregierung verneinte jedoch auch noch im Jahr 1990 einen Gesetzgebungsbedarf mit der Begründung, Änderungen der BauNVO hätten bereits die Rechtsstellung der Betreiber von Windenergieanlagen hinreichend verbessert.[226]

II. Baurechtliche Beurteilung bis Juni 1994

Bis heute lassen kritische Energieressourcen und Klimaschutz die weltweite Energieversorgung in den Fokus politischer Auseinandersetzungen rücken. Das neue Energierecht traf jedoch keine Festlegungen zur Zulässigkeit von Windenergieanlagen im Außenbereich. Die bauplanungsrechtliche Zulässigkeit von Windenergieanlagen als Außenbereichsvorhaben war vielmehr auf der Grundlage des § 35 BauGB zu beurteilen.

---

222 Im Ganzen hierzu Söfker, Ernst/Zikahn/Bielenberg/Krautzberger, BauGB, Bd. 1, Stand: Sept. 2007, Rd. 4 ff. zu § 35.
223 BT-Drucks. 10/2255.
224 BVerwGE 67, 23; 33.
225 Im Ganzen hierzu Ogiermann, Rechtsfragen zu Windkraftanlagen, 1992, S. 3.
226 Ogiermann, aaO, S. 3; § 11 Abs. 2 BauNVO gibt die Möglichkeit, Sondergebiete für die Nutzung Erneuerbarer Energien festzusetzen, während über § 14 Abs. 2 BauNVO Einrichtungen zur Stromversorgung als Nebenanlagen in den Baugebieten zugelassen werden könnten.

1. Städtebauliche Zulässigkeit

Windenergieanlagen waren zunächst nicht ausdrücklich im Katalog privilegierter Außenbereichsvorhaben benannt. Trotzdem wurden bis Mitte der 1990iger Jahre entlang der norddeutschen Küste hunderte von Windenergieanlagen genehmigt und errichtet.

a) Privilegierungstatbestand

Die Bauaufsichtsbehörden hätten zu Recht Windenergieanlagen im Außenbereich zugelassen, wenn der offen formulierte Tatbestand des § 35 Abs. 1 BauGB a. F. auch ohne eine explizite Nennung solche Bauvorhaben abgedeckt hätte.

aa) § 35 Abs. 1 Nr. 1 BauGB

„Im Außenbereich ist ein Vorhaben nur zulässig, ... wenn es einem land- oder forstwirtschaftlichen Betrieb dient und nur einen untergeordneten Teil der Betriebsfläche einnimmt."

(1) Auslegungsprobleme

Bereits das Tatbestandsmerkmal des landwirtschaftlichen Betriebs lässt sich nicht ohne eine wertende Auslegung anwenden. Jeder Mensch vermag sich einen Bauernhof vorzustellen. Und doch erscheint es kaum möglich, diesen Begriff des Alltags abschließend zu definieren. Jedenfalls weist der Wortbestandteil „wirtschaftlich" und der Begriff des Betriebs auf eine erforderliche Gewinnerzielungsabsicht hin. Landwirtschaft im Verständnis des § 35 Abs. 1 Nr. 1 BauGB dürfte damit zumindest von solchen Höfen abzugrenzen sein, die als bloßes Hobby betrieben werden. Unbestimmt bleibt in diesen Fällen lediglich, in welchem Umfang die Erträge des landwirtschaftlichen Betriebs zum Einkommen beitragen müssen, um den Landwirt mindestens als Nebenerwerbslandwirt anerkennen zu können.

Der Begriff des Dienens besitzt hingegen einen deutlich weiteren Begriffshof. Im allgemeinen Sprachgebrauch bedeutet „dienen" jemandem unterstellt, in abhängigem Verhältnis oder nützlich sein.[227] Die Windenergieanlage wäre tatsächlich von der Landwirtschaft abhängig, wenn der erzeugte Strom allein dazu bestimmt wäre, in dem Agrarbetrieb eingesetzt zu werden. Andererseits könnte die Elektrizität aber auch gegen Vergütung in das öffentliche Netz gespeist wer-

---

227 Deutsches Wörterbuch, 1996, S. 211.

den. Dann würde der Strom zwar nicht unmittelbar dem landwirtschaftlichen Betrieb nützen. Der stetige Abbau von Subventionen zwingt jedoch manchen Landwirt zur Diversifikation. Nebeneinkommen aus Windenergie helfen dann, die Existenz landwirtschaftlicher Betriebe zu sichern. Indirekt wäre die Windenergieanlage damit dem Agrarbetrieb nützlich. Bereits diese alternativen Auslegungen zeigen, dass der einfache Griff zum Wörterbuch den Rechtsanwender kaum in die Lage versetzen wird, den Sachverhalt zu subsumieren.

Der offene Gesetzestext des § 35 BauGB überantwortet den Bürger generell einer wertenden Entscheidung des Rechtsanwenders im unsicheren Raum. Eine Unsicherheit, die im Falle der Windenergie mit Inkrafttreten des StrEG's aber noch angewachsen sein dürfte. Die energiepolitische Erwartungshaltung richtete sich nämlich letztlich auch an die Baubehörden. Denn welchen Sinn sollte es machen, einerseits Windenergieanlagen bundesgesetzlich zu fordern, um andererseits ihre Errichtung auf Grundlage des bundesgesetzlichen Baurechts durch einen allgemeinen Planungsvorbehalt zu erschweren?

(2) Rechtsprechung

Die verwaltungswissenschaftliche Entscheidungstheorie bemüht sich um berechenbare Verwaltungsentscheidungen frei von sachwidrigen Einflüssen.[228] Offene Gesetzestexte determinieren die Verwaltungsentscheidung jedoch nur eingeschränkt. Zum Problemkreis „Windenergieanlagen als Außenbereichsvorhaben" konnten die Kommunen jedoch schon frühzeitig auf ober- und höchstrichterliche Rechtsprechung zurückgreifen. Die Verwaltungsgerichtsbarkeit entscheidet im Einzelfall, ob eine Behörde das Recht verletzt hat; sie können Entscheidungen aller Verwaltungsbehörden aufheben.[229] Der Leitsatz eines Urteils erlangt zwar keine allgemeine Rechtsverbindlichkeit. Verwaltung orientiert sich jedoch bei schwierigen Auslegungsfragen regelmäßig an der Rechtsprechung, schon um ein etwaiges Prozessrisiko zu minimieren. Für die Verwaltungsarbeit bildet deshalb die Rechtsprechung eine wichtige Informationsquelle. Literaturmeinungen werden zwar ebenfalls herangezogen. Da jedoch letztlich die Verwaltungsgerichtsbarkeit über die Rechtmäßigkeit einer Verwaltungsentscheidung zu urteilen hat, zeigt die Verwaltungswirklichkeit bei widersprechenden Ansichten zumeist eine Präferenz für die Auffassung der Rechtsprechung. Die Rechtsprechung trägt somit wesentlich zur Verdichtung offener Gesetzestexte bei und dürfte daher in der Bauverwaltung vor allem bei Anwendung des § 35 BauGB als regelmäßige Informationsquelle herangezogen werden.

---

228 Lecheler, aaO; S. 285.
229 Stein, Staatsrecht, 11. Aufl. 1988, S. 169.

§ 35 BauGB sei nach Auffassung des *OVG's Schleswig-Holstein* insgesamt im Lichte der gesetzgeberischen Absicht auszulegen, den Außenbereich grundsätzlich von einer Bebauung freizuhalten.[230] Wenn also Absatz 1 Nr. 1 landwirtschaftliche Betriebe im Außenbereich privilegiert, dann kann dieses Vorrecht an sich nicht jede Form von Bodennutzung erfassen. Tatsächlich aber reicht der Landwirtschaftsbegriff des § 201 BauGB über Ackerbau und Viehzucht hinaus und bezieht sogar die gewerbliche Imkerei mit ein. Allerdings erfasst § 35 Abs. 1 Nr. 1 BauGB nicht die aus bloßer Liebhaberei betriebene Landwirtschaft.[231] Das *BVerwG* verlangt vielmehr, dass die beabsichtigte Bodennutzung nach Größe, Arbeitsanfall und persönlicher Eignung des Betriebsführers die Gewähr für eine ernsthafte, nachhaltige und auf Dauer angelegte, lebensfähige Bewirtschaftung bietet.[232] Das Vorrecht nach Absatz 1 Nr. 1 erfasse dabei auch Nebenerwerbslandwirte.[233] Für den Nebenerwerbslandwirt gelte jedoch ebenfalls, dass der Landwirtschaft eine lebensfähige Planung zugrunde liege.[234] Dabei werde die erforderliche Nachhaltigkeit des landwirtschaftlichen Betriebs durch eine Gewinnerzielungsabsicht indiziert.[235]

Sind die Voraussetzungen des Absatzes 1 Nr.1 für die landwirtschaftliche Tätigkeit als solches zu bejahen, dann solle sich die Privilegierung auch auf Nebenanlagen erstrecken, wenn diese dem Hauptbetrieb dienten. Der Begriff des Dienens verlange insoweit einen funktionalen Zusammenhang zwischen Vorhaben und landwirtschaftlichem Betrieb, welcher über eine bloße Förderlichkeit hinausreichen müsse.[236] Das Bauvorhaben müsse dem landwirtschaftlichen Betrieb gewidmet sein, ohne allerdings in dieser Zweckbestimmung insgesamt aufgehen zu müssen. Ein Vorhaben könne deshalb auch dann einem landwirtschaftlichen Betrieb dienen, wenn es nicht ausschließlich, sondern nur zeitweise für diesen Betrieb genutzt werde.[237] Eine Privilegierung setze in diesem Fall aber voraus, dass die bauliche Anlage zumindest überwiegend dem landwirtschaftlichen Betrieb diene.[238] Dabei komme es nicht auf die behauptete Zweckbestimmung, sondern auf die wirkliche Funktion des Vorhabens nach den objektiven Gegebenheiten an.[239] Ein nichtlandwirtschaftlicher Betriebsteil werde von der

---

230 OVG Schleswig-Holstein, Urt.v. 05.08.1993 – 1 L 23/92 –, S. 10, juris.
231 Söfker, Ernst/Zikahn/Bielenberg, aaO, Rd. 31 zu § 35.
232 BVerwGE 26, 121 (122).
233 BVerwGE 26, 121 (121).
234 Dürr, in: Brügelmann, BauGB, Bd. 2, 2005, Rd. 22 zu § 35.
235 BVerwG BauR 1986, 419 (420).
236 BVerwGE 41, 138 (140 f.).
237 Siehe hierzu insgesamt Dürr, aaO, Rd. 34 zu § 35.
238 BVerwGE 19, 75 (77).
239 BVerwG BauR 1986, 188 (189).

Privilegierung mitgezogen, wenn die Landwirtschaft nach Umfang und Bedeutung für den Gesamtbetrieb deutlich überwiege.[240] Maßgeblich sei, ob ein vernünftiger Landwirt auch und gerade unter Berücksichtigung des Gebotes größtmöglicher Schonung des Außenbereichs das Vorhaben mit etwa gleichem Verwendungszweck und mit etwa gleicher Gestaltung und Ausstattung für einen entsprechenden Betrieb errichten würde.[241]

Das *BVerwG* stellte schon im Jahr 1983 fest, dass eine Windenergieanlage grundsätzlich als untergeordnete Nebenanlage eines privilegierten Betriebs im Außenbereich zulässig sein könne.[242] Damit endete die bis dahin restriktive Rechtsprechung zur Zulässigkeit von Windenergieanlagen.[243] Angesichts eines vermeintlichen Planungsbedürfnisses hatte das *OVG Münster* nämlich bis dahin Windenergieanlagen nur nach Maßgabe von Bebauungsplänen als zulässig erachtet.[244] Mit seinem Grundsatzurteil habe das *BVerwG* jedoch die Grundlagen für eine windenergiefreundlichere Verwaltungspraxis geschaffen.[245]

Allerdings könne nach der Rechtsprechung des *BVerwG's*[246] und der *Instanzgerichte*[247] aus den 1980iger Jahren eine Windkraftanlage nur dann als unselbstständiger Teil an der Privilegierung teilhaben, wenn sie dem Betrieb unmittelbar zu- und untergeordnet sei und durch diese Zu- und Unterordnung auch äußerlich erkennbar geprägt werde.[248] Hieran fehle es bereits, wenn die Anlage nach ihrer Zweckbestimmung nicht überwiegend im Rahmen der landwirtschaftlichen Betriebsführung genutzt werde.[249] Daher genieße eine Windenergieanlage die Privilegierung des § 35 Abs. 1 Nr. 1 BauGB nur, wenn der erzeugte Strom überwiegend in die Hauptanlage verbraucht werde.[250] Nur solche Anlagen seien mittelbar privilegiert, die nahezu ausschließlich der Energieversorgung einer oder mehrer privilegierter Anlagen dienten, während Windkraftanlagen, die in nicht unerheblichem Umfang oder ausschließlich Energie zur Einspeisung ins

---

240 Vgl. BVerwG BauR 1985, 545 (546).
241 BVerwGE 41, 138 (141).
242 BVerwGE 67, 23 ff.; 67, 33 ff.
243 Vgl. Ronellenfitsch, in: VerwArch. 1984, 407 (423 f.), der insoweit jedoch von einer nur auf den ersten Blick für die Errichtung von WEA günstigen Rspr. spricht. Die öffentlichen Belange des § 35 BauGB bildeten Fußangeln, welche der Zulässigkeit von WEA fast immer entgegengestellt werden könnten.
244 OVG Münster BauR 1980, 549 (549).
245 Vgl. Battis, in: Festschrift Fabricius, 1989, S. 328.
246 BVerwGE 67, 41 (42).
247 Für alle: OVG Münster, in: Thiel/Gelzer, BRS, Bd. 40, Rspr. 1983, Nr. 86, 212 (213).
248 BVerwGE 41 138 (141).
249 BVerwGE 19, 75 (77).
250 OVG Lüneburg, in: Die Gemeinde (Schleswig-Holstein) 1989, 311 (312).

allgemeine Stromnetz erzeugten, die Privilegierungstatbestände selbst erfüllen müssten.[251] Die landwirtschaftsfremde Tätigkeit dürfe letztlich nur ein „Anhängsel" des landwirtschaftlichen Betriebs sein.[252] Ansonsten sei die Zulassung privilegierter Vorhaben nebst „Zubehör" im Außenbereich unter dem Gesichtspunkt des Gleichheitssatzes nicht zu rechtfertigen.[253]

Aber bereits Anfang der 1990iger Jahre besaßen Windenergieanlagen regelmäßig eine Leistungskapazität, die erwarten ließ, dass nur ein geringer Bruchteil produzierten Stroms in dem landwirtschaftlichen Betrieb verbraucht werden konnte. Der weit überwiegende Teil erzeugter Energie wurde gegen Vergütung in das öffentliche Netz gespeist.[254]

Das *OVG Schleswig-Holstein* bejahte dennoch mit Urteil vom 05.08.1993 bei einem Eigenverbrauch von nur etwa 20 % die Privilegierung einer Windenergieanlage in Kombination der Tatbestände des § 35 Abs. 1 Nr. 1 und Nr. 4 a. F. BauGB. Bei isolierter Betrachtung lägen die Voraussetzungen nicht vor; das Vorhaben erfülle aber jeweils teilweise die Privilegierungsmerkmale der Nr. 1 und 4 des § 35 Abs. 1 BauGB. Eine individualisierende Antwort darauf, warum die Anlage gerade an der vom Kläger ins Auge gefassten Stelle errichtet werden solle, ergebe sich aus dem Standort seines landwirtschaftlichen Betriebs. Durch die Tatsache, dass ein solcher Betrieb vorhanden sei, dem die teilweise privilegierte Anlage dienen solle, sei der Standort bestimmt. Der Vorhabensträger plane 1/5 der produzierten Strommenge dem eigenen Betrieb zugute kommen zu lassen; damit sei der Standort vorgegeben und der erforderliche Ortsbezug hergestellt. Die jeweils für sich genommen nicht vollständig gegebenen Privilegierungen ergänzten sich einander.[255] Damit widersprach das *OVG Schleswig-Holstein* ausdrücklich der herrschenden Meinung, wonach die Nähe des mit Strom zu versorgenden Betriebs lediglich einen gewissen Lagevorteil darstelle, welcher die strengen Voraussetzungen einer Privilegierung jedoch nicht zu erfüllen vermochte.[256]

Bis Mitte der 1990iger Jahre zeigte sich die Rechtsprechung zur Windenergie demnach uneinheitlich. Die Baubehörden sahen sich widersprechenden Entscheidungen der Obergerichte und einem Urteil des *BVerwG's* aus dem Jahr 1983 gegenüber, das Windenergieanlagen mit einer relativ geringen Nennleistung und energiewirtschaftliche Rahmenbedingungen unterstellte, welche eine

---

251 Olgiermann, aaO, S. 105.
252 Dürr, aaO, Rd. 36 zu § 35.
253 BVerwG, BauR 1979, 481 (483).
254 Siehe hierzu auch Ausf. S. 73.
255 OVG Schleswig-Holstein, Urt.v. 05.08.1993, 1 L 23/92, S. 12, juris.
256 BVerwGE 67, 33 (36); OVG Lüneburg, in: Der Landkreis (Schleswig-Holstein) 1989, 311 (312).

massenhafte Entwicklung im Außenbereich nicht erwarten ließen. Dieses differenzierte Meinungsbild beließ der Verwaltung Freiräume für eine individuelle Perspektive.

(3) Staatliche Aufsichtsbehörden

Unklare Gesetzestexte und eine nicht gefestigte Rechtsprechung führen regelmäßig zu einer differenzierten Rechtsanwendung durch die Behörden. Staatliche Aufsichtsbehörden bemühen sich deshalb zur Wahrung eines einheitlichen Gesetzvollzugs, über Weisungen, Erlasse oder Richtlinien vorhandene Wertungsspielräume möglichst weitgehend einzuengen. Solche Auslegungsdirektiven entfalten ihre Rechtswirkung im staatlichen Innenbereich und wenden sich an die nachgeordneten Behörden; der zuständige Organwalter habe die Vorschriften kraft seiner dienstrechtlichen Gehorsamspflicht zu beachten.[257]

Mit Verfügung vom 02.11.1992 wurde den Baubehörden im Regierungsbezirk Weser-Ems eine Ausarbeitung der Bezirksregierung zur städtebaulichen Zulässigkeit von Windkraftanlagen mit der Bitte um Kenntnisnahme übersandt. Dieser Beitrag befasst sich unter anderem mit dem Privilegierungstatbestand des § 35 Abs. 1 Nr. 1 BauGB. Danach könne eine private Windkraftanlage an der Privilegierung eines im Außenbereich bevorrechtigten Betriebs teilhaben, wenn der erzeugte Strom den Eigenbedarf zumindest teilweise abdecke. In welcher Form die Stromversorgung erfolge, bleibe letztlich der Entscheidung des Betriebsinhabers überlassen.[258] Eine Quantifizierung des Eigenverbrauchs erfolgte hier nicht.

In einem Arbeitspapier der *Bezirksregierung Weser-Ems* vom 30.03.1993 wird die dienende Funktion einer Nebenanlage im Sinne des § 35 Abs. 1 Nr. 1 BauGB erneut thematisiert. Unter Hinweis auf die Rechtsprechung des *OVG's Lüneburg* aus dem Jahr 1988 sei eine dienende Funktion bei den heute zur Anwendung kommenden Größenordnungen der Windkraftanlagen für landwirtschaftliche Betriebe praktisch ausgeschlossen. Die Ausführungen des Obergerichtes seien sachgerecht und überzeugend. Es werde nachdrücklich empfohlen, dieser Rechtsauffassung zu folgen.[259] Und in einer Ergebnisniederschrift über eine Dienstbesprechung mit Vertretern der Landkreise und kreisfreien Städte wird abermals darauf hingewiesen, dass bei Anlagen ab 300 KW der Windenergieanlage eine dem landwirtschaftlichen Betrieb dienende Funktion im Sinne von § 35 Abs. 1 Nr. 1 BauGB nicht mehr zugesprochen werden könne. Das Pa-

---

257 Maurer, aaO, § 24 Rd. 16.
258 Anlage zur Rundverfügung der BezReg. v. 02.11.1992 – 309.10 –, S. 4.
259 Arbeitspapier der BezReg. Weser-Ems zur Windenergie v. 30.03.1993, S. 2.

pier kommt zu dem Fazit, dass die Zulassung von Windenergieanlagen nur mit Planung möglich sei.[260] Die Bezirksregierung stellte damit den Ausbau der Windenergie in das Belieben der Planungsträger.

Das *Nds. Sozialministerium* sah durch einen Planungsvorbehalt die neue energiepolitische Ausrichtung in Niedersachsen gefährdet und bejahte öffentlich eine Bevorrechtigung von Windenergieanlagen im Außenbereich, ohne allerdings den einschlägigen Privilegierungstatbestand zu benennen. Bezirksregierung und Ministerium stritten um Rechtsauslegung. *Sozialminister Hiller* mahnte schließlich die Bezirksregierung Weser-Ems, seine Auffassung zur Windenergienutzung zu beachten und forderte einen zügigen Ausbau der Windenergie. Dieser von den *Ostfriesischen-Nachrichten* in ihrer Ausgabe vom 24.06.1993 dargestellte Disput zwischen der obersten (= Nds. Sozialministerium) und der oberen Bauaufsichtsbehörde (= Bezirksregierung) verstärkte den Eindruck, dass eigentlich niemand richtig von falsch unterscheiden konnte (oder wollte).

Dabei besaß die staatliche Aufsicht die Möglichkeit einer direkten Einwirkung auf die baurechtliche Entscheidung in den Kommunen. Die Aufsicht schütze gemäß § 127 Abs. 1 NGO a. F. die Gemeinden in ihren Rechten und sichere die Erfüllung ihrer Pflichten. Sie stelle sicher, dass die Gemeinden die geltenden Gesetze beachten (Kommunalaufsicht) und die Aufgaben des übertragenen Wirkungskreises rechtmäßig und zweckmäßig ausführen würden (Fachaufsicht). Gemäß § 65 Abs. 2 NBauO werden die Unteren Bauaufsichtsbehörden im übertragenen Wirkungskreis tätig. In diesen so genannten Auftragsangelegenheiten untersteht die Kommune einem uneingeschränkten Weisungsrecht der staatlichen Behörde.[261] Soweit notwendig, werden Weisungen der Fachaufsicht von den Kommunalaufsichtsbehörden durchgesetzt (§ 128 Abs. 3 NGO a. F.). Die Kommunalaufsicht kann gemäß § 131 NGO a. F. unter Fristsetzung anordnen, dass die Gemeinde das Erforderliche veranlasst und nach Fristablauf die Anordnung an Stelle der Gemeinde selbst durchführen (= Ersatzvornahme). Im Zusammenhang mit der Genehmigung von Windenergieanlagen ist jedoch die Anwendung staatsaufsichtsrechtlicher Maßnahmen nicht dokumentiert. Mit dem Einsatz von Mitteln der Fach- oder Kommunalaufsicht hätte das Land in der öffentlichen Wahrnehmung schließlich auch die (politische) Verantwortung an sich gezogen. Tatsächlich jedoch blieben die Kommunen bei der Zulassung von Windenergieanlagen auf sich selbst gestellt.[262] Der öffentliche Disput zwischen oberer und oberster Bauaufsichtsbehörde dürfte im Gegenteil zu einer weiteren Verunsicherung der kommunalen Baubehörden beigetragen haben.

---

260 Ergebnisniederschrift der BezReg. Weser-Ems v. 14.04.1993.
261 BVerwG DVBl. 1978, 638 (638).
262 Vgl. Heymann, aaO, S. 421.

bb) § 35 Abs. 1 Nr. 4 BauGB a.F.

„Im Außenbereich ist ein Vorhaben nur zulässig, ... wenn es der öffentlichen Versorgung mit Elektrizität ... oder einem ortsgebundenen gewerblichen Betrieb dient."

§ 35 Abs. 1 Nr. 4 BauGB a. F. dürfte an sich dem Rechtsanwender keine besonderen Schwierigkeiten bereiten. Die Windenergieanlage erzeugt Strom, der über das öffentliche Elektrizitätsnetz an den Endverbraucher abgegeben wird. Nach dem Wortlaut des § 35 Abs. 1 Nr. 4 BauGB a. F. wird die Zulässigkeit von Einrichtungen der öffentlichen Stromversorgung nicht an die Voraussetzung eines besonderen Ortsbezugs geknüpft. Der eigentlich klare Gesetzestext bezieht vielmehr das Kriterium der Ortsgebundenheit allein auf den Begriff des (sonstigen) gewerblichen Betriebs. Windenergieanlagen wären daher nach dem Wortlaut des § 35 Abs. 1 Nr. 4 BauGB a. F. ohne weiteres als im Außenbereich privilegierte Vorhaben anzusehen.

Die Rechtsprechung legt jedoch den Privilegierungstatbestand der Nr. 4 a. F. restriktiv aus. Zwar diene die von einem Privaten gewerblich betriebene Windenergieanlage der öffentlichen Stromversorgung. Der Begriff der öffentlichen Energieversorgung sei nämlich entsprechend der Regelung des § 2 Abs. 2 EnGW auszulegen.[263] Danach sei Voraussetzung, dass die Anlage nicht nur für den Einzelbedarf bestimmt sei.[264] Die Windenergieanlage müsse vielmehr ohne Rücksicht auf die Rechtsform und die Eigentumsverhältnisse des Anlagenbetreibers zur Versorgung der Allgemeinheit dienen und dazu Elektrizität in das öffentliche Stromnetz einspeisen.[265] Eine Differenzierung zwischen privat und öffentlich erzeugter Energie sei angesichts der Abnahmeverpflichtung durch die Energieversorger nach dem StrEG hinfällig geworden.[266]

Allerdings verlangt die Rechtsprechung über den Gesetzestext hinaus für jedes nach Abs. 1 Nr. 4 a. F. im Außenbereich bevorrechtigte Vorhaben einen besonderen Ortsbezug. Auch wenn sich das Kriterium der Ortsgebundenheit nicht auf Versorgungsbetriebe beziehe, gebiete das in § 35 BauGB enthaltene Gebot größtmöglicher Schonung des Außenbereichs, dort auch nur Vorhaben unter Einschränkungen zuzulassen.[267] Dem Bauen im Außenbereich komme Ausnahmecharakter zu und sei deshalb grundsätzlich zu verhindern.[268] Eine Privilegierung gemäß § 35 Abs. 1 Nr. 4 BauGB a. F. sei daher nach Auffassung des

---

263 Bielenberg, in: ZfBR 1989, 49 (51).
264 BVerwGE 67, 33 (35).
265 BVerwGE 67, 33 (35).
266 von Mutius, in: DVBl. 1992, 1469 (1474).
267 Dyong, in: Ernst/Zinkahn/Bielenberg, BauGB, aaO, Rd. 55 zu § 35.
268 Hoppe, in: NJW 1978, 1229 (1229).

BVerwG's nur gegeben, wenn das Bauvorhaben nach seiner Art nur an der fraglichen Stelle verwirklicht werden könne und deshalb anderenorts ihren Zweck verfehlen würde.[269] Dieser spezifische Ortsbezug kann letztlich auch nicht mit der Nähe zu einer Hofstelle begründet werden. So mag die Errichtung einer Windenergieanlage in räumlicher Nähe zu einem landwirtschaftlichen Betrieb gewisse Vorzüge aufweisen. Allerdings steht die gewerbliche Erzeugung von Elektrizität durch Wind in keiner unmittelbaren Beziehung zur landwirtschaftlichen Produktion von Nahrungsmitteln.[270]

Im Übrigen kann die Errichtung einer Windenergieanlage im Außenbereich nicht durch besondere Windhöffigkeit des geplanten Standorts gerechtfertigt werden. Schon im Jahr 1974 führte das *BVerwG* hierzu aus, das Merkmal der Ortsgebundenheit liege nicht bereits deshalb vor, weil die gewerbliche Anlage gerade an dieser Stelle besonders ertragreich arbeiten könne.[271] Eine Kleinwindanlage sei daher auch nicht auf die geographische Eigenart ihres Standortes angewiesen.[272]

Diese Rechtsprechung ist in der Literatur kritisiert worden. Der Wortlaut des § 35 Abs. 1 Nr. 4 BauGB a.F. beziehe das Kriterium der Ortsgebundenheit nur auf gewerbliche Betriebe. Nach § 35 Abs. 1 Nr. 4 BauGB a. F. könne daher eine private Windenergieanlage zulässig sein, wenn sie der öffentlichen Versorgung diene.[273] Werde dennoch die Auffassung des *BVerwG's* zum Kriterium der Ortsgebundenheit zugrunde gelegt, so sollten nach Ansicht von *Söfker* die Anforderungen an den Ortsbezug graduell weniger streng zu handhaben sein als bei „echten" ortsgebundenen Betrieben. Die besondere Standortgunst windhöffiger Gebiete, z.B. an der Küste, stelle insoweit hinreichend die geforderte Standortbeziehung her.[274] Auf ständigen Wind angewiesene Anlagen seien daher als privilegiert anzusehen.[275]

In einem dem Landkreis Aurich im November 1992 übersandten Arbeitspapier der *Bezirksregierung Weser-Ems* vom 24. Oktober 1991 wird insoweit lediglich festgestellt, dass Windenergieanlagen nach § 35 Abs. 1 Nr. 4 BauGB privilegiert seien, wenn sie der öffentlichen Versorgung mit Elektrizität oder Wärme dienten.[276] Mit Verweis auf die zitierten Urteile des *OVG's Lüneburg* und des *VG's Schleswig* aus den Jahren 1988/91 informierte die *Bezirksregie-*

---

269 BVerwGE 50, 346 (348).
270 Vgl. BVerwG DVBl. 1977, 526 (529).
271 BVerwG DÖV 1974, 814 (814).
272 BVerwGE 67,41 (42).
273 Bielenberg, in: ZfBR 1989, 49 (51).
274 Söfker, in: ZfBR 1989, 91 (95).
275 Peine, in: DVBl. 1991, 965 (970).
276 Anlage zur Rundverfügung der BezReg. Weser-Ems v. 02.111992 – 309.10 –, S. 4.

rung Weser-Ems im März 1993 unter anderem den Landkreis Aurich jedoch darüber, „daß Windenergieanlagen der öffentlichen Versorgung mit Elektrizität i. S. des § 35 Abs. 1 Nr. 4 BauGB nur dann dienen und damit privilegiert sind, wenn sie in einer spezifischen Beziehung zu dem geplanten Standort stehen".[277] Das *Nds. Sozialministerium* informierte jedoch die Bezirksregierungen des Landes im Juni 1993 darüber, dass die Windkraft ihre Aufgabe im Rahmen der öffentlichen Energieversorgung nur erfüllen könne, wenn ihrer Eigenart entsprechend die hierfür günstigen Standorte auf der Grundlage des § 35 Abs. 1 Nr. 4 BauGB genutzt würden. Auch die Bezirkregierung Weser-Ems wurde mit diesem Schreiben gebeten, die nachgeordneten Behörden entsprechend zu unterrichten.[278] Innerhalb weniger Monate hatte damit die Landesverwaltung Niedersachsens völlig unterschiedliche Einschätzungen zu den Privilegierungsvoraussetzungen des § 35 Abs. 1 Nr. 4 BauGB a. F. abgegeben.

cc) § 35 Abs. 1 Nr. 5 BauGB a. F.

„Im Außenbereich ist ein Vorhaben nur zulässig, ... wenn es wegen seiner besonderen Anforderungen an die Umgebung, wegen seiner nachteiligen Wirkung auf die Umgebung oder wegen seiner besonderen Zweckbestimmung nur im Außenbereich ausgeführt werden soll."

Die Rotorblätter einer Windenergieanlage werden durch Luftbewegungen angetrieben. Der Wind weht jedoch unabhängig einer städtebaulichen Planung und ist nicht ein ausschließliches Merkmal des Außenbereichs. Allerdings gehen von einer Windenergieanlage Emissionen aus. Schall und Schattenschlag können sich auf in der Umgebung befindliche Menschen und Tiere negativ auswirken. Wollte man dem bloßen Gesetzestext folgen, so hätte eine Privilegierung von Windenergieanlagen in der zweiten Alternative des § 35 Abs. 1 Nr. 5 BauGB a. F. durchaus bejaht werden können.

Rechtsprechung und Literatur erkennen jedoch in § 35 Abs. 1 Nr. 5 BauGB a. F. einen Auffangtatbestand, der in seiner Unbestimmtheit eingeschränkt auszulegen sei.[279] Gegenstand und Funktion des Außenbereichsvorhabens würden nicht weiter eingegrenzt.[280] Diese tatbestandliche Weite müsse durch erhöhte Anforderungen an die übrigen Privilegierungsvoraussetzungen ausgeglichen werden, um den Außenbereich vor einer unangemessenen Inanspruchnahme zu

---

277 Arbeitspapier der BezReg. Weser-Ems zur Windenergie v. 30.03.1993, S. 2.
278 Schreiben des Nds. Sozialministeriums v. 26.06.1993, Az.: 301.2–21120–.
279 BVerwGE 34, 1 (3).
280 Vgl. BVerwGE 48, 109 (112).

schützen.[281] Das Vorhaben müsse in der konkreten Situation der jeweiligen Gemeinde wegen seiner besonderen Zweckbestimmung im Außenbereich erforderlich und nicht nur nützlich oder förderlich sein.[282] Windenergieanlagen könnten jedoch durchaus funktionsgerecht im Innenbereich betrieben werden und gewährleisteten regelmäßig nicht die Energieversorgung des relevanten Gebiets.[283] Schließlich müsse das Vorhaben im Außenbereich errichtet werden „sollen", d.h. es müsse auf der Grundlage einer wertenden Betrachtungsweise in einer Art zu billigen sein, die es rechtfertige, das Vorhaben bevorzugt im Außenbereich zuzulassen.[284] Bauvorhaben, die zwar wegen ihrer besonderen Anforderungen an die Umgebung eine spezifische Außenbereichspräferenz aufwiesen, aber wegen einer Vielzahl entsprechender Bauwünsche, die bei einer Privilegierung an beliebiger Stelle im Außenbereich grundsätzlich realisierbar seien, zu einer nicht nur vereinzelten Bebauung im Außenbereich führen könnten, sollten nach Rechtsprechung des *BVerwG's* nicht ohne förmliche Bauleitplanung im Außenbereich ausgeführt werden können; § 35 Abs. 1 Nr. 5 BauGB privilegiere nur Vorhaben singulärer Art.[285] Bei der Nutzung von Windenergie zeichnete sich nach Ansicht des *VG Schleswig* jedoch bereits Anfang der 1990iger Jahre eine Entwicklung mit erheblicher Breitenwirkung ab. Jede genehmigte Anlage stelle dann einen Berufungsfall für folgende Anträge dar.[286] Daher verbiete sich eine Bevorzugung von Windenergieanlagen im Außenbereich gemäß § 35 Abs. 1 Nr. 5 BauGB bereits aus dem Gesichtspunkt der Gleichbehandlung.[287]

Die *Bezirksregierung Weser-Ems* verneinte bereits in Bezug auf den Privilegierungstatbestand des Abs. 1 Nr. 4 a. F. den spezifischen Ortsbezug. Für die oberste Bauaufsichtsbehörde bedurfte es schon wegen Abs. 1 Nr. 4 a. F. konsequenterweise keines Rückgriffs auf den Auffangtatbestand des § 35 Abs. 1 BauGB. Eine Auseinandersetzung mit dem Privilegierungstatbestand des § 35 Abs. 1 Nr. 5 BauGB a. F. auf Ebene der Landesverwaltung ist daher nicht dokumentiert.

b) Sonstige Vorhaben gemäß § 35 Abs. 2 BauGB

Die in § 35 Abs. 1 BauGB genannten Vorhaben werden als privilegierte Vorhaben bezeichnet. Die Bedeutung der Privilegierung liegt darin, dass diese Vorha-

---

281 Dürr, aaO, Rd. 54 zu § 35.
282 BVerwGE 67, 33 (36).
283 Vgl. BVerwGE 67, 23 (23).
284 Brohm, aaO, § 21 Rd. 7.
285 BVerwGE 96, 95 (104).
286 VG Schleswig, Urt. v. 04.12.1991 – 8 A 351/91 –, S. 14, n.v.
287 BVerwGE 48, 109 (115 f.).

ben vom Gesetzgeber als grundsätzlich außenbereichsadäquat angesehen werden; der Gesetzgeber habe sozusagen generell geplant und ihnen einen Standort im Außenbereich zugewiesen.[288]

Mangels Privilegierung stand die Zulassung von Windenergieanlagen im Außenbereich jedoch Anfang der 1990iger Jahre unter Planungsvorbehalt. Fehlte eine entsprechende Bauleit- oder Regionalplanung, so richtete sich die Zulässigkeit von Windenergieanlagen nach § 35 Abs. 2 BauGB.

Als sonstiges Vorhaben können Windenergieanlagen gemäß § 35 Abs. 2 BauGB zugelassen werden, wenn ihre Errichtung öffentliche Belange nicht beeinträchtigt. Die Verwendung des Wortes „können" deutet zwar eine Ermessensentscheidung an. Angesichts der Baufreiheit könne der Verwaltung jedoch kein Ermessen eingeräumt sein, weil sie sonst den Inhalt des Eigentums bestimme.[289] Jedoch könnten nicht privilegierte Bauvorhaben wegen der Verwendung des unbestimmten Rechtsbegriffs „beeinträchtigt" laut *Brohm* nur ausnahmsweise zugelassen werden. Sonstige Bauprojekte seien nämlich im Außenbereich schon dann unzulässig, wenn sie öffentliche Belange lediglich nachteilig berühren würden.[290]

Deshalb unterfällt die Windenergieanlage als sonstiges Außenbereichsvorhaben aber nicht bereits einem pauschalen Verbot. Das *BVerwG* wertet jedenfalls allein die Neuartigkeit dieser Anlagen nicht als Beleg dafür, dass mit ihren Wirkungen auf die natürliche Eigenart oder die Erholungsfunktion der Landschaft ein öffentlicher Belang beeinträchtigt werde.[291] Andererseits lasse sich die Zulassung einer Windenergieanlage aber auch nicht damit begründen, ihr Erscheinungsbild gleiche dem eines im Außenbereich privilegierten Vorhabens. Privilegierte Bauabsichten besäßen im Konfliktfall lediglich ein höheres Durchsetzungsvermögen als nicht bevorrechtigte Außenbereichsvorhaben. Maßgeblich sei vielmehr, ob die bauliche Anlage aufgrund ihrer Funktion dem Außenbereich wesensfremd sei.[292]

Letztlich komme es jedoch auch insoweit schon nach dem Wortlaut des § 35 Abs. 2 BauGB auf die Umstände des Einzelfalls an. So könne eine Ausnahmesituation dann gegeben sein, wenn der konkrete Vorhabensstandort seine für den Außenbereich bestimmende Schutzwürdigkeit bereits durch erfolgte anderweitige Eingriffe eingebüßt habe, also seine Prägung durch die natürliche Bodennutzung oder seine Erholungsrelevanz bereits verloren habe.[293] Allerdings un-

---

288 Dazu insgesamt Dürr, aaO, Rd. 8 zu § 35.
289 BVerwGE 18, 247 (247).
290 Brohm, aaO, § 21 Rd. 9 f.
291 BVerwGE 67, 33 (36).
292 Siehe hierzu insgesamt Weyreuther, Bauen im Außenbereich, 1979, S. 84 ff.
293 BVerwG BauR 1994, 730 (737).

terstreiche gerade die Formulierung „im Einzelfall" zugleich den Ausnahmecharakter der Errichtung eines nicht privilegierten Vorhabens im Außenbereich.[294] Da die (städtebauliche) Außenkoordination grundsätzlich durch die in § 35 Abs. 3 BauGB angeführten öffentlichen Belange gewährleistet werde,[295] begründe der mit Erlass des StrEG's ausgelöste Mengendruck zwar nicht einen öffentlichen Belang in Gestalt eines Planungserfordernisses.[296] Ein Einzelfall scheide hingegen laut *Dürr* von vornherein aus, wenn praktisch jedermann mit derselben Berechtigung eine Zulassung nach § 35 Abs. 2 BauGB beanspruchen könne. Die Zulassung müsse vielmehr standortspezifisch begründet sein und dürfe nicht zum Berufungsfall für sonstige Bauwünsche werden können.[297]

Die *Bezirksregierung Weser-Ems* kommt in ihrer Ausarbeitung zur städtebaulichen Zulässigkeit von Windenergieanlagen im Jahr 1991 zum gleichen Ergebnis. Die Prüfung, ob öffentliche Belange beeinträchtigt würden, dürfe nicht schematisch und ohne sorgfältige Ermittlung des im Einzelfall vorliegenden Sachverhalts erfolgen. Dabei sei zu beachten, dass keine Kompensation beeinträchtigter Belange durch andere für das Vorhaben sprechende Gesichtspunkte gestattet sei. Zugunsten von Windenergieanlagen seien im Übrigen landschaftliche Vorbelastungen zu berücksichtigen. Schließlich enden die Ausführungen zu § 35 Abs. 2 BauGB mit einem umfangreichen Verweis auf die hierzu ergangene Rechtsprechung.[298]

Verfügungen der Landesverwaltung, aber auch Urteile und Literaturmeinung konnten für die Baugenehmigungsbehörden nur Auslegungshilfe leisten. Der Einzelfall lässt sich nämlich nur über Fallbeispiele eingrenzen. Die nach dem Wortlaut des § 35 Abs. 2 BauGB bestimmte Verantwortung für den Einzelfall hatte daher letztlich die Untere Bauaufsichtsbehörde zu tragen.

c) Gesicherte Erschließung

Die gesicherte Erschließung eines Bauvorhabens ist in allen Fällen der §§ 30 ff. BauGB Voraussetzung für eine Baugenehmigung. An sich dürfte die Auslegung dieses Rechtsbegriffs nur geringe Schwierigkeiten bereiten. Das Bauvorhaben muss angeschlossen, also mindestens erreichbar sein. Wasser und Abwasserentsorgung braucht eine Windenergieanlage nicht, um Elektrizität erzeugen zu können. Eine Windenergieanlage benötigt auch keinen Strom, aber trotzdem einen

---

294 Brohm, aaO, § 21 Rd. 3 und 10.
295 BVerwGE 96, 95 (108).
296 Anders: VG Schleswig, aaO, S. 14 f., siehe hierzu BVerG NuR 1995, 29 (33)
297 Dürr, aaO, Rd. 72 zu § 35.
298 Anlage zur Rundverfügung der BezReg. Weser-Ems v. 02.11.1992 – 309.10 –, S. 5 f.

Anschluss, um die produzierte Elektrizität abzuleiten. Daher sollte der Anschluss an das öffentliche Elektrizitätsnetz eigentlich zur gesicherten Erschließung einer Windenergieanlage gehören müssen. Die Rechtsprechung beurteilt dies jedoch anders.

Der bei Errichtung einer Windenergieanlage unabdingbare Anschluss an das öffentliche Stromnetz gehört nämlich nach höchstrichterlicher Rechtsprechung nicht zum bauplanungsrechtlichen Inhalt der Erschließung.[299] Im Übrigen richten sich die Mindestanforderungen einer ausreichenden Erschließung nach dem konkreten Bauvorhaben.[300] Bei privilegierten Vorhaben sei insoweit zu berücksichtigen, dass diese häufig fernab von jeder sonstigen Bebauung lägen und wenn überhaupt nur über Wirtschaftswege zu erreichen seien.[301] Diese oft lediglich geschotterten Wege stehen regelmäßig im Eigentum der Gemeinde und sind häufig nicht hinreichend breit oder tragfähig, um die Grundstücke erreichen zu können, auf denen die Errichtung einer Windenergieanlage beabsichtigt ist. Der Antragsteller könne hier jedoch nach Meinung des *BVerwG's* unter bestimmten Voraussetzungen durch Vereinbarung mit der Gemeinde über einen Straßenausbau die ausreichende Erschließung im Sinne der 35 Abs. 1 BauGB sicherstellen.[302] Die betroffenen Kommunen besäßen damit an sich ein weiteres Instrument zur Steuerung der Windenergie, da das Zustandekommen einer solchen Vereinbarung grundsätzlich nicht erzwingbar ist, sondern von der Annahme eines entsprechenden Angebots abhängt. Die planungsrechtliche Zulässigkeit einer Windenergieanlage sei jedoch keine Frage der Erschließung.[303] Das *BVerwG* entschied insoweit schon im Jahr 1985, dass eine Gemeinde das Angebot zur Erschließung eines Baugrundstücks nur ablehnen dürfe, wenn ihr die Annahme nicht zugemutet werden könne. Dabei sei einer Kommune ein entsprechend zuverlässiges Erschließungsangebot zumutbar, wenn ihr nach dem Ausbau des Weges keine unwirtschaftlichen Aufwendungen einschließlich etwaiger Unterhaltungskosten entstünden.[304]

Im Übrigen könne der Standort einer Windenergieanlage auch über das Grundstück eines Privaten ausreichend im Sinne von § 35 Abs. 1 BauGB erschlossen werden. Allerdings reiche hierfür nach Ansicht des *BVerwG's* eine bloß schuldrechtliche Vereinbarung des Bauherrn mit dem privaten Nachbarn

---

299 BVerwG BauR 1996, 363 (363).
300 BVerwG BauR 1985, 662 (662).
301 Vgl. Söfker, Ernst/Zinkahn/Bielenberg/Krautzberger, aaO, Rd. 69 zu § 35.
302 Für alle: BVerwG BauR 1985, 662.
303 BVerwG BauR 1996, 364 (364).
304 BVerwG BauR 1985, 661 (663 f.).

nicht aus. Das Wegerecht müsse vielmehr öffentlich über eine Baulast oder privatrechtlich durch Eintragung einer Grunddienstbarkeit gesichert sein.[305] Angesichts der frühzeitigen Entscheidung des *BVerwG's* dürfte die Rechtslage insoweit schon zu Beginn des Windenergiebooms für die Baubehörden in Deutschland regelmäßig eindeutig gewesen sein. Jedenfalls lässt sich in den zur Windenergie in Niedersachsen gesichteten Erlassen oder Verfügungen staatlicher Aufsichtsbehörden keine dezidierte Erörterung zum Tatbestandsmerkmal der gesicherten Erschließung finden.

d) Öffentliche Belange (§ 35 Abs. 3 Satz 1 BauGB)

Im Außenbereich ist gemäß § 35 Abs. 1 Satz 1 BauGB ein Vorhaben nur zulässig, wenn öffentliche Belange nicht entgegenstehen. Es gibt also weder privilegierte Vorhaben, die überall zulässig sind, noch umgekehrt öffentliche Belange, die sich kategorisch gegenüber bevorrechtigten Außenbereichsvorhaben durchsetzen.[306] Der Begriff des Entgegenstehens verlangt vielmehr eine Abwägung zwischen dem privilegierten Vorhaben und dem betroffenen öffentlichen Belang aufgrund der spezifischen Einzelfallsituation.[307] Dabei ist die Aufzählung der öffentlichen Belange in Abs. 3 jedoch nicht abschließend. Der Gesetzgeber habe in Abs. 3 von einer enumerativen Nennung öffentlicher Belange gerade in der Erkenntnis abgesehen, dass bei der Vielzahl der schutzwürdigen Interessen im Außenbereich ihre Beschränkung auf spezialgesetzliche Ausgestaltung in Einzelnormen der Gewährleistung einer geordneten städtebaulichen Entwicklung nicht gerecht werden könne.[308] Verfassungsrechtlichen Bedenken begegne die Verwendung des unbestimmten Rechtsbegriffs jedenfalls nicht, weil das Tatbestandsmerkmal des öffentlichen Belangs durch die Erläuterungen des Abs. 3 genügend bestimmbar und damit justitiabel sei.[309] § 35 Abs. 3 BauGB setzt dem Rechtsanwender aber damit einen lediglich abstrakten Rahmen, denn die exemplarische Aufzählung ist selbst stark wertausfüllungsbedürftig.

Nur ausnahmsweise ist die Beurteilung, ob ein öffentlicher Belang betroffen ist, präzise durch Gesetz vorbestimmt. So können Windenergieanlagen durch Lärm und Schattenwurf schädliche Umwelteinwirkungen im Sinne von § 35 Abs. 3 Nr. 3 BauGB hervorrufen. Der Errichtung einer Windenergieanlage stehen öffentliche Belange im Sinne von Abs. 3 Nr. 3 also entgegen, wenn von die-

---

305 BVerwG BauR 1991, 55 (57).
306 Dürr, aaO, Rd. 66 zu § 35.
307 BVerwGE 28, 148 (151).
308 BVerwG BauR 1974, 257 (258).
309 BVerwGE 18, 247 (250).

ser Schall- oder Schattenemissionen ausgehen, die jenseits der Grenzwerte der TA-Lärm bzw. der Allgemeinen Verwaltungsvorschrift zum BImSchG liegen. Immissionen lassen sich objektiv feststellen. Werden Grenzwerte überschritten, ist das geplante Vorhaben unzulässig. Die natürliche Eigenart der Landschaft, Verunstaltungen des Orts- und Landschaftsbildes, der Umgebungsschutz eines Baudenkmals oder Belange des Naturschutzes sind hingegen gerade subjektiven Bewertungen des Rechtsanwenders überlassen. Solch unbestimmte Belange zeigen sich dann auch für politische Bewertungen durchlässig. Daher sollen die unter § 35 Abs. 3 Nr. 5 BauGB benannten Belange im Folgenden einen Schwerpunkt bilden.

aa) Landschaftsbild

„Die tatsächliche Ausschöpfung des theoretisch vorhandenen Potentials (an Windenergie) ist gering. Probleme können sich insbesondere ergeben .... rechtlich aus Landschaftsgründen, z.b. wegen des Flächenbedarfs", stellte *Battis* schon 1989 heraus.[310] Und das *Bundeswirtschaftsministerium* bestätigte in seinem Erfahrungsbericht aus dem Jahr 1995 zwar die boomartige Entwicklung bei der Windenergie, merkte jedoch auch kritisch an, dass längerfristig eine unvertretbare Belastung der norddeutschen Küstenregionen zu erwarten sei.[311]

Nach § 35 Abs. 3 Nr. 5 BauGB stehen öffentliche Belange entgegen, wenn das Vorhaben die Eigenart der Landschaft beeinträchtigt oder das Landschafts- bzw. Ortsbild verunstaltet. Außerdem sind gemäß § 1 Abs. 1 Nr. 4 NNatG Natur und Landschaft im unbesiedelten Bereich so zu schützen, zu pflegen und zu entwickeln, dass die Vielfalt, Eigenart und Schönheit von Natur und Landschaft als Lebensgrundlagen des Menschen und als Voraussetzungen für seine Erholung gesichert sind. §§ 35 Abs. 3 Nr. 5 BauGB, 1 Abs. 1 Nr. 4 NNatG verwenden Begriffe des allgemeinen Sprachgebrauchs. Jeder Mensch hat eine Vorstellung von Natur und Landschaft und besitzt auch ein Gefühl für Schönheit. Der Rechtsanwender könnte sich also nach dem Wortlaut der §§ 35 Abs. 3 Nr. 5 BauGB, 1 Abs. 1 Nr. 4 NNatG zu einer individuellen, fast persönlichen Entscheidung aufgefordert sehen. Damit würde der Gesetzgeber den Bauherrn einer unberechenbaren Willkür des Entscheiders überantworten. Rechtsvorschriften müssen jedoch justitiabel bleiben (Art. 20 Abs. 3 GG). § 35 Abs. 3 Nr. 5 BauGB setzt daher der Rechtsanwendung eine verbindliche Rechtsnorm. Der Verwaltungsmitarbeiter wird daher zunächst den unbestimmten Tatbestand des Abs. 3

---

310 Battis, in: Festschrift Fabricius, 1989, 319 (327).
311 Erfahrungsbericht BM 1995, BT-Drucks. 13/2681, S. 4.

Nr. 5 durch Sichtung von Rechtsprechung, Literatur und Erlassen zu verdichten suchen.

„Natur und Landschaft" werden nach *Blum/Agena/Franke* als komplexer Begriff in einem ganzheitlichen Sinne verwendet. Als Natur wird angesehen, was von menschlicher Tätigkeit unverändert bleibt.[312] Landschaft ist dagegen ein bestimmter Teil der Erdoberfläche, der nach seinem äußeren Erscheinungsbild aufgrund charakteristischer Prägung sich von dem umgebenden Raum abgrenzt.[313]

„Vielfalt, Eigenart und Schönheit" von Natur und Landschaft können mit dem Begriff „Landschaftsbild" aus der Eingriffregelung (§§ 7 NNatG) umschrieben werden.[314] Der Begriff „Landschaftsbild" stehe als Kurzformel für die in § 1 NNatG genannten Aspekte: Vielfalt, Eigenart und Schönheit.[315] Das Landschaftsbild entstehe nach *Köhler/Preiß* allerdings erst durch die menschliche Wahrnehmung.[316] Die Kategorien „Vielfalt, Eigenart und Schönheit" lassen sich damit aber kaum abschließend beschreiben. *Blum/Agena/Franke* definieren Vielfalt als naturraumtypische und landschaftsbildrelevante Ausprägung eines abwechslungsreichen Erscheinungsbildes und des sich daraus ergebenden Erlebniswertes einer Landschaft.[317] Der Schutz landschaftlicher Vielfalt diene nach *Louis* der Verhinderung einer Vereinheitlichung und Verarmung der Landschaft.[318] Gemeint sei aber kein maximaler Elementenreichtum, sondern die „naturraumtypische standörtliche Vielfalt der gewachsenen Landschaft.[319] Eine optimale Vielfalt könne somit nur erreicht werden, wenn die naturraumtypische Eigenart einer Landschaft hinreichend ausgeprägt sei.[320] Die Eigenart einer Landschaft sei nach *Krause* die gewachsene Individualität eines Ortes, der unverwechselbare Charakter einer Landschaft.[321] Schützenswert sei damit auch eine als karg oder hässlich empfundene Landschaft, sofern darin ihre Eigenheit bestehe.[322] Schwierig greifbar erscheint jedoch die Kategorie des Schönen. Das Schöne sei ein Begriff, mit dem laut *Brockhaus* ein Gefallen bekundet werde, der eine hohe ästhetische oder damit verbundene ethische Wertung ausdrücke.[323]

---

312 Blum/Agena/Franke, Nds. Naturschutzgesetz, Stand: August 2004, Rd. 7 zu § 1.
313 Blum/Agena/Franke, aaO, Rd. 8 zu § 1.
314 Köhler/Preiß, Bewertung des Landschaftsbildes, 2000, S. 5.
315 Blum/Agena/Franke, aaO, Rd. 12 zu § 7.
316 Köhler/Preiß, aaO, S. 5.
317 Blum/Agena/Franke, aaO, Rd. 17 zu § 24.
318 Louis, NNatG, 1. Teil, 1990, Rd. 4 zu § 26.
319 Louis, aaO, Rd. 8 zu § 1.
320 Köhler/Preiß, aaO, S. 12.
321 Krause, Zur planerischen Sicherung des Landschaftsbildes, 1985, S. 139.
322 Louis, aaO, Rd. 4 zu § 26.
323 Brockhaus, Enzyklopädie, Bd.19, 19. Aufl. 1992, S. 484.

Schönheit werde erlebt, weshalb das Schöne in hohem Maße situationsgebunden und privat sei, urteilen *Köhler/Preiß*.[324] Dabei unterstellt die philosophische Kategorie des Erlebens eine ganzheitliche Wahrnehmung.[325] Jede Wahrnehmung beinhaltet deshalb auch emotionale Assoziationen, so dass die individuelle Wechselwirkung zwischen Objekt und Subjekt über das nur Visuelle hinausgehe.[326] Was Landschaft ausmache, sei somit in Gänze nicht abbildbar, weil ihre sinnliche Wahrnehmung immer auch eine subjektive Komponente besitze.[327] Der Landschaftsschutz könne deshalb nach Auffassung von *Erz* auch eine gewisse Symbolwirkung besitzen. So wurde der Naturschutz Ende des 19. Jahrhunderts als integraler Bestandteil des Heimatschutzes definiert, mit dem Ziel, gegen Ökonomie landschaftliche Eigentümlichkeit und die Natur in ihrer Ursprünglichkeit zu erhalten.[328] Nach Ansicht von *Ott* könne das Naturschöne sogar zur moralischen Selbstvervollkommnung des Menschen beitragen.[329] Letztlich seien in Wahrnehmungsautomatismen Ideologien einbezogen, so dass Ästhetik in den meisten Fällen in eine bestimmte Ethik eingehüllt sei.[330] Dem Landschaftsbild könne insoweit auch eine politische Facette zugesprochen werden.[331] Erkennt der Betrachter in einer Windenergieanlage das Sinnbild „sauberer Energie", dann wird er in der Tendenz die davon ausgehende Überprägung des Landschaftsbildes weniger störend wahrnehmen als ein prinzipieller Gegner der Windkraft. Ethik kann also ästhetische Argumente soweit stärken, dass sie sich gegenüber anderen Interessen durchzusetzen vermögen.[332]

Eigenart, Vielfalt und Schönheit von Natur und Landschaft sind aber kaum justitiabel, wenn sie allein dem Spiel gesellschaftspolitischer Stimmungen überlassen werden. Das PrOVG hatte im Jahr 1882 zu prüfen, ob Baubeschränkungen zum Schutze des Landschafts- und Ortsbildes angeordnet werden dürften. Im 19. Jahrhundert wurde das Baurecht jedoch lediglich als Gefahrenabwehrrecht verstanden und nicht um Wohlfahrtspflege betreiben zu können.[333]

Das *BVerwG* hat erstmals im Jahr 1956 die Frage, ob eine Handlung geeignet ist, das Landschaftsbild zu beeinträchtigen, als gerichtlich überprüfbar festge-

---

324 Köhler/Preiß, aaO, S. 17.
325 Fellmann, Lebensphilosophie, 1993, S. 116.
326 Wöbse, in: Landschaft und Stadt, 1981, 152 (159).
327 Wöbse, in: Norddeutsche Naturschutzakademie, 1993, 3 (4).
328 Erz, in: Natur und Landschaft, 3/1990, 103 (104).
329 Ott, in: Theobald, Integrative Umweltbewertung, 1998, 221 (238).
330 Hasse, Bildstörung, 1999, S. 55.
331 Köhler/Preiß, aaO, S. 32.
332 Ott, aaO, 221(243).
333 PrOVG, Urt.v. 14.06.1882 – II – B.23/82 –, abgedr. in DVBl. 1985, 219 ff.

stellt.[334] Alle ästhetisch-optischen Maßstäbe seien durch Wertung erfassbar und schon allein deshalb sei „der Standort des gebildeten, für den Gedanken des Natur- und Landschaftsschutzes aufgeschlossenen Betrachters" maßgeblich.[335] Allerdings wurde die Prüfung ausschließlich auf das rein visuelle Landschaftsbild beschränkt. Die Reduktion auf das nur Visuelle besitzt zwar den Vorteil einer Vereinfachung im Sinne eines „Durchschnittsgeschmacks".[336] Natur und Landschaft soll jedoch eine Erholungsfunktion zukommen, weshalb sich die Bewertung eines Landschaftsbildes nicht auf eine optische Qualität beschränken lasse.[337] Deutlicher formuliert es *Krautzberger*, indem er eine Verunstaltung des Orts- oder Landschaftsbildes annimmt, „wenn der Gegensatz zwischen der Windkraftanlage und dem Ortsbild von einem für ästhetische Eindrücke offenen Betrachter als belastend oder Unlust erregend empfunden wird".[338]

Für die Rechtsanwendung kann das subjektive Empfinden aber nur abstrahiert Bedeutung erlangen. Naturbelassenheit ist insoweit allerdings nicht als Kriterium anzuerkennen, denn auch eine kultivierte Landschaft besitzt Eigenart und ist vielfältig schön. Schließlich ist der Mensch samt seines Schaffens (= Kultur) auch ein Produkt der natürlichen Evolution, also Teil der Natur.[339]

In einer Leitlinie zur Anwendung der Eingriffsregelung bei der Errichtung von Windenergieanlagen gibt das *Nds. Umweltministerium* im Juni 1993 Hinweise zur Verminderung von Beeinträchtigungen des Landschaftsbildes. Danach sollten Windenergieanlagen möglichst in Nachbarschaft zu vorhandenen baulichen Anlagen und in Reihe errichtet werden. Die Farbgebung sollte zudem so gestaltet sein, dass sich die Windenergieanlage in den Naturraum unauffällig einordnet. Von naturraumtypischen Landschaftselementen müsse ein Abstand von 100 m eingehalten werden. Im Übrigen formuliert der Erlass jedoch eine Priorität der Windenergie. Bei der Abwägung des Belangs der Landschaftsschutzes sei zugunsten der Windkraftanlage zu berücksichtigen, dass sich diese Art der Energieerzeugung anders als die Nutzung fossiler Energieträger oder der Atomenergie einer unerschöpflichen Kraft bediene und dabei keine umweltbelastenden Schadstoffe mit sich bringe. Bei Einzelanlagen und Kleingruppen von bis zu fünf Anlagen würden diese positiven Umwelteffekte in der Regel die Beeinträchtigungen des Landschaftsbildes überwiegen. In diesen Fällen sollten sogar keine Ersatzmaßnahmen wegen der Belastungen des Landschaftsbildes an-

---

334 BVerwGE 4, 57 ff.
335 BVerwGE 67, 84 ff.
336 Hasse, ssO, S. 77.
337 Hasse, aaO, S. 81.
338 Krautzberger, in: Battis/Krautzberger/Löhr, BauGB, 10. Aufl. 2007, Rd. 64 zu § 35.
339 Ulrich, in: Schäfer, Was heißt denn schon Natur?, 1993, 25 (25, 34).

geordnet werden.³⁴⁰ In diesem Zusammenhang informierte die Bezirksregierung Weser-Ems bereits im März 1993 darüber, dass die Kilowatt-Leistung der Windkraftanlagen nicht als Maßstab für Geldleistungen als Ersatzmaßnahmen geeignet seien.³⁴¹

Letztlich können Rechtsprechung, Literatur und staatliche Erlasse aber lediglich Hilfestellung geben. Der konkret zu entscheidende Sachverhalt bleibt einzigartig; maßgeblich sind daher allein die Umstände des Einzelfalles. Die Anwendung des Abs. 3 Nr. 5 bleibt schließlich immer eine spezifisch standortabhängige Vor-Ort-Entscheidung.

bb) Denkmalschutz

Denkmale finden mehrfachen Schutz durch Gesetz. Über § 35 Abs. 3 Nr. 5, 3. Alt. BauGB können die Belange des Denkmalschutzes der Errichtung einer Windenergieanlage entgegenstehen. Und gemäß § 75 Abs. 1, § 2 Abs. 10 NBauO ist bei der Genehmigung von Bauvorhaben der in § 8 NDSchG normierte Umgebungsschutz von Baudenkmalen zu berücksichtigen. Danach dürfen in der Umgebung eines Baudenkmals Anlagen nicht errichtet, geändert oder beseitigt werden, wenn dadurch das Erscheinungsbild des Baudenkmals beeinträchtigt wird.³⁴²

Allerdings begründet nicht jedes futuristische Bauwerk apriori denkmalrechtliche Spannungen. Gerade die Nachbarschaft einer modernen Industrieanlage zu einem altertümlichen Bau kann unter Umständen einen reizvollen denkmalrelevanten Kontrast bilden. Man denke nur daran, dass eine Windenergieanlage in unmittelbarer Nähe zu einer historischen Windmühle errichtet werden würde.

Bereits das Preußische Allgemeine Landrecht (ALR) von 1794 ermächtigte den Staat, die Zerstörung einer Sache zu verbieten, soweit deren Bestand im Interesse des Allgemeinwohls stehe. Anfang des 20. Jahrhunderts wurden die Gemeinden schließlich ermächtigt, durch Ortssatzung zum Schutz von Bauwerken mit geschichtlicher oder künstlerischer Bedeutung bauliche Ausführungen zu untersagen. In Niedersachsen wurden am 18. März 1911 denkmalrechtliche Vorschriften erlassen, welche eine Denkmalschutzliste enthielten und bauliche Veränderungen der darin eingetragenen Bauwerke genehmigungspflichtig machten.³⁴³ Insoweit bestehende Regelungslücken im Bereich des Denkmalrechts

---

340 Dazu insgesamt Bek. d. Nds. MU v. 21.06.1993, in: Nds. MBl. Nr. 29/1993, 923 (925).
341 Runderlass des Nds. MU v. 08.03.1993 – 116–22531/2 –; S. 1.
342 Die landesrechtlichen Bestimmungen gelten über § 29 Abs. 2 BauGB unmittelbar.
343 Dazu insgesamt Schmaltz/Wiechert, Nds. Denkmalschutzgesetz, 1998, Vorbem. Rd. 1 f.

wurden mit Inkrafttreten der Nds. Bauordnung im Jahr 1974 geschlossen. Die Baugenehmigung schloss nunmehr die denkmalschutzrechtliche Genehmigung mit ein. Vor allem aber wegen seiner symbolischen Wirkung verabschiedete der Nds. Landtag am 12. Mai 1978 das Nds. Denkmalschutzgesetz (NDSchG).[344]

Nach Maßgabe des § 8 NDSchG können Denkmale in ihrer Wirkung nicht losgelöst von ihrem Umfeld betrachtet werden. Bereits die BaugestaltungsVO von 1936 untersagte daher Bauten, die den Eindruck benachbarter Baudenkmale beeinträchtigten.[345] Allerdings beschränke sich der Umgebungsschutz eines Baudenkmals nicht allein auf die angrenzenden Grundstücke. Schließlich könnten Auswirkungen auch von sonstigen Objekten ausgehen, die an den Punkten, von denen man wesentliche Teile des Denkmals wahrnehme, zusammen mit diesen in den Blick geraten.[346] Bei Windkraftanlagen sei zu berücksichtigen, dass vor allem die Höhe einer baulichen Anlage dafür ausschlaggebend sei, aus welcher Entfernung sie noch zu sehen sei und wie sie sich auf das Denkmal auswirke.[347]

Letztlich kann die Beeinträchtigung eines Baudenkmals nicht allgemeinverbindlich, sondern nur situationsgebunden bestimmt werden. Dabei beinhaltet nicht bereits jeder baugeschichtliche Kontrast auch eine Verunstaltung im Sinne von § 8 NDSchG. So sei auf die Umgebung geschützter Kulturdenkmale nur dann abzustellen, wenn die Ausstrahlungskraft des Denkmals auch wesentlich von der Gestaltung seines Umfeldes abhinge.[348] Es müsse insoweit zu einer Schmälerung der besonderen Wirkung eines Baudenkmals in seiner Aussage als Kunstwerk oder „Zeitzeuge" kommen.[349] Der denkmalrechtliche Umgebungsschutz verinnerliche somit eine Bagatellgrenze, die sicherstellen solle, dass die Wahrung denkmalschutzrechtlicher Belange die angrenzende Bebauung nicht ausschließe.[350] Denkmalschutz begründe deshalb auch keine allgemeine Anpassungspflicht in Erscheinung und Stil für Bauwerke in der Nachbarschaft eines Denkmals.[351]

Im Übrigen sei zudem die Vorbelastung des Umfeldes eines Baudenkmals zu berücksichtigen.[352] Bei einem bislang freien Blick auf das Denkmal biete selbst

---

344 Im Ganzen hierzu Schmaltz/Wiechert, aaO, Vorbem. Rd. 5 ff.
345 Schmaltz/Wiechert, aaO, Rd. 1 zu § 8 NDSchG.
346 Upmeier, in: Memmesheimer/Upmeier/Schönstein, Denkmalrecht NRW, 2. Aufl. 1989, Rd. 10 zu § 9 DSchG NW.
347 Steneken, Genehmigung von Windkraftanlagen, 2000, S. 127.
348 VGH Mannheim NVwZ-RR 1990, 296 (296).
349 VG Oldenburg, Urt.v. 08.08.2002 – 4 A 4124/00 –, S. 11, juris.
350 Gahlen/Schönstein, Denkmalrecht NRW, 1981, Anm. 8 zu § 9 DSchG NW.
351 Schmaltz/Wiechert, aaO, Rd. 6 zu § 8 NDSchG.
352 Steneken, aaO, S. 127.

ein Abstand zur Windenergieanlage von drei Kilometern keine Gewähr dafür, dass eine optische Beeinträchtigung des Denkmals ausgeschlossen sei.[353]

Denkmalschutz verlangt somit vom Rechtsanwender immer eine wertende Perspektive. Der Gesetzgeber kann schließlich nicht für jeden denkmalrechtlichen Einzelfall einen zeitlosen Tatbestand normieren. Der gesetzliche Denkmalschutz kann daher nicht auf das subjektive Element verzichten.

cc) Naturschutz (Vogelschutz)

§ 35 Abs. 3 Nr. 5, 1. Alt. BauGB benennt den Naturschutz als für die Zulässigkeit eines Außenbereichsvorhabens relevanten Belang. Während der Umweltschutz sich als die Bewahrung der natürlichen Lebensgrundlagen definiert und der Klimaschutz die Temperatur, Richtung und Intensität von Luftströmungen zum Schutzgut erklärt, erfasst der Naturschutz die Erhaltung von Naturlandschaften, Naturdenkmalen sowie bestandsgefährdeter Pflanzen und Tiere.[354]

Gerade aber die Beurteilung, welche Maßnahmen die in ihrem Bestand gefährdete Tier- und Pflanzenwelt nachhaltig sichern, setzt beim Rechtsanwender spezifische Fachkenntnisse voraus. Auf die Nonnengans mag die Windenergieanlage als gigantische Vogelscheuche wirken; eine ansonsten landwirtschaftlich genutzte Fläche braucht dann keine Vergrämungsapparate (= Knallapparate) zur Abschreckung von Rastvögeln. Andererseits könnte eine Windenergieanlage Brutvögeln Schutz vor einem Bussard bieten; vielleicht aber missdeutet das Blaukelchen den Schattenwurf der Rotoren auch als Abbild eines Greifvogels.

Störwirkungen auf Rast- und Brutvögel sind seit Beginn der 1990iger Jahre bekannt.[355] „Windenergieanlagen sind Bauwerke, für die es keine Entsprechung in der Natur gibt".[356] Der Wirkungsgrad einer Windenergieanlage dürfte letztlich jedoch von der spezifisch betroffenen Art abhängen, da die Vogelarten unterschiedlich empfindlich seien.[357] Während Blaukelchen sogar am Fuße einer Windkraftanlage nisten, Möwen und Stare sich auch nicht stören lassen, sollen Goldregenpfeifer und Brachvogel hingegen um die Rotoren einen großen Bogen machen. Das sei von Art zu Art verschieden, urteilt *Schreiber*.[358] Ein Kollisions-

---

353 OVG Schleswig NuR 1996, 364 (364).
354 Dreher, in: Reshöft/Steiner/Dreher, aaO, Rd. 16 zu § 1.
355 Schreiber, in: Informationsdienst Naturschutz Niedersachsen, 5/1993, 161 (163); Clemens/Lammen, in: Zeitschrift Verein Jordsand, 16/1995, 34 (38).
356 NLT-Papier, 2005, S. 5.
357 Vgl. Clemens/Lammen, aaO, 34 (35).
358 OZ, Ausgabe v. 19.10.1995; „Die Untersuchung kommt spät, denn während Schreiber mit dem Fernglas die Vögel ins Visier nimmt, werden weitere Windenergieanlagen genehmigt und errichtet".

risiko dürfte allerdings trotz lückenhafter Schlagkarteien bereits frühzeitig als bekannt unterstellt werden. § 35 Abs. 3 Nr. 5, 1. Alt. BauGB verlangt insoweit eine Auseinandersetzung mit dem Belang des Vogelschutzes als Unterfall des Naturschutzes.[359]

Gebiete mit avifaunistischen Wertigkeiten im Sinne des Art. 3 Abs. 2a der EG-Vogelschutzrichtlinie (VRL) vom 02. April 1979 unterstehen hingegen einem weitreichenden Störungsverbot. Gemäß Art. 4 Abs. 4 VRL sind wesentliche Beeinträchtigungen oder Störungen in einem Vogelschutzgebiet nur aus überragenden Gründen des Allgemeinwohls hinzunehmen. Im Leybucht-Urteil vom 28.02.1991 beurteilte der *EuGH* einen Deichbau mit der Begründung als rechtmäßig, dass dem Schutz des Menschen Vorrang vor den Zielen der europäischen Vogelschutz-Richtlinie zukomme. Eingriffe in ein EU-Vogelschutzgebiet seien nur aus Gründen der öffentlichen Sicherheit oder der menschlichen Gesundheit, nicht jedoch aus wirtschaftlichen oder freizeitbedingten Erfordernissen zulässig.[360]

Im Verhältnis zum Klima- und Umweltschutz entziehen sich jedoch Bestimmungen zum Naturschutz einer schematischen Rechtsanwendung. Zwischen Natur, Klima und Umwelt besteht nämlich ein innerer Zusammenhang. Schließlich dürfte es unbestritten sein, dass Klima- und Umweltschutz auch Natur bewahren hilft. Am Beispiel von Windenergieanlagen könnten sich also Wertungswidersprüche des Naturschutzrechts offenbaren. Die Begriffe Klima-, Natur- und Umweltschutz stünden in der sprachlichen Ausformung des § 1 EEG gleichrangig nebeneinander, urteilt *Dreher*. Klima- wie auch Naturschutz würden jedoch vom Umweltschutz mitumfasst. Die Klammerwirkung des Umweltschutzes könne jedoch nicht über Wertungswidersprüche zwischen Klima- und Naturschutz hinwegtäuschen. So seien bei der Errichtung von Anlagen zur Erzeugung regenerativer Energie die entsprechenden Gesetze zum Umwelt- und Naturschutz zu beachten. Andererseits werde in § 2 Abs. 3 Nr. 6 BNatSchG der Klimaschutz und die nachhaltige Energieversorgung als Ziel des Naturschutzes benannt.[361] Das *Nds. Umweltministerium* jedenfalls vertrat in seinem Erlass vom 21.06.1993 die Auffassung, dass bei Abwägung der Belange des Naturschutzes zugunsten der Windenergie ihr unerschöpfliches Potential und die Schadstofffreiheit zu berücksichtigen seien.[362]

Die unbekannte Welt der Windgeneratoren offenbarte Informationsdefizite. Noch aktuell wird ein erheblicher Forschungsbedarf nach Errichtung von Wind-

---

359 So heute OVG Lüneburg ZfBR 2003, 792 (792).
360 EuGH NuR 1991, 249 (250).
361 Im Ganzen hierzu Dreher, in: Reshöft/Steiner/Dreher, aaO, Rd. 16 ff. zu § 1.
362 Bek. d. Nds. MU v. 21.06.1993, in: Nds. MBl. Nr. 29/1993, 923 (925).

energieanlagen gesehen.[363] Diese unsichere Erkenntnislage lässt die Entscheidung über einen Bauantrag deshalb nicht als bloße Rechtsfolge erscheinen. In einer wertenden Betrachtung wird sich der Rechtsanwender nämlich damit befassen müssen, ob dem Vogelschutz schon aus dem Prinzip der Vorsorge Vorrang zukommt. Das *Nds. Landesamt für Ökologie* schlug jedenfalls schon 1993 auf der Grundlage avifaunistischer Kartierungen vor, einen 5 km breiten Küstenstreifen gänzlich von Windenergieanlagen freizuhalten.[364]

e) Gemeindliches Einvernehmen

Der Einfluss der Gemeinde ist bei einem Außenbereichsvorhaben gesetzlich bestimmt. Gemäß § 36 Abs. 1 BauGB entscheidet die Baugenehmigungsbehörde über die Zulässigkeit von Vorhaben nach den §§ 31, 33, 34 und 35 im Einvernehmen mit der Gemeinde. Diesem Zustimmungserfordernis liegt die gesetzgeberische Absicht zugrunde, die Planungshoheit der Gemeinden sicherzustellen.[365] Die Gemeinde solle im Falle des § 35 BauGB zur Wahrung ihres Rechts auf Selbstverwaltung im bauaufsichtsrechtlichen Genehmigungsverfahren an der Bewertung der städtebaulichen Zulässigkeit von Vorhaben mitentscheidend beteiligt sein.[366] Außerdem gewährleistet die Mitwirkung der Gemeinde eine umfassende Information der Baugenehmigungsbehörde über etwaige Besonderheiten des Einzelfalls, die von der ortskundigen Kommune in der Regel besser beurteilt werden können.[367] § 36 BauGB regelt aber nicht, wer innerhalb der Gemeinde zur Entscheidung über das Einvernehmen berufen ist. Die Zuständigkeit richtet sich insoweit nach dem jeweiligen Kommunalrecht.[368] Da das Einvernehmen dem Schutz der Planungshoheit diene, dürfte regelmäßig der Gemeinderat als „Trägerorgan" zuständig sein.[369]

Das erteilte Einvernehmen besitzt keine positive Bindungswirkung; die Baugenehmigungsbehörde hat auf Grund ihrer Zuständigkeit unabhängig von der Auffassung der Gemeinde die planungsrechtliche Zulässigkeit eines Vorhabens zu prüfen.[370] An ein versagtes Einvernehmen sei die Bauaufsicht allerdings gebunden, da es sich insoweit laut *Dürr* um einen Unterfall der Mitwirkung im Sinne von § 45 Abs. 2 Nr. 5 VwVfG handele. Die mitwirkende Gemeinde müsse

---

363 Horch/Keller, WKA und Vögel – ein Konflikt?, 2005, S. 4.
364 OZ, Ausgabe v. 20.01.1995
365 BVerwGE 45, 207 (212).
366 BVerwGE 22, 342 (345).
367 Dürr, aaO, Rd. 5 zu § 36.
368 Groß, in: BauR 1999, 560 (563).
369 Dolderer, in: NVwZ 1998, 567 (570).
370 Söfker, in: Ernst/Zikahn/Bielenberg, aaO, Rd. 27 zu § 35.

dem Erlass des Verwaltungsaktes zustimmen. Eine Baugenehmigung könne daher nur dann ergehen, wenn das Einvernehmen erteilt werde. Auch eine unberechtigte Ablehnung müsse daher zwangsläufig zur Zurückweisung des Bauantrags führen.[371] In der aktuellen Fassung des § 36 BauGB wird der nach Landesrecht zuständigen Behörde, im Regelfall der Bauaufsicht oder der Immissionsschutzbehörde, in Absatz 2 letzter Satz die Möglichkeit eingeräumt, ein rechtswidrig versagtes Einvernehmen zu ersetzen. Bis zur Baurechtsnovelle im Jahr 1998 konnte deshalb lediglich die Kommunalaufsicht im Wege der Ersatzvornahme das rechtswidrig versagte Einvernehmen einer Gemeinde erteilen (§ 131 Nds. GO a.F.).[372]

Das Einvernehmen darf gemäß Abs. 2 jedoch nur aus den in den § 31, 33, 34 und 35 BauGB genannten Gründen versagt werden (§ 36 Abs. 2 Satz 1 BauGB). Die Erteilung des Einvernehmens wird also nicht in das politische Belieben der Kommune gestellt. Die Gemeinden hätten vielmehr im Verständnis einer mitwirkenden Rechtskontrolle dieselbe Prüfung der städtebaulichen Zulässigkeit vorzunehmen wie die Baugenehmigungsbehörde.[373] Bei Auslegung unbestimmter Rechtsbegriffe müsse die Gemeinde also bestehende Beurteilungsspielräume eigenständig anwenden.[374] Dabei sei die Kommune allerdings nicht auf die Bewertung solcher Versagungsgründe beschränkt, die dem Schutz der Planungshoheit dienten, sondern könne das Einvernehmen stets ablehnen, wenn das Vorhaben nach den §§ 31 ff. BauGB unzulässig sei.[375]

Für die Gemeinden stellte sich die Rechtslage zur Windenergie jedoch nicht weniger verwirrend dar als für die Baugenehmigungsbehörden. Obergerichtliche Urteile widersprachen sich in der Auslegung des Abs. 1 Nr. 1. Die höchstrichterliche Rechtsprechung aus dem Jahr 1983 musste sich nicht mit der gewerblichen Nutzung von Windenergieanlagen befassen. Der Wortlaut des Abs. 1 Nr. 4 a. F. hätte die Zulassung von Windenergieanlagen im Außenbereich durchaus rechtfertigen können. Entgegen der Literaturmeinung verlangt die Rechtsprechung hier jedoch einen spezifischen Ortsbezug. Und schließlich setzten sich Bezirksregierung Weser-Ems und Nds. Sozialministerium über die Anwendung des § 35 Abs. 1 BauGB öffentlich auseinander. Die Gemeinden hätten also das Einvernehmen erteilen oder versagen können, ohne sich jedenfalls dem Vorwurf der Willkür auszusetzen. Jedoch treffen die Gemeinden mit ihrem Votum über das Einvernehmen keine letztinstanzliche Verwaltungsentscheidung. Bei einem ver-

---

371 Dürr, aaO, Rd. 9 zu § 36.
372 Thiele, Niedersächsische Gemeindeordnung, 3. Aufl. 1992, S. 290.
373 BVerwG NJW 1981, 1747 (1748).
374 Söfker, aaO, Rd. 30 zu § 35.
375 Dürr, aaO, Rd. 35 zu § 36.

sagten Einvernehmen drohte Anfang der 1990iger Jahre die Ersatzvornahme durch die Kommunalaufsicht. Ungeachtet der rechtlichen Unsicherheiten zur Privilegierung von Windenergieanlagen hätten die Gemeinden in jedem Fall Maßnahmen der Kommunalaufsicht durch Bauleitplanung entgehen können. Die *Bezirksregierung Weser-Ems* informierte nämlich im April 1993 die nachgeordneten Behörden über die Flächennutzungsplanung als wirksames Instrument zur Steuerung von Windenergieanlagen. Mit der Darstellung „Sonderbaufläche – Windenergiepark" könne die Errichtung privilegierter Windenergieanlagen an anderer Stelle ausgeschlossen werden. Unter Hinweis auf eine Entscheidung des *BVerwG's* aus dem Jahr 1987 wurde den gemeindlichen Planungsträgern eine Konzentrationsplanung angeraten.[376] Bei einer ähnlichen Problemstellung (Bodenabbau) sei der Gemeinde dort höchstrichterlich das Recht eingeräumt worden, durch positive Darstellung im Flächennutzungsplan außerhalb des Sondergebietes geplante Vorhaben zu verhindern.[377] Durch Bauleitplanung hätten die Kommunen demnach die beschriebenen Rechtsunsicherheiten im Zusammenhang mit der Privilegierung von Windenergieanlagen (gebietsbezogen) beenden können.

2. Genehmigungspraxis des Landkreises Aurich

„Landkreis wird mit Anträgen überhäuft", titelte die *Ostfriesen-Zeitung* im November 1991.[378]

a) Privilegierung

Nach Aktenlage wurde mit BauscheinNr. 107/79 die erste Windenergieanlage im Landkreis Aurich genehmigt. Die 1979 genehmigte Anlage wurde in Marienhafe errichtet. Diesem Genehmigungsverfahren folgten bis Mitte 2008 weitere 945 Anträge und Anfragen gerichtet auf Erteilung einer Baugenehmigung bzw. immissionsschutzrechtlichen Genehmigung zur Errichtung von Windenergieanlagen. Aktuell produzieren 496 Windenergieanlagen auf dem Gebiet des Landkreises Aurich Elektrizität.

Eine Vielzahl dieser fast 500 Anlagen wurde Anfang der 1990iger Jahre genehmigt. Windparks fielen jedoch zunächst in die Zuständigkeit der staatlichen Gewerbeaufsichtsämter. Erst mit Änderung der BImSchVO im Jahr 1993 wurde

---

376 BVerwGE 77, 300–322.
377 Rundverfügung der BezReg. Weser-Ems v. 14.04.1993, Az.: 15 ked 155, S. 5.
378 OZ, Ausgabe v. 26.11.1991.

die Entscheidung über die Zulässigkeit von Windenergieanlagen insgesamt in die Zuständigkeit der Landkreise und kreisfreien Städte gestellt. Der Landkreis genehmigte unter anderem im Juni 1993 einen Windpark in der Gemeinde Krummhörn und im März 1994 einen zweiten Windpark in der Samtgemeinde Dornum.

Planungsrechtlich wurde die Zulässigkeit der Windparks aus den Festlegungen eines RROP-Entwurfs von 1992 gefolgert. Das RROP mit Stand von 1992 hatte insgesamt 25 Standorte für die Errichtung von Windparks mit einer unterstellten Leistungskapazität von jeweils 10 MW (= damals bis zu 18 Anlagen) festgelegt. Allein für die Gemeinden Krummhörn und Dornum enthielt dieser Entwurf einer Regionalplanung die Festlegung von insgesamt 13 Vorrangstandorten.

Dem steht zunächst nicht entgegen, dass das RROP erst im Jahr 1996 mit seiner Veröffentlichung im Amtsblatt als Satzung in Kraft trat. § 3 Nr. 4 ROG lässt nämlich in der Aufstellung befindliche Ziele der Raumordnung berücksichtigen, soweit der Verfahrensstand erwarten lasse, dass die Zielfestsetzung demnächst wirksam werde.[379] Letztlich setze die Anwendung eines Regionalplans im Entwurf voraus, dass der Abwägungsprozess im Wesentlichen abgeschlossen und damit eine gewisse Planreife erreicht sei.[380] Vorliegend hätte die Auricher Bauverwaltung daher gemäß § 3 Nr. 4 ROG bei Genehmigung der Windparks das RROP im Entwurf zu beachten gehabt, da der Regionalplan bereits im März 1992 vom Kreistag beschlossen und im August desselben Jahres durch die Bezirksregierung Weser-Ems genehmigt worden war.[381]

Auch konnte den Zielaussagen eines solchen Raumordnungsplans schon Anfang der 1990iger Jahre ein gewisser Durchgriff auf die behördliche Entscheidung zugesprochen werden. Zwar gerät die anspruchsbegründende Wirkung von Raumordnungszielen mit ihrer bloß inneradministrativen Bedeutung in einen grundsätzlichen Widerspruch.[382] Ein unmittelbarer Durchgriff raumordnerischer Festlegungen widerspreche dem gestuften System einer Gesamtplanung.[383] Den privaten Rechtskreis des Bürgers berührten Raumordnungsziele daher entsprechend dem System räumlicher Gesamtplanung über zielkonforme Festlegungen in Bebauungsplänen oder Planfeststellungsbeschlüssen. Da es aber im Außenbereich mangels Bauleitplanung an einer mediatisierten Wirkung landesplanerischer

---

379 Reidt, in: ZfBR 2004, 430 (436).
380 OVG Koblenz ZfBR 2004, 587 (587).
381 Das späte Inkrafttreten des RROP's wird mit nachfolgenden Abstimmungsbedarfen erklärt; eine präzise Anwort konnte nicht gegeben werden.
382 Vgl. Wahl, in: Hoppe/Kauch, Beiträge zum Siedlungs- und Wohnungswesens und zur Raumplanung, 1996, S. 11.
383 Hoppe, in: UPR 1983, 105 (112).

Vorgaben fehle, enthalte der Zulassungstatbestand des § 35 BauGB spezielle Raumordnungsklauseln.[384]

So bestimmt der 1986 in das BauGB aufgenommene § 35 Abs. 3 Satz 2, 2. Halbs. BauGB, dass öffentliche Belange einem privilegierten Vorhaben nicht entgegenstünden, wenn die Belange bei Darstellung dieser Vorhaben als Raumordnungsziele abgewogen worden seien. Durch zielförmige landesplanerische Standortfestlegungen für konkrete Außenbereichsvorhaben sollen so bestimmte, dem Vorhaben entgegenstehende öffentliche Belange schon auf Ebene der Raumordnung abgeschichtet und dem Entscheidungsprogramm der Genehmigungsbehörde entzogen werden können.[385] Die Planaussagen des RROP-Entwurfs von 1992 hätten demnach für das bauaufsichtsrechtliche Genehmigungsverfahren eine positive Bindungswirkung entfalten können. Sei also die Errichtung eines Windparks im Außenbereich beabsichtigt, entscheide nach Ansicht von *Roesch* die Festlegung des betroffenen Gebiets als Vorranggebiet die Standortfrage zugunsten der gemäß § 35 Abs. 1 Nr. 4 BauGB a. F. privilegierten Windkraftanlage.[386] Im Übrigen hätte vorliegend die Zulässigkeit von Windenergieanlagen nur aus § 35 Abs. 2 BauGB in Verbindung mit den Festlegungen der Regionalplanung folgen können.[387]

Tatsächlich waren die Festlegungen des RROP von 1992 im Entwurf jedoch für die Baugenehmigungsbehörde insoweit unverbindlich. Den Planaussagen zur Windenergienutzung konnte nämlich keine Zielqualität zugesprochen werden. Schließlich genehmigte die Bezirksregierung den Raumordnungsplan insoweit nur mit der Maßgabe „bedarf weiterer Abstimmung" und verneinte damit die erforderliche Letztabgewogenheit der Planaussagen. Das RROP traf somit für die Zulässigkeit der genehmigten Windparks tatsächlich keine verbindliche Vorentscheidung. Unbeachtlich war es deshalb aber nicht.

Die Verwaltung müsse nämlich bei Ausfüllung behördlicher Ermessensspielräume oder Konkretisierung unbestimmter Rechtsbegriffe die insoweit einschlägigen landesplanerischen Aussagen in ihre Entscheidung einbeziehen.[388] Über

---

384 Siehe hierzu insgesamt Schmidt, in: DVBl. 1998, 669 (669).
385 Hoppe, in: DVBl. 1993, 1109 (1116).
386 Vgl. Roesch, in: ZfBR 1989, 187 (192).
387 Nach Ansicht der BezReg. Weser-Ems wären WEA gemäß § 35 Abs. 2 BauGB i.V.m. den Darstellungen eines Flächennutzungsplans zulässig gewesen. Beeinträchtigte öffentliche Belange hätten damit bereits auf Planungsebene ausgeschieden werden können. Die Ausführungen der BezReg. dürften sinngemäß auf die Aussagen eines Regionalplanes übertragbar gewesen sein, Rundverfügung der BezReg. Weser-Ems v. 17.01.1995, – 204/294 a–21101 –, S. 3.
388 Krebs, in: Schmidt-Assmann, Bes. Verwaltungsrecht, 12. Aufl. 2003, 4. Kap. II 2b, Rd. 40.

eine kommunalisierte Regionalplanung definieren die Landkreise in Niedersachsen ihre Verwaltungsziele allerdings insoweit eigenbestimmt. So bezeichnete der Landkreis Aurich in seinem RROP-Entwurf von 1992 Windenergieanlagen als Zeichen für direkte und umweltfreundliche Energienutzung. Windkraft würde etwas über die Landschaft aussagen und könnte landschaftstypisch zu einem weiteren Indentifikationsmerkmal werden. Außerdem könne die Windenergie zum Erhalt einer bäuerlichen Landwirtschaft beitragen.[389] Tatsächlich wurde denn auch die Genehmigung von Einzelanlagen überwiegend auf § 35 Abs. 1 Nr. 1 BauGB gestützt. Ein Großteil der bis Oktober 1994 zugelassenen Windenergieanlagen beruhte auf der Annahme, diese seien als Nebenanlagen zu einem landwirtschaftlichen Betrieb im Außenbereich bevorrechtigt.

Windenergieanlagen wurden zunächst als allgemeines Privileg der Landwirtschaft beurteilt. Die zu Beginn der 1990iger Jahre erteilten Bauscheine enthielten keinen Hinweis auf die Genehmigungsgrundlage. Lediglich das Bauantragsformular besaß die Kategorie „Stellungnahme in städtebaulicher/bauordnungsrechtlicher Hinsicht". Dort wurde durch Ankreuzen der einschlägige Privilegierungstatbestand benannt. Die Nennleistung der Windenergieanlage oder die Absicht des Landwirts, ausschließlich gewerbliche Zwecke zu verfolgen, waren in dieser Zeit nicht entscheidungserheblich.

Anfang der 1990iger Jahre fehlte eine dezidierte Regelung, unter welchen Voraussetzungen Windenergieanlagen als Nebenanlagen eines landwirtschaftlichen Betriebs im Außenbereich zulässig seien. Öffentlich wurde der Vorwurf laut, Baugenehmigungsbehörden hätten für einzelne Landwirte zum Teil willkürliche Obergrenzen für die Kapazität von Windkraftanlagen gesetzt.[390] Eine vertiefende Auseinandersetzung mit dem unbestimmten Rechtsbegriff des Dienens fand tatsächlich zunächst nicht statt. Unter Berufung auf das Nds. Sozialministerium wurde sogar pauschal die Zulässigkeit von bis zu vier Windenergieanlagen als Nebenanlagen eines im Außenbereich privilegierten landwirtschaftlichen Betriebs anerkannt. Dabei dürfte es sich jedoch lediglich um die unverbindliche Meinungsäußerung von Ministerialbeamten gehandelt haben.[391] Aber bereits ein Jahr nach Inkrafttreten des StrEG's erkannte der Landkreis die Konsequenzen einer undifferenzierten Anwendung des § 35 Abs. 1 Nr. 1 BauGB. Der Baudezernent rechnete öffentlich vor, dass bei fortgesetzter Genehmigungspraxis im Küstenraum bis zu 900 Windenergieanlagen entstehen

---

389 RROP 1992, S. 21.
390 ON, Ausgabe v. 14.07.1994.
391 Interview mit den Leitern des Amtes für Bauordnung, Planung und Naturschutz, Harm-Udo Wäcken und Dipl.-Ing. Hermann Hollwedel.

könnten. Der Landkreis lasse daher in Absprache mit der Bezirksregierung nur noch zwei Windmühlen pro Bauernhof zu.[392] Die Quantifizierung wurde nicht juristisch hergeleitet. Offensichtlich meinte die Auricher Bauverwaltung zunächst, es bestehe insoweit ein rechtlicher Freiraum.

Für die von *Heymann* unterstellte Willkür vom Staat allein gelassener Bauaufsichtsbehörden bestand aber eigentlich keine Begründung.[393] Das *OVG Lüneburg* hatte nämlich bereits im Jahr 1988 die Privilegierung einer Windenergieanlage nach § 35 Abs. 1 Nr. 1 BauGB abgelehnt, weil die geplante Anlage in weit überwiegenden Maße Strom für die öffentliche Energieversorgung liefere.[394] Landwirtschaftliche Betriebe im Zuständigkeitsbereich des Landkreises Aurich waren jedoch nach Einschätzung des *Landwirtschaftlichen Hauptvereins* in der Regel nicht in der Lage, den überwiegenden Teil erzeugter Energie selbst zu verbrauchen. Seit dem Jahr 1989 wurden Windenergieanlagen mit einer Nennleistung von mehr als 300 KW serienmäßig hergestellt; 300 KW hätten jährlich bis zu 0,8 Mio. KW/h produzieren können. Die im Jahr 1992 konstruierte E–40 der Firma Enercon besaß eine Nennleistung von 500 KW und konnte bis zu 1,3 Mio. KW/h per anno erzeugen können. Der durchschnittliche landwirtschaftliche Betrieb habe im Jahr einen Stromverbrauch von 0,04 Mio. KW/h besessen. Lediglich Veredelungs- und Mastbetriebe hätten Anfang der 1990iger Jahre einen durchschnittlichen Stromverbrauch von etwa 0,1 Mio. KW/h aufzuweisen gehabt.[395] Berechnungen des regionalen *Energieversorgungsunternehmen EWE* bestätigen ebenfalls ein deutliches Missverhältnis zwischen der Menge produzierter und von landwirtschaftlichen Betrieben verbrauchter Elektrizität. So hätte eine Windenergieanlage in den Jahren 1990 bis 1994 bei einem durchschnittlichen Verbrauch landwirtschaftlicher Betriebe von 11 KW zwischen 205 und 351 KW Leistung im Jahr erzeugt.[396] Der Betrieb einer Windenergieanlage stellte sich also regelmäßig als eine sonstige gewerbliche Tätigkeit dar, die mit der Landwirtschaft in keinem funktionalen Zusammenhang stand. Nur im Verbund hätten mehrere Agrarbetriebe die Anforderungen der obergerichtlichen Rechtsprechung zur Privilegierung nach Abs. 1 Nr. 1 erfüllen können.

Hatte das *OVG Lüneburg* also schon Ende der 1980iger festgestellt, dass die gewerbliche Nutzung von Windenergie im Außenbereich nicht privilegiert sei, so beabsichtigte der Bundesgesetzgeber, mit Erlass des StrEG' im Jahr 1990 den

---

392 OZ, Ausgabe v. 10.05.1991.
393 Heymann, aaO, S. 421.
394 OVG Lüneburg, in: Die Gemeinde (Schleswig-Holstein) 1989, 311 (312).
395 Auskunft des Landwirtschaftlichen Hauptvereins (LHV).
396 Auskunft der EWE mit Schreiben vom 17.11.2008; die vermeintlich unterschiedlichen Aussagen dürften darauf zurückzuführen sein, dass der LHV eher den Einzelfall betrachtet und die EWE eine generalisierende Bewertung vorgenommen hat.

Ausbau der Windenergie zu fördern, ohne aber die Privilegierungsvoraussetzungen nach § 35 Abs. 1 BauGB zu ändern. Widersprechende Zielvorgaben müsse der Entscheider laut *Thieme* selbst priorisieren.[397]

Die Bauaufsicht des Landeskreises Aurich unterstellte die dienende Funktion einer Windenergieanlage als generell gegeben und konzentrierte sich allein auf das Merkmal des landwirtschaftlichen Betriebs. Es wurde lediglich eine fachgutachterliche Stellungnahme der Landwirtschaftskammer Weser-Ems über das Vorliegen eines landwirtschaftlichen Betriebs eingeholt. In der Folge führten jedoch die Privilegierungsvoraussetzungen von Windenergieanlagen zu einer dezernatsinternen Kontroverse. Das Bauamt lehnte ein pauschales Vorrecht für landwirtschaftliche Betriebe ab und verlangte damit eine dezidierte Subsumtion. Eine generelle Privilegierung von Windenergieanlagen sei § 35 Abs. 1 Nr. 1 BauGB nicht zu entnehmen. Im Amt für Planung und Naturschutz bejahte man hingegen die dienende Funktion einer Windenergieanlage, weil das hierdurch erwirtschaftete Nebeneinkommen die Existenz des landwirtschaftlichen Betriebs zu sichern helfe. Im Ergebnis kam man überein, den beabsichtigten Eigenverbrauch vom Antragsteller schriftlich bestätigen zu lassen. Das Amt für Planung und Naturschutz formulierte die Erklärung der Antragsteller vor: „Hiermit bestätige ich, daß ein Teil des von der Windenergieanlage erzeugten Stroms direkt in das Stromnetz meines landwirtschaftlichen Betriebs, auf dem Flurstück ..., eingespeist wird". Kontrolliert wurde der tatsächliche Eigenverbrauch allerdings nicht.

Letztlich wurden Windenergieanlagen allgemein gemäß § 35 Abs. 1 BauGB als privilegiert angesehen. Die Rechtsgrundlagen wurden insoweit namentlich erwähnt. „Wenn das eine nicht passt, dann passt das andere", lautet das schlichte Resumeé des heutigen Leiters des Bauamtes. Die Windenergieanlage diente jedenfalls teilweise einem landwirtschaftlichen Betrieb und teilweise der öffentlichen Energieversorgung. Damit sei die Anlage in jedem Falle im Außenbereich bevorrechtigt gewesen.[398] Diese rechtliche Einschätzung ähnelte auffällig der Ansicht des *OVG's Schleswig-Holstein* aus dem Jahr 1993, wonach die Privilegierung einer Windenergieanlage aus einer Kombination der Tatbestände der Nr. 1 und Nr. 4 a. F. folge.

Lassen Organisation und Gesetze jedoch die Ziele unbestimmt, dann kann sich Verwaltung aufgefordert sehen, das subjektiv Richtige zu entscheiden.[399] Im Ergebnis wurde das Tatbestandsmerkmal „dient" als Schleusenbegriff aufge-

---

397 Thieme, Verwaltungslehre, aaO, Rd. 218.
398 Interview mit dem Leiter des Amtes für Bauordnung, Planung und Naturschutz, Dipl.-Ing. Hermann Hollwedel.
399 Vgl. Wimmer, aaO, S. 139.

fasst, welcher mehrdimensional die Berücksichtigung verschiedener Rationalitäten erlauben sollte.[400] Die Entscheidung über die Zulassung von Windenergieanlagen konnte sich somit nicht ausschließlich auf § 35 Abs. 1 Nr. 1 BauGB stützen. Landesplanerische Maßgaben aber auch die fremdbestimmten Zielsetzungen des StrEG's wurden in die Auslegung des § 35 Abs. 1 Nr. 1 BauGB einbezogen. Und ließ sich das Merkmal des landwirtschaftlichen Betriebs nicht bejahen, so diente Abs. 2 im Einzelfall als Auffangtatbestand.

Zwar verlangt die Anwendung unbestimmter Rechtsbegriffe eine ganzheitliche Perspektive; der Anspruch auf Einzelfallgerechtigkeit darf jedoch nicht als Aufforderung zum Rechtsbruch missverstanden werden. Eine bewusste Rechtswidrigkeit lässt sich deshalb den Entscheidungen des Landkreises Aurich zur Privilegierung von Windenergieanlagen jedoch nicht unterstellen. Der Gesetzgeber hatte das BauGB lediglich nicht einem neuen Phänomen angeglichen. Und schließlich waren die Genehmigungen im Ergebnis vom Wortlaut des § 35 Abs. 1 Nr. 4 BauGB a. F. abgedeckt und hätten außerdem die Anerkennung des *OVG's Schleswig* gefunden.

b) Öffentliche Belange

Genehmigungen nach § 35 Abs. 1 Nr. 1 BauGB konnten ansonsten nur erteilt werden, wenn dem Bau der Windenergieanlage öffentliche Belange im Sinne des Abs. 3 nicht entgegenstanden und das Vorhaben gemäß § 75 Abs. 1 NBauO den sonstigen Vorschriften des öffentlichen Baurechts entsprach.

Von Windenergieanlagen ausgehende Schallemissionen wurden in ihrer spezifischen Reichweite jedoch zunächst teilweise unterschätzt. Als Proteste von Anliegern über Lärmbelästigungen aufkamen, wurden Schallmessungen vorgenommen. Überrascht stellten die Mitarbeiter des Amtes für Planung und Naturschutz fest, dass mehrere Kilometer von einem Windpark entfernt noch relevante Lärmimmissionen festzustellen waren. Nach dieser Erfahrung wurden die Bestimmungen der TA-Lärm generell bei jeder Entscheidung über die Zulassung von Windenergieanlagen beachtet und entsprechende Lärmprognosegutachten von den Antragstellern verlangt.[401]

Diese Passage fällt kurz aus, weil die Erklärung einfach ist. Der Landkreis hatte die Wirkungen von Windenergieanlagen insoweit unterschätzt. Bereits die Fehleinschätzung von Lärmimmissionen verdeutlicht aber, dass Verwaltung mangels Erfahrungswerten die mit neuen Phänomenen verbundenen Probleme

---

400 Vgl. Schuppert, aaO, S. 756 f.
401 Interview mit dem heutigen Leiter des Bauamtes Dipl.-Ing. Hermann Hollwedel.

nur eingeschränkt antizipieren kann. Dies gilt im Ergebnis auch für die öffentlichen Belange des Denkmal- und Landschaftsschutzes.

aa) Denkmal- und Landschaftsschutz

Ostfriesland ist wegen seiner vielen kulturellen Sehenswürdigkeiten und Denkmale kulturhistorisch bedeutsam. Entlang eines breiten Küstenstreifens ziehen sich die Burgen und Schlösser Ostfrieslands. Es sind zumeist alte Häuptlingssitze, die von ihrem Baustil an größere Gutshöfe erinnern.[402] Ostfriesland ist ein Land der Geschichte. Dazu gehört das Erscheinungsbild der Warftendörfer in der Krummhörn, kreisförmig angelegte Orte aus Schutz vor dem Wasser auf Anhöhen errichtet, die vor allem durch oft baudenkmalgeschützte Gulfhöfe geprägt werden. Besonders bestimmt wird das Gesicht Ostfrieslands durch historische Windmühlen. Bereits 1424 wurde die erste Mühle beim Kloster Marienkamp in der Nähe von Esens gebaut. Im Jahr 1895 gab es in Ostfriesland insgesamt 174 Mühlen; 80 historische Windmühlen konnten bis in die Gegenwart erhalten werden.[403]

Die beschriebene Dichte historischer Bauten lässt erwarten, dass die Windenergie regelmäßig denkmalrechtliche Spannungen aufgeworfen hat. Im Zusammenhang mit der Errichtung von Windenergieanlagen besaß der Belang des Denkmalsschutzes jedoch zunächst nur untergeordnete Bedeutung. Windparks und Einzelanlagen waren nämlich in der Regel, von landwirtschaftlichen Betrieben abgesehen, nicht in unmittelbarer Nähe zu bebauten Bereichen geplant. Allerdings standen in der Gemeinde Krummhörn Windenergieanlagen aufgrund ihrer Höhe auch bei einer Entfernung von mehreren Kilometern in einer Sichtbeziehung zu Warften und denkmalgeschützten Kirchen. Die Weitenwirkung von Windenergieanlagen bildetete jedoch Anfang der 1990iger Jahre eine bloß abstrakte Größe. Fehleinschätzungen erklären sich hier aus dem Fehlen empirischer Erkenntnisse. Heute lässt man in streitigen Verfahren vor den Verwaltungsgerichten Ballons aufsteigen, um die Reichweite von Windenergieanlagen zu simulieren.

Ein gewisses Problembewusstsein wegen der Beeinträchtigungen von Natur und Landschaft wurde allerdings im Landkreis Aurich schon frühzeitig geäußert. So fürchtete die Gemeinde Krummhörn bereits im Jahr 1992 eine Überprägung der Landschaft durch Windenergieanlagen. Es wurde von einer Industrialisierung des Landschaftsbildes gesprochen.[404]

---

402 ETI 2003, S. 20.
403 Insgesamt hierzu ETI, aaO, S. 21 f.
404 OK, Ausgabe v. 19.11.1992.

Trotzdem führten Gründe des Landschaftsschutzes bis Mitte der 1990iger Jahre im Landkreis Aurich nur selten zu Genehmigungsversagungen. Die Auricher Bauverwaltung versuchte lediglich, die Auswirkungen auf das Landschaftsbild zu minimieren. Der Standort von Windenergieanlagen sollte sich daher nach vorhandenen Strukturmerkmalen bestimmen. Um eine unnötige Dominanz zu vermeiden, durften Windenergieanlagen nur in enger Nachbarschaft zu höheren baulichen Anlagen wie Hofstellen errichtet werden.[405] Mangels formal gesetzlicher Maßgaben legte der Landkreis fest, dass gemäß § 35 Abs. 1 Nr. 1 BauGB vermeintlich zulässige Windenergieanlagen nicht mehr als 150 m von den Hofgebäuden entfernt gebaut werden dürften. Innerhalb eines Windparks mussten die Windenergieanlagen in einer Reihe hintereinander angeordnet werden. Aus Natur- und Landschaftsschutzgründen sollten maximal 18 Anlagen (= 6 in max. 3 Reihen) dreiflüglig und mit massiven Masten zugelassen werden.[406] Im Übrigen wurden Beeinträchtigungen des Landschaftsbildes billigend in Kauf genommen. Öffentlich bekräftigte der Baudezernent des Landkreises im April 1994, den Ausbau der Windenergie weiter zu forcieren. Das Landschaftsbild werde durch den Bau von Windenergieanlagen beeinflusst; es würden jedoch die Vorteile der Windenergie überwiegen. Angesichts einer weltweiten Klimaveränderung müsse man die Windkraft als umweltfreundlichen Energielieferanten nutzen.[407] Bauakten der Jahre 1990 bis 1992 enthalten regelmäßig die naturschutzfachliche Feststellung, dass Bedenken wegen einer Beeinträchtigung des Landschaftsbildes angesichts der insgesamt positiven Auswirkungen der Nutzung erneuerbarer Energiequellen zurückgestellt werden. Im Zusammenhang mit den negativen Auswirkungen auf Natur und Landschaft werde insoweit die Rolle einer umweltfreundlichen, schadstofffreien Stromproduktion mit ihrer positiven Rückkopplung auf den Naturhaushalt entsprechend gewürdigt. Mit dieser Argumentation folgte der Landkreis einem Erlass des *Nds Umweltministeriums*, wonach wegen der Umweltfreundlichkeit regenerativer Energien Beeinträchtigungen des Landschaftsbildes durch Windenergieanlagen grundsätzlich hinzunehmen seien.[408] Überprägungen der Landschaft sollten lediglich einen Kompensationsbedarf auslösen.

Es ist bemerkenswert, dass der Baudezernent in der obigen Pressemitteilung Windenergieanlagen wertfrei lediglich als anthropogene Einflussgröße für das Landschaftsbild benennt. Schließlich werden aber kulturbedingte Strukturen auch nicht vom Schutzbereich der §§ 35 Abs. 3 Nr. 5 BauGB, 1 Abs. 1 Nr. 4

---

405 Schöne, Guter Wind, guter Strom, HR 6/93, 46 (49).
406 Hierzu insgesamt Schöne, aaO, 46 (50).
407 OK, Ausgabe v. 18.04.1994.
408 Dazu insgesamt Bek. d. MU v. 21.06.1993, aaO, 923 (925).

NNatG ausgeschlossen.[409] Folgerichtig erklärt der RROP-Entwurf des Landkreises Aurich von 1992 Windräder unter Hinweis auf die Poldergebiete in Holland zu einem positiven Landschaftselement.[410] Kulturlandschaften entstehen aus ökonomischen Notwendigkeiten. Die Eigenart und Vielfalt ostfriesischer Landschaft bestimmt sich aus der von der Bodenqualität abhängigen Bewirtschaftungsform der Flächen. So wurden im Süden des Kreisgebiets Wallhecken zum Schutz vor Erosion und Verwehung angelegt; im Norden stellen die frühzeitlichen Priele der Nordsee heute als Gräben die Entwässerung in weiten Teilen des Küstenraums sicher. Werden künftige Generationen also gegen den Abbau von Windenergieanlagen protestieren, weil sie diese als prägnant schöne Küstenlandschaft empfinden? Immerhin wurden laut *Ott* Autobahnen durch Waldgebiete auch einmal als „harmonisch in die Landschaft eingefügt" empfunden.[411] Und tatsächlich gibt es bereits Stimmen, die sich gegen einen Rückbau der ersten Windenergieanlagen in Norden-Norddeich unmittelbar hinter der Deichlinie aussprechen. Diese Anlagen besitzen einen drahtgeflochtenen Turm ähnlich einem Hochspannungsmast und wurden bereits 10 Jahre nach ihrer Errichtung als landschaftstypisch empfunden. „Das ist unsere Märklin-Eisenbahn".[412]

Auch wenn bereits wenige Windenergieanlagen in unberührter Landschaft den Versagungsgrund des § 35 Abs. 3 Nr. 5 BauGB zu begründen vermögen, befasste sich der Landkreis mit den Auswirkungen auf das Landschaftsbild erst intensiv, nachdem sich die Windenergie an der Küste zu einem Massenphänomen entwickelt hatte. Zwar stellen innovative Techniken eine Verwaltung vor unbekannte Anforderungen; Fehleinschätzungen können hier aus Erkenntnisdefiziten resultieren. Und tatsächlich wird die Reichweite einer Windenergieanlage auch erst nach ihrer Errichtung sichtbar. Allerdings hätte der Landkreis Aurich von den Erfahrungen Schleswig-Holsteins, dem Pionierland der Windenergie, lernen können. Es fehlte insoweit jedoch an Sensibilität, als folge man der Einschätzung, es gebe in Ostfriesland genug weites Land. Fläche wurde damals nicht als knappes Gut begriffen. Jede Genehmigung schaffte Berufungsfälle und setzte die Auricher Bauverwaltung in Zugzwang. Schleichend, fast unbemerkt, entwickelte sich so die Windenergie zum prägenden Landschaftsmerkmal an der ostfriesischen Küste. Letztlich wurden die Folgen eines unkoordinierten Ausbaus der Windenergie unterschätzt. Der behördliche Umgang mit der Windenergie erschien fast als Reflektion einer allgemeinen Sorglosigkeit. „Nach anfänglicher Begeisterung kippte die Einstellung ins negative ... Zu rasch wuchsen zu

---

409 Vgl. Ulrich, aaO, S. 25.
410 RROP 1992, S. 21.
411 Ott, aaO, S. 224.
412 OZ, Ausgabe v. 04.03.1996.

viele Anlagen in den Himmel. Das Wort von einer Verspargelung der Landschaft wurde geboren", beschrieb die *Emder Zeitung* im Jahr 1995 das Meinungsbild in der Bevölkerung.[413] Und die *Ostfriesen-Zeitung* stellte im April 1996 fest, dass die Stimmung umgeschlagen sei. Die Mehrheit sei nicht mehr bereit, in unmittelbarer Nähe von riesigen Windrädern und der damit verbundenen optischen Beeinträchtigung zu leben.[414]

Schließlich ließ der Landkreis Aurich die Belastungen des Landschaftsbildes durch Windenergieanlagen gutachterlich bewerten. Das Gutachten aus dem Jahr 1995 zeugt auch von der Einsicht, dass man bis dahin im unsicheren Raum entschieden hatte.

Den frühen Entscheidungen zur Zulässigkeit von Windenergieanlagen lässt sich deshalb aber nicht ohne weiteres Rechtswidrigkeit bescheinigen. Dem gesetzten Recht fehlt es insoweit nämlich beabsichtigt an Bestimmtheit, wenn es Rechtsfolgen an den Begriff des Schönen knüpft. Der Gesetzgeber geht dabei zwar davon aus, dass ein Konsens einer jeden Gemeinschaft darüber möglich sei, was als schön empfunden werde.[415] Aber wenn Schönheit sich nicht von Empfindungen abstrahieren lässt, dann bleiben Entscheidungen darüber auch immer persönlich individuell. Formuliert der Gesetzgeber jedoch offene (emotionale) Tatbestandsmerkmale, ist eine offene (emotionale) Rechtsanwendung auch nur konsequent. An die Bewertung des Schönen darf man eben „nicht allzu grundsätzlich und philosophisch herangehen".[416]

Über die Schönheit einer Landschaft wird es keine abschließende Erkenntnis geben können. Die Wirkungen von Windenergieanlagen auf spezifische Vogelarten ist hingegen grundsätzlich dem naturwissenschaftlichen Beweis zugänglich.

bb) Vogelschutz

Im Landkreis Aurich sind mit dem Gebiet der „Watten und Marschen" und der Region „Ostfriesische-Oldenburgische Geest" zwei große naturräumliche Landschaftseinheiten vorhanden. Der Teilraum „Watten und Marschen" erfasst das Wattenmeer mit seinen vier Inseln und die binnendeichs gelegenen See- und Flussmarschen des küstennahen Festlands. Das Wattenmeer zwischen dem Festland und den Inseln ist nicht nur Lebensraum von angepassten Tierarten, son-

---

413   EZ, Ausgabe v. 24.04.1995.
414   OZ, Ausgabe v. 16.03.1996.
415   Fischer-Hüftle, in: Natur und Landschaft, 1997, 239 (244).
416   Vgl. Fischer-Hüftle, aaO, 239 (244).

dern hat auch wegen der höher gelegenen Salzwiesen eine herausragende Bedeutung für Rastvögel.[417]

In Ostfriesland setzte schon 1991 eine Diskussion zu den Auswirkungen von Windenergieanlagen auf die Vogelwelt ein. Im Leybucht-Urteil hatte der EuGH die überragende Bedeutung des Vogelschutzes hervorgehoben. Erhebliche Beeinträchtigungen von Vogelschutzgebieten seien nur aus dem vorrangigen Gesichtspunkt des Gemeinwohls hier aus Gründen des Küstenschutzes gerechtfertigt.[418] Das Vorhaben eines Investors im Jahr 1993, in der Leybucht einen Windpark mit 50 Anlagen zu installieren, löste daher heftige Kritik bei den Naturschutzverbänden aus. Die Leybucht habe unter der Großeindeichungsmaßnahme 1985 stark gelitten. Gerade die Eindeichung der Leybucht habe die Grenzen von Eingriffen im Wattenmeer aufgezeigt. „Es handele sich hierbei um einen weiteren Versuch, Naturschutzbelange mit der vorgeblichen Umweltfreundlichkeit der Windenergie auszuhebeln".[419] Dieser öffentliche Disput legt offen, dass bereits unmittelbar nach Erlass des StrEG's naturschutzfachliche Bedenken gegen einen ungesteuerten Ausbau der Windenergie artikuliert wurden. Die Erkenntnislage war jedoch im Jahr 1991 dünn. Das Vogelschlagrisiko dürfte offensichtlich gewesen sein. Aber die spezifischen Auswirkungen von Windenergieanlagen auf die Avifauna waren damals weitestgehend unbekannt. Bis heute werden Forschungsdefizite angemahnt. Es stehe fest, dass weitere, international koordinierte Forschung in einem größeren Rahmen durchgeführt werden müssten. Die Heterogenität der Projekte und die Vielfalt an Reaktionen der Vögel ließen bislang keine abschließenden und allgemeingültigen Folgerungen zu.[420]

Der Belang des Vogelschutzes besaß jedoch zunächst im Landkreis Aurich nur geringe Durchsetzungskraft. Vorhandene Informationslücken veranlassten den Landkreis jedenfalls nicht, den Küstenraum großflächig aus dem Gesichtspunkt der Vorsorge von Windenergieanlagen freizuhalten. Die Erkenntnisdefizite wurden vielmehr als Freiraum genutzt, die widerstreitenden Interessen selbstständig zu priorisieren. Den öffentlich im Jahr 1995 festgestellten Glaubenskrieg zwischen Ökologie und Naturschutz[421] entschied der Landkreis Aurich zugunsten der Windenergie. Im Grundsatz bewegte man sich damit aber in dem vom Nds. Umweltministerium gesetzten Rahmen. Laut Erlass des *Nds. Umweltministeriums* vom 21. Juni 1993 sei nämlich bei der Abwägung mit den Belangen des Naturschutzes zugunsten der Windenergie die Unerschöpflichkeit und Schad-

---

417 Hierzu insgesamt RROP-Entwurf, 2004, S. 51.
418 EuGH NuR, 249 (250).
419 ON, Ausgabe v. 01.09.1993.
420 Horch/Keller, aaO, S. 33.
421 Wilhelmshavener Zeitung (WZ), Ausgabe v. 16.02.1995.

stofffreiheit zu berücksichtigen.[422] Unterstellt man das Drohen einer Klimakatastrophe, so entbehrt diese Argumentation nicht einer gewissen Logik. Schließlich sind stabile klimatische Bedingungen auch Grundvoraussetzung für einen effektiven Naturschutz. Eingriffe in den Naturhaushalt wurden lediglich pauschal mit 10 DM pro KW je Anlage kompensiert. Der Erlass des *Nds. Umweltministeriums* vom 08. März 1993, wonach die Kilowatt-Leistung von Windkraftanlagen nicht als Maßstab für Geldleistungen als Ersatzmaßnahmen geeignet seien, beendete diese Verwaltungspraxis.[423]

Gegenwärtig stehen über 100 Anfang der 1990iger Jahre genehmigten Windenergieanlagen in avifaunistisch wertvollen Gebieten. Diese Teilräume besitzen die Qualität von EU-Vogelschutzgebieten und wurden mittlerweile teilweise der Europäischen Kommission gemeldet.

3. Resumé

Im Jahr 1991 traf ein neues Energierecht auf ein mehr als 30 Jahre altes Baurecht. § 35 BauGB ist dem Grundgedanken verhaftet, den Außenbereich zu schonen und weitestgehend von Bebauung freizuhalten. Trotzdem sollten sich Windenergieanlagen binnen weniger Jahre zu Außenbereichsvorhaben mit Massendruck entwickeln.

Folgt man der Auffassung des *OVG's Lüneburg* aus dem Jahr 1988, so hätte der Bundesgesetzgeber mit Normierung der Stromeinspeisevergütung den Ausbau der Windenergienutzung gefördert, andererseits mittels eines unangepassten Baurechts aber zugleich behindert. Angesichts garantierter Gewinnerwartungen hätte ein Planungsvorbehalt wegen der widerstreitenden Interessen nämlich regelmäßig zu einem langwierigen Abwägungsprozess geführt. Gemeindliche Planung bedeutet aber nicht nur zeitliche Verzögerung. Gemeinden können schließlich städtebauliche Entwicklungen auf Null kontingentieren; ein subjektivrechtliches Recht auf Bauleitplanung besteht schließlich nicht.[424]

Die tatsächlich dynamische Entwicklung der Windenergie bis Mitte der 1990iger Jahre wäre wohl ausgeblieben. In einer funktionierenden Rechtsordnung sollten sich jedoch Normen nicht nach ihrer gesetzespolitischen Intention widersprechen. Widersprüchliche umwelt-, wirtschafts- und baupolitische Dezi-

---

422 Bek. d. MU v. 21.06.1993, aaO, 923 (923).
423 Runderlass des Nds. MU v. 08.03.1993 – 116–22531/2 –, S. 1; Ersatzgeld in der Höhe abhängig vom Investitionsvolumen sind heute im Falle nicht kompensierbarer Beeinträchtigungen des Landschaftsbildes Rechtslage.
424 Friauf, in: von Münch, Bes. Verwaltungsrecht, aaO, S. 370.

sionen des Gesetzgebers begründen für die Verwaltung das Dilemma, inwieweit auf die Erreichung bestimmter Ziele verzichtet werden könne.[425] Und so interpretierte der Landkreis Aurich die offenen Rechtsbegriffe des § 35 BauGB im Verständnis einer neuen Energiepolitik und demonstrierte Eigendefinitionsmacht.[426]

Deshalb wurden jedoch öffentliche Belange nicht bewusst missachtet. Den Baubehörden muss zugestanden werden, dass die unbekannte Welt der Windenergie in ihren spezifischen Auswirkungen als Massenerscheinung nur schwer zu antizipieren war. Allerdings suchte der Landkreis Aurich in den ersten Jahren der Windenergie auch nicht unbedingt nach Versagungsgründen. Den Entscheidungskonflikt zwischen Vorsorge aus Unkenntnis und Ausbau der Windenergie entschied der Landkreis im Sinne des StrEG's. Auf der Grundlage von Informationsdefiziten wurden gesetzgeberische Zielsetzungen individuell priorisiert.

Mangels eindeutiger Rechtslage sahen sich die Bauherren den individuellen Einschätzungen der befassten Baugenehmigungsbehörden überantwortet. Die Erfolgsaussichten einer Antragstellung nach § 35 Abs. 1 Nr. 1 BauGB ließen sich daher allein über die Auswahl des Anlagenstandortes steuern; das Grundstück musste in die Zuständigkeit einer windenergiefreundlichen Bauaufsichtsbehörde fallen. Alternativ bestand zudem die Möglichkeit, bei der Gemeinde für eine entsprechende Bauleitplanung zu werben. Allerdings durften sich die Kommunen dabei nur sehr eingeschränkt monetären Argumenten zugänglich zeigen, wollte man sich nicht dem Verdacht einer Vorteilsnahme gemäß § 331 StGB aussetzen. Jedenfalls stellt § 11 BauGB seit dem Jahr 1998 klar, dass Gegenstand solcher städtebaulichen Verträge unter anderem lediglich die Übernahme von Kosten und sonstigen Aufwendungen sein dürfen, die mit dem geplanten Vorhaben im Zusammenhang stehen.

III. Rechtliche Beurteilung zwischen 1994 und 1997

Am 16. Juni 1994 setzte das Urteil des BVerwG's zur Privilegierung von Windenergieanlagen eine Zäsur. Höchstrichterlich war nunmehr festgestellt, dass die gewerbliche Nutzung der Windenergie nicht gemäß § 35 Abs. 1 BauGB im Außenbereich bevorrechtigt sei.

---

425 Thieme, Verwaltungslehre, aaO, Rd. 218.
426 Vgl. Wimmer, aaO, S.139.

1. Urteil des BVerwG's vom 16. Juni 1994

Das BVerwG hielt an seiner restriktiven Auslegung des § 35 Abs. 1 BauGB fest.[427] So fehle es an einer dienenden Funktion im Sinne der Nr. 1, wenn die Nebenanlage nach ihrer Zweckbestimmung nicht überwiegend in einer landwirtschaftlichen Betriebsführung genutzt werde.[428] Ein nichtlandwirtschaftlicher Betriebszweig werde nur dann von der Privilegierung „mitgezogen", wenn er seinerseits einen Bezug zur Erzeugung und zum Absatz landwirtschaftlicher Güter aufweise.[429] § 35 Abs. 1 Nr. 1 BauGB biete keine Handhabe dafür, einen landwirtschaftlichen Betrieb unter erleichterten Voraussetzungen um einen von der landwirtschaftlichen Nutzung unabhängigen gewerblich-kaufmännischen Betriebsteil zu erweitern.

Auch sei eine Privilegierung nach § 35 Abs. 1 Nr. 4 BauGB a. F. abzulehnen. Das erforderliche Kriterium der Ortsgebundenheit sei nur erfüllt, wenn das Gewerbe ausschließlich an der fraglichen Stelle betrieben werden könne. Rentabilität begründe die spezifische Ortsgebundenheit nicht. Der Betrieb müsse geographisch oder geologisch auf den Standort angewiesen sein, weshalb er an einer anderen Stelle seinen Zweck verfehlen würde. Auch wenn der Wortlaut insoweit nicht eindeutig sei, so sei das Merkmal der Ortsgebundenheit allen in Nr. 4 genannten Vorhaben gemeinsam. Es gebe keine Anhaltspunkte dafür, dass der Gesetzgeber den Außenbereich allgemein für Anlagen der öffentlichen Versorgung hat öffnen wollen.[430] Der Gesetzgeber habe die Außenbereichsadäquanz solcher Anlagen nicht anerkannt, denn gerade Kraftwerke gehörten nicht zu dem typischen Erscheinungsbild des Außenbereichs. Die Gesamtkonzeption des § 35 Abs. 1 BauGB beabsichtige aber gerade eine größtmögliche Schonung des Außenbereichs in seiner spezifischen Eigenart. Windhöffigkeit könne daher keine individualisierende Anwort auf die Frage der Lokalisierung geben, weil vor allem im Außenbereich küstennaher Gemeinden durchweg günstige Windverhältnisse herrschten.

Der erforderliche Ortsbezug lasse sich überdies nicht aus einer Kombination nur zum Teil erfüllter Privilegierungstatbestände herleiten. Die Privilegierungsregelungen des § 35 Abs. 1 BauGB seien eigenständig; aus einzelnen Elementen dieser gesetzlichen Privilegierungstatbestände einen neuen Privilegierungstatbestand zusammenzufügen, überschreite die Grenzen richterlicher Rechtsfortbildung. Die Privilegierung nach § 35 BauGB dürfe nicht auf die Bevorrechtigung

---

427 BVerwG BauR 1994, 730 ff.
428 Vgl. BVerwGE 26, 121 (124).
429 BVerwG NVwZ 1986, 203 (204).
430 Vgl. BT-Drucks. 3/336, S. 72 f.

Einzelner unter Verletzung des Gleichheitssatzes hinauslaufen.[431] Ein auf der Grundlage des § 35 Abs. 1 BauGB zulässiges Vorhaben schaffe keine Anwartschaft, in dessen Nähe Anlagen zu errichten, denen ein Bezug zur ausgeübten Nutzung fehle. Die Nähe zu einem landwirtschaftlichen Betrieb stelle deshalb keinen Zwangspunkt dar, sondern beinhalte eine lediglich wirtschaftlich zweckmäßige Wahl. § 35 BauGB regele somit die Privilegierungsvoraussetzungen für Windenergieanlagen und alle übrigen Außenbereichsvorhaben abschließend.[432]

Eine Privilegierung von Windenergieanlagen lasse sich nach Ansicht des *BVerwG's* auch nicht aus § 35 Abs. 1 Nr. 5 BauGB a. F. begründen. Nr. 5 a. F. besitze eine tatbestandliche Weite, welche durch erhöhte Anforderungen an die übrigen Privilegierungsvoraussetzungen ausgeglichen werden müsse.[433] Das Tatbestandsmerkmal des Sollens enthalte eine Wertung. Damit werde ein Bezug zu der vornehmlichen Nutzung des Außenbereichs für die Land- und Forstwirtschaft sowie als Erholungsraum für die Allgemeinheit hergestellt. § 35 Abs. 1 Nr. 5 BauGB a. F. privilegiere daher nicht solche Vorhaben, für die üblicherweise in einer Bauleitplanung Standorte ausgewiesen würden. Gesetzgeberische Absicht sei vielmehr, Vorhaben singulärer Art zu bevorrechtigen, bei denen eine Beurteilung des Einzelfalles am Maßstab öffentlicher Belange genüge. Das StrEG bewirke insoweit keinen Perspektivwechsel; es indiziere keinen Privilegierungswillen des Gesetzgebers. Die Regelungen des StrEG's wirkten weder direkt noch mittelbar auf die planungsrechtliche Beurteilung von Windenergieanlagen ein. Das Gesetz erkläre den mit der Nutzung von Windenergie angestrebten Schutz des Klimas und der natürlichen Ressourcen nicht zu einem Privilegierungsgrund. Windenergieanlagen seien keine singulären Erscheinungen, sondern entwickelten sich zu einem Phänomen mit Breitenwirkung. Das „nur beschränkt durchschlagskräftige Korrektiv entgegenstehender öffentlicher Belange" sei einem Massenansturm auf den Außenbereich jedoch nicht gewachsen, weil es die erforderliche Koordination einzelner Vorhaben untereinander nicht leisten könne.

Als sonstiges Vorhaben beurteile sich die Zulässigkeit von Windenergieanlagen im Außenbereich nach § 35 Abs. 2 BauGB. Windenergieanlagen könnten jedenfalls nicht schlechthin als mit der funktionellen Bestimmung des Außenbereichs unvereinbare Fremdkörper eingestuft werden. Nicht jede Außenbereichsfläche erhalte ihre Prägung durch die vorgegebene Bodennutzung oder Erholungsrelevanz, so wenn der Standort seine spezifische Schutzwürdigkeit bereits eingebüßt habe. Erwägungen umweltpolitischer Art verhelfen einer Windener-

---

431 BVerwG BauR 1978, 118 (120).
432 Wagner, in: UPR 1996, 370 (370).
433 Vgl. BVerwGE 34, 1 (3).

gieanlage auch als sonstigem Vorhaben nicht zu einer Privilegierung. Die wirtschaftliche oder energiepolitische Sinnhaftigkeit von Investitionen in die Windenergie sei von der Bauaufsichtsbehörde eine im Genehmigungsverfahren nicht zu entscheidende Frage.

Letztlich kommt das *BVerwG* zu dem Ergebnis, dass es die Grenzen zulässiger Auslegung und Rechtsfortbildung sprenge, § 35 Abs. 1 BauGB in seiner jetzigen Fassung so weit anzureichern, dass für Windkraftanlagen oder sonstige Anlagen zur Nutzung Erneuerbarer Energien die bauplanungsrechtlichen Rahmenbedingungen sichergestellt werden, die erforderlich seien, damit das StrEG voll zur Geltung komme, ohne dass der Schutz des Außenbereichs hierunter spürbar leide. Das *BVerwG* unterstellte damit Windenergieanlagen im Regelfall einem echten Planungsvorbehalt

Als Privilegierungstatbestand für Windenergieanlagen im Außenbereich konnte daher regelmäßig allein § 35 Abs. 1 Nr. 1 BauGB in Betracht gezogen werden und auch nur dann, wenn der überwiegende Teil erzeugter Elektrizität in dem landwirtschaftlichen Betrieb eingesetzt werden würde.

Auch wenn Urteile der Verwaltungsgerichtsbarkeit keine Allgemeinverbindlichkeit erlangen, anerkannte die Nds. Bauverwaltung die höchstrichterliche Rechtsprechung zur Windenergie als bindend. Das BVerwG hatte insoweit den Entscheidungsspielraum der Verwaltungsinstanzen Niedersachsens tatsächlich auf Null reduziert.

2. Entscheidungspraxis der Auricher Bauverwaltung

Der Landkreis Aurich respektierte die höchstrichterliche Rechtsprechung und verneinte die Privilegierung von Windenergieanlagen nach § 35 Abs. 1 BauGB. Die Auricher Bauverwaltung versagte regelmäßig die Genehmigung selbst dann, wenn der Antrag bereits zum Zeitpunkt des höchstrichterlichen Urteils zur Windenergie entscheidungsreif gewesen war. Dies mochte den Antragstellern unbillig erscheinen. Immerhin wurden solche Bauvorhaben in der Regel mit den Bauherrn erörtert; die Auricher Bauverwaltung beschritt insoweit den Weg einer dialogischen Entscheidungsfindung.[434] In diesen Baubesprechungen wurde dem Adressaten des Verwaltungshandelns frühzeitig die Erfolgsaussicht seines Bauantrags dargelegt. Im Ergebnis sah sich der Landkreis Aurich jedoch zu Recht nicht an diese Vorgespräche zur Verwaltungsentscheidung gebunden.

Zwar kann nach Rechtsprechung des *OVG's Hamburg* bereits im Ausnahmefall das Vertrauen auf einen lediglich angekündigten Verwaltungsakt schutzwür-

---

434 Vgl. Wimmer, aaO, S. 343.

dig sein. Allerdings könne dies allein die Rücknahme des später ergehenden Verwaltungsaktes ausschließen,[435] nicht aber die Behörde verpflichten, eine bewusst rechtsfehlerhafte Entscheidung erst noch zu treffen.

Im Übrigen wurden erteilte Genehmigungen nicht gemäß § 48 Abs. 1 VwVfG zurückgenommen. Weder Bauvorbescheide beschränkt auf die Frage der städtebaulichen Zulässigkeit noch Baugenehmigungen, von denen der Adressat bislang keinen Gebrauch gemacht hatte, wurden vom Landkreis aufgehoben. Dabei kann offen bleiben, ob die höchstrichterliche Rechtsprechung zur Windenergie aus dem Jahr 1994 bereits eine Rechtswidrigkeit im Sinne des § 48 VwVfG begründete. Im Ergebnis erscheint die Entscheidungspraxis des Landkreises Aurich zur Aufhebung bis 1994 erteilter Baugenehmigungen schon aus Gründen des Vertrauensschutzes als geboten.

Schließlich baute das Urteil des *BVerwG's* zur Privilegierung von Windenergieanlagen aus dem Jahr 1994 konsequent auf der bis dahin zu § 35 Abs. 1 BauGB ergangenen Rechtsprechung auf und bestätigte damit ein Urteil des *OVG's Lüneburg* aus dem Jahr 1988. Diese obergerichtliche Entscheidung zu Windenergieanlagen als Außenbereichsvorhaben muss als dem Landkreis bekannt unterstellt werden. Das Urteil des *OVG's Lüneburg* findet sich nämlich in der Entscheidungssammlung einer Altakte des Bauamtes. Randnotizen belegen eine inhaltliche Auseinandersetzung mit dieser obergerichtlichen Entscheidung. Sei der Behörde aber ein hohes Maß an Mitverantwortung für die fehlerhafte Entscheidung anzulasten, so sei die Rücknahme des Verwaltungsaktes nach Ansicht des *BVerfG's* mit Treu und Glauben unvereinbar.[436] Letztlich könnten die Anforderungen für die Verwaltung nicht geringer sein als im umgekehrten Fall gemäß § 48 Abs. 2 Satz 2 Nr. 3 VwVfG, wonach schon das Kennenmüssen der Rechtswidrigkeit den Vertrauensschutz des Bürgers ausschließe.[437]

---

435 OVG Hamburg NVwZ 1988, 73 (73).
436 BVerfGE 74, 349 (364).
437 Kopp/Ramsauer, VwVfG, 8. Aufl. 2003, Rd. 139 zu § 48.

E. Wer bestimmt heute über die Zulässigkeit einer Windenergieanlage?

Battis erkannte bereits im Jahr 1989, dass die Nutzung regenerativer Energien verschiedene Rechtsbereiche berühre, denen allerdings gemeinsam sei, dass es ihnen an spezifischen Regelungen weitgehend mangele.[438] Und das *BVerwG* resümierte wenige Jahre später, die Privilegierungstatbestände des § 35 Abs. 1 BauGB seien auf das mit dem StrEG verfolgte Ziel nicht abgestimmt.[439]

I. Aktuelle Rechtslage

Der Bundestag beabsichtigte aus dieser höchstrichterlichen Erkenntnis kurzfristige Konsequenzen und beschloss gut eine Woche nach Urteilverkündung, die Privilegierung von Windenergieanlagen einzuführen. Das explizite Vorrecht von Windenergieanlagen im Außenbereich sollte jedoch erst im Jahr 1998 Rechtslage werden.

1. Novellierung des Baurechts

Die Baurechtsnovelle von 1998 war stark umstritten. Während einerseits die durch das StrEG festgeschriebene Abnahmeverpflichtung regenerativ erzeugten Stroms als wettbewerbswidrig kritisiert wurde, befürchteten Andere eine weiter fortschreitende Zersiedlung der Landschaft im windhöffigen Küstenraum.

Die Kontroverse dokumentiert sich schließlich in einem ungewöhnlichen Verlauf des Gesetzgebungsverfahrens. Der Bundestag hatte nämlich bereits am 23.06.1994 in Reaktion auf das Urteil des *BVerwG's* vom 14. Juni 1994 im Rahmen der Änderung des Gesetzes zur Förderung der bäuerlichen Landwirtschaft die allgemeine Privilegierung von Windenergieanlagen im Außenbereich beschlossen.[440] Diversifikation galt als Zauberformel für die Zukunftsfähigkeit

---

438 Battis, in: Festschrift Fabricius, aaO, S. 333.
439 BVerwGE 96, 95 (106).
440 BR-Drucks. 646/94, S. 1.

der Deutschen Landwirtschaft.[441] Der Bundesrat wollte hingegen die Privilegierung von Windenergieanlagen nur im räumlichen Zusammenhang mit einer Hofstelle gesetzlich positivieren. Der *Nds. Landkreistag* forderte zudem die Regelung eines Planungsvorbehaltes, der eine Privilegierung außerdem nur dann zulasse, wenn eine Bauleit- oder Raumordnungsplanung für Windkraftanlagen nicht vorliege.[442]

Schließlich beschloss der Bundesrat am 14.07.1995 auf der Grundlage eines Antrages des Landes Schleswig-Holstein eine Gesetzesinitiative, welche Windenergieanlagen im Außenbereich allgemein privilegierte. Dem unkoordinierten Ausbau der Windenergie versuchte man dadurch entgegenzuwirken, dass die Ausweisung von Konzentrationszonen in Bauleit- oder Raumordnungsplänen Ausschlusswirkung für das übrige Plangebiet besitzen sollten. Eine Form der Überleitungsregelung sollte darin bestehen, die Gesetzesänderung erst zwei Jahre nach ihrer Verkündung in Kraft treten zu lassen.[443] Damit sollte den Kommunen zeitlich die Möglichkeit der bauleitplanerischen Darstellung von Konzentrationszonen gegeben werden. Die Ausschlusswirkung konnte daher nur durch die Zulassung von Windenergieanlagen an anderer Stelle im Planungsgebiet erreicht werden.[444] Die Ankündigung im Dezember 1995, den Entwurf zur Änderung des BauGB noch einmal zu überarbeiten, wurde jedoch vom Naturschutzbund Deutschland (NABU) verfrüht als „Sieg der Vernunft" bejubelt,[445] denn mit Gesetzesänderung vom 30.07.1996 wurden Vorhaben zur Erforschung, Entwicklung oder Nutzung der Wind- und Wasserenergie unter § 35 Abs. 1 Nr. 7 in den Katalog privilegierter Außenbereichsvorhaben aufgenommen. Das konkrete Ausmaß der Privilegierung wird allerdings gemäß § 35 Abs. 3 BauGB den Trägern der Bauleit- und Regionalplanung überantwortet. Danach stehen öffentliche Belange u. a. einem Vorhaben nach Abs. 1 Nr. 7 in der Regel dann entgegen, wenn hierfür durch Darstellungen im Flächennutzungsplan oder als Ziele der

---

441 Was die IHK für Ostfriesland und Papenburg 1995 zu der Kritik veranlasste, die Landes- bzw. Bundesförderung der Windenergie sowie die durch das StrEG garantierte Abnahmeverpflichtung dürfe nicht zu einer indirekten Subventionierung der Landwirtschaft führen, Positionspapier der IHK für Ostfriesland und Papenburg, 1995, S. 9.
442 Hierzu insgesamt NLT-Rundschreiben Nr. 223/1995 v. 04.04.1995, S. 2.
443 BR-Drucks. 153/95, S. 1.
444 Erst der Gesetzesentwurf der BReg vom 15.10.2003 sah die Möglichkeit einer Ausweisung von Belastungsflächen vor. Flächen, die wegen der Häufung von privilegierten Vorhaben in ihrer städtebaulichen Entwicklung erheblich beeinträchtigt waren, hätten damit von weiteren Vorhaben freigehalten werden können. Der Entwurf einer echten Negativplanung setzte sich aber nicht durch, vgl. BT-Drucks. 13/4978, S. 7.
445 OZ, Ausgabe v. 12.12.1995.

Raumordnung und Landesplanung eine Ausweisung an anderer Stelle erfolgt ist. Die Kompromissformel der Abs. 1 Nr. 7 und 3 Satz 3 stieß in Ostfriesland teilweise auf Kritik Die *IHK für Ostfriesland und Papenburg* sah durch die neue Regelung den Einfluss der Gemeinden schwinden. Wenn eine Gemeinde keine Vorrangfläche ausgewiesen habe, dann müsse sie „die Kröte der Privilegierung schlucken". Es sei ein Windpark-Zwang entstanden.[446]

Außerdem sah § 245b BauGB eine Übergangsregelung vor. Auf Antrag der Gemeinde oder der für die Raumordnung zuständigen Behörde mussten Baugesuche für Windenergieanlagen bis längstens zum 31.12.1998 zurückgestellt werden. Ein darüber hinaus gehendes Instrument zur Planungssicherung analog den Regelungen des § 14 BauGB fehlte zunächst. Erst im Jahr 2005 wurde den Planungsträgern mit Novellierung des § 15 BauGB ein echtes Instrument zur Sicherung der Flächennutzungsplanung eingeräumt. Danach können Gemeinden die Zurückstellung der Entscheidung über die Zulässigkeit von Vorhaben nach § 35 Abs. 1 Nr. 2 bis 6 BauGB längstens für die Dauer eines Jahres bei der zuständigen Bauaufsichtsbehörde erwirken. Der Antrag muss innerhalb von sechs Monaten nach förmlicher Kenntnisnahme von dem Antrag gestellt werden. Innerhalb der maximal 18 Monate erlangt die Gemeinde damit die Möglichkeit, einen Flächennutzungsplan mit den Wirkungen des § 35 Abs. 3 Satz 3 BauGB aufzustellen. Baugesuche in diesem Sinne sind auch planungsrechtliche Vorbescheide.[447]

Eine Konzentrationsplanung durch Darstellung im Flächennutzungsplan oder als Ziel der Raumordnung schließt die Errichtung von Windenergieanlagen im übrigen Planungsraum aber nicht kategorisch aus. Die Standortentscheidung im Sinne des § 35 Abs. 3 Satz 3 BauGB führe insoweit nicht rechtssatzmäßig zur Unzulässigkeit des Vorhabens.[448] § 35 Abs. 3 Satz 3 BauGB begründe vielmehr lediglich eine Regelvermutung, die im Einzelfall widerlegt werden könne.[449] Erforderlich sei deshalb eine nachvollziehende Abwägung des privaten Interesses mit dem öffentlichen Belang der Nutzungskonzentration.[450] Im Genehmigungsverfahren ist also zu prüfen, ob im Einzelfall besondere Umstände vorliegen, die ein Abweichen von der Regelvermutung rechtfertigen.[451] Allerdings könne nur bei Vorliegen besonderer Umstände ausnahmsweise von der regelmäßigen Ausschlusswirkung abgewichen werden; dies könnten Umstände sein, die bei Ermittlung der Ausschlussflächen wegen der notwendigerweise nur groben Be-

---

446 ON, Ausgabe v. 04.01.1998.
447 BVerwG DVBl. 1971, 468 (468).
448 Büdenbender/von Heinegg/Rosin, Energierecht I, 1999, Rd. 1426.
449 Runkel, in: DVBl. 1997, 275 (280).
450 Schmidt, in: DVBl. 1998, 669 (675).
451 Büdenbender/Heinegg/Rosin, aaO, Rd. 1426.

trachtung nicht berücksichtigt worden seien.[452] Die Vorschrift ermöglicht damit eine gewisse „Feinjustierung".[453] Die Atypik könne sich daraus ergeben, dass sich die Windenergieanlage wegen einer individuellen Größe oder Funktionsweise aus dem Kreis der Anlagen heraushebe, deren Zulassung der Planungsträger habe steuern wollen.[454] Allerdings stehe laut *Stüer* in solchen Fällen das Gesamtkonzept der Konzentrationsplanung in Frage. Die Ausnahme dürfe daher jedenfalls nicht den Grundzügen des Gesamtkonzeptes widersprechen.[455] Sei aber aufgrund topographischer oder sonstiger Besonderheiten eine Beeinträchtigung der als störempfindlich und schutzwürdig eingestuften Funktionen des betreffenden Landschaftsraumes nicht zu besorgen, so widerspreche es der Zielsetzung des Planvorbehaltes nicht, das Vorhaben zuzulassen.[456] So dürfte eine Regelausnahme unkritisch vorliegen, wenn ein Ausschlusskriterium nach Wirksamwerden eines Flächennutzungsplanes oder Inkrafttreten eines Regionalplanes weggefallen und dadurch eine bloße Baulücke entstanden ist.

Mit der Konzentrationsklausel in § 35 Abs. 3 BauGB räumte der Bundesgesetzgeber damit den Trägern der Landes- und Bauleitplanung explizit die Möglichkeit ein, über die Zulässigkeit von Windenergieanlagen im Außenbereich mitzubestimmen.

2. Raumordnung

Den privaten Rechtskreis der Bürger berühren Ziele der Raumordnung entsprechend dem System räumlicher Grobplanung an sich nur über zielkonforme Festlegungen in Bebauungsplänen oder Planfeststellungsbeschlüssen.[457] Mit Aufnahme der Raumordnungsklauseln in § 35 Abs. 3 BauGB sollten hingegen Raumordnungsziele ohne weitere Transformationsakte Außenwirkung erlangen können.[458] Dabei bilde die nach § 35 Abs. 3 Satz 3 BauGB mögliche Positivausweisung eines privilegierten Vorhabens an einer Stelle im Planungsgebiet den eigentlichen Kern der Raumordnungsklauseln: Sie sei die Voraussetzung dafür, dass sein Ausschluss an einer anderen Stelle dem Vorhaben als öffentlicher Belang entgegenstehe.[459]

---

452 OVG Münster BauR 2002, 886 (891).
453 Berkemann, Windenergie, 2004, S. 202.
454 BVerwGE 117, 287 (302).
455 Vgl. Stüer, in: NuR 2004, 341 (342).
456 BVerwGE 117, 287 (303).
457 Schmidt, in: DVBl. 1998, 669 (669).
458 Hoppe, in: DVBl. 2003, 1345 (1350).
459 BVerwG NVwZ 2003, 738 (742).

a) Raumordnungsklausel (§ 35 Abs. 3 Satz 3)

Die Raumordnung steht gemäß § 35 Abs. 3 Satz 3 BauGB der Errichtung einer Windenergieanlage entgegen, wenn hierfür als Ziel der Raumordnung eine Ausweisung an anderer Stelle erfolgt ist. Nur eine solche zielförmige Ausweisung in Raumordnungsplänen könne der Errichtung von Windenergieanlagen entgegenstehen. Diese Regelung formuliere damit nicht nur ein innergebietliches Widerspruchsprinzip, das mit dem jeweiligen Plan unvereinbare Nutzungen ausschließe.[460] Als Hauptinstrument der Steuerung von Windenergieanlagen sollte vielmehr die Positivfestlegung in einem Gebiet des Planungsraumes als Kernbestand der Konzentrationsklausel geeignet sein, den Ausschluss an anderer Stelle einem Vorhaben als öffentlicher Belang entgegengestellt zu werden.[461]

aa) Raumbedeutsamkeit

Die Raumordnungsklausel des § 35 Abs. 3 Satz 3 BauGB knüpft ausdrücklich zwar nicht an den Begriff des raumbedeutsamen Vorhabens an. Raumordnung setzt jedoch immer ein Raumordnungserfordernis voraus.[462] Die Kompetenzbegründung der Raumordnung wird durch Planungen, Vorhaben und sonstige Maßnahmen begründet, die wegen ihrer Ausgestaltung oder Wirkung eine zumindest mittelbare Beanspruchung des Raumes einer in § 3 Nr. 6 ROG legaldefinierten Raumbedeutsamkeit besitzen.[463] Abs. 3 Satz 3 könne daher nur solche Vorhaben erfassen, denen auch Raumbedeutsamkeit zukomme.[464]

Nach der Legaldefiniton des § 3 Nr. 6 ROG verlangt der Begriff der Raumbedeutsamkeit die Inanspruchnahme von Raum oder die Beeinflussung der räumlichen Entwicklung bzw. der Funktion eines Gebietes. Für die Raumbedeutsamkeit müsse daher immer der jeweilige Planungsraum Bezugspunkt sein.[465] Dabei sei im Zusammenhang mit der Errichtung von Windenergieanlagen die Dimension, Standort oder Auswirkungen der Anlage auf bestimmte Raumfunktionen von Bedeutung.[466] Dies wird in den einzelnen Bundesländern

---

460 Dazu insgesamt Kirste, in: DVBl. 2005, 993 (996 f.).
461 BVerwG NVwZ 2003, 738 (742).
462 Bartlsperger, Raumplanung zum Außenbereich, 2003, S. 116.
463 Runkel, in: Bielenberg/Runkel/Spannowsky/Reitzig/Schmitz, Raumordnungs- und Landesplanung des Bundes und der Länder, 2004, Bd. 2, § 3, Rd. 231 ff.
464 BVerwGE 118, 33 (35), WEA unterhalb der Schwelle der Raumbedeutsamkeit könnten deshalb allenfalls über entsprechende Darstellungen im F-plan regelmäßig ausgeschlossen werden.
465 Runkel, in: aaO, Rd. 239 zu § 3.
466 Runkel, in: DVBl. 1997, 275 (278).

unterschiedlich bewertet: z.B. in Nordrhein-Westfalen bei drei sich in ihren Wirkungen berührenden Anlagen oder Einzelanlagen mit einer Gesamthöhe von über 100 m,[467] in Brandenburg je nach Vorbelastung des Standorts zwischen 35 und 65 m Höhe der Anlage,[468] in Rheinland-Pfalz bei Einzelanlagen von 100 m,[469] in Sachsen ab einer Rotorhöhe von 60 m.[470] Das Nds. Innenministerium vertrat in einem Schreiben an die Träger der Regionalplanung im Juli 1997 die Auffassung, Einzelanlagen mit einer Nabenhöhe von über 50 m und Windparks mit mehr als fünf Einzelanlagen seien als raumbedeutsam anzusehen.[471]

Auch die Rechtsprechung zeigt ein uneinheitliches Bild. Das *VG Regensburg* vertrat die Ansicht, Windenergieanlagen seien stets als raumbedeutsam zu qualifizieren, da Raum in Anspruch genommen und die räumliche Entwicklung oder Funktion eines Gebietes beeinflusst werde.[472] Andere sahen bei einer Windfarm (= drei Anlagen) oder einer einzelnen Anlage mit einer Gesamthöhe von über 100 m (Nabenhöhe zuzüglich Rotorradius) die Raumbedeutsamkeit regelmäßig indiziert.[473] Das *OVG Lüneburg* sieht eine Windenergieanlage mit einer Gesamthöhe von 100 m im Flachland als raumbedeutsam an,[474] während nach dem *OVG Koblenz* 140 m mit zwei weiteren Anlagen in der Nachbarschaft jedenfalls die Schwelle zur Raumbedeutsamkeit überschreiten würden.[475] Das *VG Dessau* lehnt eine zahlenmäßige Obergrenze ab. Jeder Versuch, die Raumbedeutsamkeit allgemein und abschließend zu definieren, könne nur zu unrichtigen Ergebnissen führen.[476]

Angesichts der Dimension aktueller Windenergieanlagen mit einer Gesamthöhe von annähernd 200 m könnte man annehmen, die Nutzung von Windenergie löse immer auch raumordnungsrechtliche Spannungen aus.[477] Dabei bliebe jedoch unberücksichtigt, dass die steigenden Energiepreise einen Markt für Kleinwindanlagen zur Eigenversorgung mit Elektrizität entstehen lassen. Des-

---

467 Windenergieerlass NRW, 2002, Pkt 2.2, S. 4.
468 Rundschreiben Brandenburg, 2001, S. 2.
469 Kirste, aaO, S. 998.
470 Windleitfaden Sachsen, 2001, S. 19.
471 NLT-Rundschreiben Nr. 491/1997 v. 15.07.1997, S. 1.
472 VG Regensburg NuR 2001, 716 (717).
473 Berkemann, aaO, S. 84; VG Minden, Urt.v. 23.01.2002 – L 47/02 –, juris.
474 OVG Lüneburg BauR 2004, 1579 (1581).
475 OVG Koblenz NuR 2004, 465 (467).
476 VG Dessau NuR 2001, 534 (535); siehe auch Übersicht bei Berkemann, aaO, S. 84 ff.
477 Die Fa. Enercon produziert die E–126 mit einer Gesamthöhe von 198 m mittlerweile in Serie.

halb ist auch in Zukunft bei der Beurteilung des Kriteriums der Raumbedeutsamkeit mit dem *BVerwG* auf die Umstände des Einzelfalls abzustellen.[478]

bb) Wirkungsgrad der Raumordnung

Ziele der Raumordnung sind von öffentlichen Stellen bei ihren raumbedeutsamen Planungen und Maßnahmen zu beachten (§ 4 Abs. 1 ROG). Nach § 4 Abs. 4 Satz 1 ROG ist eine darüber hinaus reichende Verbindlichkeit nur nach Maßgabe der für die jeweilige Entscheidung geltenden Vorschriften gegeben. So bestimmt § 35 Abs. 3 Satz 3, 1. Halbsatz BauGB, dass Bauvorhaben den Zielen der Raumordnung nicht widersprechen dürfen. Abs. 3 Satz 2, 2. Halbs. regelt darüber hinaus, dass öffentliche Belange privilegierten Vorhaben nicht entgegenstehen, wenn diese Belange abgeschichtet als Ziele der Raumordnung in Raumordnungsplänen abgewogen worden sind. Und schließlich eröffnet § 35 Abs. 3 Satz 3 BauGB nunmehr die Möglichkeit einer nahezu definitiven Steuerung von privilegierten Außenbereichsvorhaben durch Ausweisung an anderer Stelle als Ziel der Raumordnung.

Nach der Definition des § 3 Nr. 2 ROG sind Ziele der Raumordnung verbindliche, räumlich und sachlich zumindest bestimmbare Festlegungen zur Entwicklung, Ordnung und Sicherung des Raumes auf der Grundlage einer abschließenden Abwägung des Planungsträgers. Raumordnungsziele sind somit landesplanerische Letztentscheidungen.[479] Der Ausschluss der Abwägung bei der weiteren Planung lässt sich also nur deshalb rechtfertigen, weil sie auf der Ebene der Zielfestlegung bereits erfolgt ist.[480] Wenn aber § 35 Abs. 3 Satz 3 BauGB von einer Ausweisung an anderer Stelle als Ziel der Raumordnung spricht, dann ist damit noch nicht die gesetzliche Ausgestaltung einer solchen raumordnerischen Ausweisung gesetzlich vorgegeben.[481]

§ 7 Abs. 4 Satz 1 ROG benennt als Planungsalternativen die Festlegung von Vorrang-, Vorbehalts- und Eignungsgebieten. Vorranggebiete schließen gemäß § 7 Abs. 4 Satz 1 Nr. 1 ROG mit ihnen unvereinbare Funktionen innergebietlich aus. Der innergebietliche Vorrang ist unbedingt und lässt sich insoweit nicht durch eine nachfolgende Abwägung aushebeln.[482] Als Ziel der Raumordnung besitzt die Festlegung eines Vorranggebietes eine abwägungsresistente Durch-

---

478 BVerwG BauR 2003, 837 (837).
479 BVerwG NVwZ 1993, 167 (168).
480 Kirste, aaO, 993 (1000).
481 Schmidt, in: DVBl. 1998, 669 (674).
482 Dallhammer, in: Dyong/Arenz/Dallhammer/Bäumler/Hendler, Raumordnung in Bund und Länder, Bd. 1, 4. Aufl. 2008, Rd. 127 zu § 7.

setzungskraft.⁴⁸³ Allerdings kommt einem Vorranggebiet keine außergebietliche Ausschlusswirkung zu.⁴⁸⁴ Vorbehaltsgebiete sind hingegen solche, in denen bestimmten raumbedeutsamen Funktionen bei der nachfolgenden Abwägung durch die Bauleitplanung ein besonderes Gewicht beigemessen werden soll.⁴⁸⁵ Ausschlusswirkungen vermögen Vorbehaltsgebiete jedoch nicht zu entfalten, weshalb sie keine Zielqualität im Sinne des landesplanerischen Vorbehalts darstellen.⁴⁸⁶ Lediglich Eignungsgebiete verbinden gemäß § 7 Abs. 4 Satz 1 Nr. 3 ROG eine Eignungsfeststellung von Maßnahmen an einer Raumstelle mit ihrem Ausschluss an einer anderen.⁴⁸⁷ Die Durchsetzungskraft der Eignungsfeststellung innerhalb dieser Zone bleibe jedoch unbestimmt.⁴⁸⁸ Nach *Runkel* könnten Eignungsgebiete daher allein außergebietlich ein Raumordnungsziel beinhalten.⁴⁸⁹ Dem umfassenden Ausschluss privilegierter Vorhaben müsse jedoch im Sinne von § 35 Abs. 3 Satz 3 BauGB eine verbindliche Standortentscheidung gegenüberstehen;⁴⁹⁰ nur soweit die Zulässigkeit eines privilegierten Vorhabens an einer Stelle im Planungsraum gesichert sei, könne sie an anderer Stelle ausgeschlossen werden.⁴⁹¹ Erforderlich sei daher eine zielförmige Flächenausweisung in der Form eines Vorranggebiets.⁴⁹² Nach *Kirste* könne allerdings die Festlegung einer Vorrangzone für sich mangels außergebietlicher Funktion nicht bereits die Konzentrationswirkung des § 35 Abs. 3 Satz 3 BauGB begründen. Die Raumordnungsklausel werde insoweit erst eingelöst, wenn das festgelegte Vorranggebiet gemäß § 7 Abs. 4 Satz 2 ROG zudem mit der Ausschlusswirkung eines Eignungsgebiets verbunden sei.⁴⁹³

Vor Aufnahme der Raumordnungsklauseln in den Tatbestand des § 35 Abs. 3 Sätze 2 und 3 BauGB hat es eine derartige Außenrechtswirkung von raumordnerischen Planaussagen nicht gegeben. Der Zielcharakter eines Vorranggebietes determiniert über § 35 Abs. 3 BauGB die Entscheidung über die Zulässigkeit von Windenergieanlagen, ohne dass für den Regelfall noch eine weitere Abwägung stattfinden dürfe.⁴⁹⁴ Raumordnungsziele wirken damit nicht

---

483 Kirste, aaO, 993 (999).
484 Bartlsperger, aaO, S. 196.
485 Runkel, in: DVBl. 1997, 257 (276).
486 Schmidt, in: DVBl. 1998, 669 (674).
487 Kirste, aaO, 993 (999).
488 Bartlsperger, aaO, S. 55 f.
489 Runkel, in: Bielenberg/Runkel/Spannowsky/Reitzig/Schmitz, aaO, Rd. 54 zu § 3.
490 Schmidt, in: DVBl. 1998, 669 (674).
491 Kirste, aaO, 993 (1002).
492 Schmidt, aaO, 669 (674).
493 Kirste, aaO, 993 (1002); andere Auffassung: Bartlesperger, aaO, S. 49, der insoweit lediglich der Positivfestlegung Durchgriffswirkung zuweist.
494 Kirste, aaO, 993 (1001).

allein tatbestandlich innerhalb einer Abwägung,[495] sondern besitzen Außenrechtswirkung.[496] Vordem hatte jede Raumplanung zum Außenbereich unter dem bauplanungsrechtlichen Rechtsfolgenvorbehalt gestanden, dass über die Zulässigkeit konkreter Außenbereichsvorhaben erst aufgrund einer spezifischen Abwägung entschieden wird.[497] § 35 Abs. 3 Sätze 2 und 3 BauGB sind hingegen mit unmittelbaren Rechtsfolgen ausgestattet.[498] Die gesetzlich der Raumordnung zugewiesene Funktion würde nämlich vereitelt werden können, wenn kommunale Planungsträger oder Genehmigungsbehörden zur Überprüfung der planerischen Abwägung berufen wären.[499] Allerdings weist § 35 Abs. 3 Satz 3 BauGB der raumplanerischen Festlegung lediglich eine Regelwirkung zu. Die Baubehörde muss deshalb im Einzelfall prüfen, ob besondere atypische Umstände ein Abweichen von der Regelvermutung rechtfertigen, ohne dabei jedoch die raumordnerische Grundaussage in Frage stellen zu können.[500]

Die Negativwirkung von Raumordnungszielen für Bereiche außerhalb festgelegter Vorranggebiete wird angesichts der Konzentrationsklausel des § 35 Abs. 3 Satz 3 BauGB ohne weiteres zu bejahen sein. Die landesplanerische Festlegung solcher Vorrangflächen dürfte jedoch zugleich auch anspruchsbegründend sein. Während nämlich die traditionelle Wirkungsweise der Raumordnungsziele sich im gestuften System der räumlichen Gesamtplanung verwirkliche, entfalle im Rahmen des § 35 Abs. 3 Sätze 2 und 3 BauGB die konkretisierende planerische Zwischenebene.[501] Über Bauanträge sei daher bereits mit Bezug auf die gemeindliche Anpassung nach Maßgabe des § 1 Abs. 4 BauGB zu entscheiden. Die insoweit erforderliche Änderung der Bauleitplanung werde insofern antizipiert.[502]

Im Ergebnis wurden die Träger der Landes- und Regionalplanung damit in die Lage versetzt, gegenüber jedermann geltendes Recht zu setzen.

---

495 Bartlsperger, aaO, S. 247 f.; andere Auffassung: BVerwG NVwZ 2002, 476 (478 f.), die auf Art. 14 GG gestützte Baufreiheit fordere eine nachvollziehende Abwägung, auch gebe es aus historischen Gründen nur eine bedingte Bindung des Bauplanungsrechtes an Ziele der Raumordnung.
496 Hoppe, in: DVBl. 2003, 1345 (1350).
497 Bartlsperger, aaO, S.45.
498 Bartlsperger, aaO, S. 46.
499 Nicolai, in: DVBl. 2002, 1078 (1079 f.).
500 Siehe hierzu Ausf. auf S. 91 f.
501 Spieker, Raumordnung und Private, 1999, S. 282 f.
502 Schmidt, Wirkung von Raumordnungszielen auf Außenbereichsvorhaben, 1997, S. 97; vgl. auch Ausf. auf S. 70 f.

b) Landesplanung Niedersachsens

Die Raumordnungsklausel des § 35 Abs. 3 Satz 3 BauGB lässt erkennen, dass die Entscheidung über die Zulässigkeit einer Windenergieanlage nicht allein in der Amtsstube fällt. Der Bescheid über den Genehmigungsantrag beendet vielmehr ein Verfahren, an dem regelmäßig mehrere Steuerungsinstanzen beteiligt waren. Festlegungen der Landesplanung können insoweit maßgebliche Vorentscheidungen treffen.

aa) Rechtliche Rahmenbedingungen für die Landesplanung

In den Landesplänen sind gemäß § 7 Abs. 1 ROG die Grundsätze der Raumordnung zu konkretisieren. Nähere Bestimmungen über die Festlegungen in den Raumordnungsplänen enthalten § 7 Abs. 2 und 3 ROG, ohne damit jedoch nach Ansicht von *Koch/Hendler* einen uneingeschränkt geltenden Mindestinhalt zu regeln; die Landesplanung könne vielmehr von einer Festlegung der aufgeführten Inhalte ausnahmsweise absehen, wenn hierfür besondere Gründe bestehen würden.[503] Generell unterscheidet die Raumordnung zwischen zielförmig verbindlichen Vorgaben der Raumordnung im Sinne von § 3 Nr. 2 ROG und bloßen planintern grundsatzmäßigen Aussagen allgemeiner Art (§ 3 Nr. 3 ROG).[504] Grundsätze der Raumordnung beinhalten bloß allgemeine Regelungen zur Entwicklung, Ordnung und Sicherung des Raumes als Vorgaben für nachfolgende Abwägungs- oder Ermessensentscheidungen.[505] Zielaussagen stehen hingegen nicht mehr mit anderen Ansprüchen an den Raum im Konflikt, da bei Aufstellung eines Raumordnungsziels sämtliche Zielwidersprüche ausgetragen und bereinigt worden sind.[506] Da die Planungsträger also diese Festlegungen nicht mehr zum Gegenstand der eigenen planerischen Abwägung machen können, regelt § 7 Abs. 5 ROG folgerichtig für das Aufstellungsverfahren eine umfassende Beteiligung der gemäß § 4 Abs. 1 und 3 ROG an die raumordnerischen Festlegungen gebundenen Privatpersonen und öffentlichen Stellen.[507] Adressaten der Landesplanung sind vor allem die kommunalen Gebietskörperschaften, deren Beteiligung im Aufstellungsverfahren schon wegen der in Art. 28 Abs. 2 GG verfassungsrechtlich garantierten Planungshoheit als Ausdruck kommunalen

---

503 Koch/Hendler, Baurecht, Raumordnungs- und Landesplanungsrecht, 4. Aufl. 2004, § 5 Rd. 7.
504 Bartlsperger, aaO, S. 148.
505 Koch/Hendler, aaO, § 3 Rd. 21.
506 Paßlick, Die Ziele der Raumordnung und Landesplanung, 1986, S. 24.
507 Vgl. Gruber, in: DÖV 1995, 488 (488); BVerwGE 90, 329 (335).

Selbstverwaltungsrechtes geboten ist.[508] Mit diesem verfassungskräftigen Schutz ist es unvereinbar, die Gemeinden ohne jedes Mitwirkungsrecht an die Ziele der Raumordnung zu binden.[509] Soll daher die Landesplanung eine Anpassungspflicht gemäß § 1 Abs. 4 BauGB auslösen, so ist nach Maßgabe des Gegenstromprinzips die Beteiligung der von der Anpassungspflicht individuell betroffenen Gemeinden zwingend erforderlich.[510] Eine allgemeine Öffentlichkeitsbeteiligung hat der Bundesgesetzgeber dagegen gemäß § 7 Abs. 6 ROG a. F. lediglich fakultativ geregelt.

bb) Nds. Landesplanung von 1994/98

In Niedersachsen bestimmt § 4 Abs. 1 NROG a. F.[511] auf Landesebene ein aus zwei Teilen bestehendes Landes-Raumordnungsprogramm (LROP). Teil I des LROP's enthält die Grundsätze der Raumordnung sowie die Ziele der Raumordnung zur allgemeinen Entwicklung des Landes. Der aus dem ersten Teil zu entwickelnde Teil II des LROP's enthält weitere Raumordnungsziele und trifft Festlegungen zu raumbedeutsamen Fachplanungen (§ 4 Abs. 2 und 3 NROG a. F.). § 5 Abs. 3 NROG a. F. verpflichtet, den Planungsträger die Träger der Regionalplanung, sämtliche kommunalen Gebietskörperschaften, die kommunalen Spitzenverbände, die nach § 29 ff. BNatSchG a. F. anerkannten Umweltverbände sowie Nachbarländer und -staaten an der Erarbeitung des LROP's zu beteiligen. Von Trägern der Regionalplanung, kommunalen Spitzenverbänden oder anerkannten Naturschutzverbänden geäußerte Anregungen und Bedenken bedürfen gemäß § 5 Abs. 3 Satz 3 NROG a. F. grundsätzlich einer Erörterung. Während Teil I des LROP's durch Gesetz ergeht, wird der zweite Teil von der Landesregierung als Verordnung beschlossen (§ 5 Abs. 4 und 5 NROG a. F.).

Das LROP von 1994 enthält Planaussagen zur Förderung der Windenergie. So findet sich im Teil I unter A 2.5 „Schutz der Erdatmosphäre, Klima" die Festlegung, dass zum Schutz der Erdatmosphäre und des Klimas vorrangig unter anderem eine Umorientierung zu einer klimaverträglichen Energieversorgung erfolgen solle. Unter A 3.5 „Energie" ist festgelegt, dass die Energieversorgung auf eine ökologisch und ökonomisch vertretbare, kernenergiefreie Produktion, einen sparsamen Verbrauch und eine rationelle Verwendung von Energie umgestellt werden solle. Es sollten insbesondere regenerierbare Energieträger einge-

---

508 BVerfGE 76, 107 (118).
509 BVerwGE 31, 263 (264).
510 BVerwGE 90, 329 (335).
511 Bei Darstellung der nds. Landesplanung von 1994/98 wurde das NROG in der dafür maßgeblichen Fassung von 1994 zugrunde gelegt, Nds. GVBl. Nr. 5/1994, S. 125 ff., Nds. GVBl. Nr. 36/1982, S. 370 ff.

setzt werden.[512] Die Planaussagen zur Windenergie sind insoweit allgemein formuliert und können als Grundsätze der Raumordnung verstanden werden. Mit der Verbindlichkeit eines Raumordnungsziels findet die Nutzung der Windenergie im Teil I des LROP's keine Erwähnung. Hingegen regelt die Verordnung zum LROP (Teil II) unter C 3.5 „Energie" als Ziel der Raumordnung unter anderem, dass die Energieversorgung regionsspezifisch so auszugestalten sei, dass die Möglichkeiten der umweltverträglichen Energiegewinnung ausgeschöpft würden. Dabei sei die Möglichkeit der Windenergie voll auszuschöpfen. Sollte trotz Ausschöpfung der Energieeinsparpotentiale und der Potentiale Erneuerbarer Energien die Errichtung eines Großkraftwerkes an einem neuen Standort erforderlich werden, sei unter Einbeziehung räumlicher Alternativen der Vorrangstandort Emden/Rysum (Ostfriesland) zu sichern. In den für die Nutzung von Windenergie besonders geeigneten Landesteilen seien in den RROP Vorrangstandorte für Windenergienutzung mindestens in einem Umfang festzulegen, der folgende Leistung ermögliche: Landkreis Aurich 250 MW, Landkreis Leer 200 MW, Landkreis Wittmund 100 MW, Stadt Emden 30 MW (erwähnt werden hier nur die Gebietskörperschaften Ostfrieslands).[513]

Die Änderung des LROP's im Jahr 1998 enthält für den Bereich „Windenergie" lediglich unter Ziffer C 3.5.05 die Ergänzung, dass die Festlegung von Vorrangstandorten für Windenergienutzung mit dem Ausschluss dieser Nutzung an anderer Stelle im Planungsraum verbunden werden könne. Damit sollte die bloße Binnenwirkung der Festlegung von Vorranggebieten um eine Ausschlusswirkung für das übrige Planungsgebiet erweitert und mit Blick auf die Raumordnungsklausel des § 35 Abs. 3 BauGB die Möglichkeit einer Konzentrationsplanung auf Ebene der Regionalplanung eröffnet werden.

cc) Verbindlichkeit der Landesplanung von 1994/98

Vorranggebiete sind nach allgemeiner Auffassung Ziele der Raumordnung, da sie eine strikte Ausschlusswirkung gegenüber konkurrierenden Nutzungsansprüchen entfalten.[514] Im Sinne der Raumplanungsklausel des § 35 Abs. 3 Sätze 2 und 3 BauGB fehlte es den Aussagen des LROP's aus dem Jahr 1994 insoweit jedoch mangels Festlegung von Konzentrationszonen an Subsumtionsfähigkeit. Die Zielaussagen müssen nämlich sachlich, räumlich und zeitlich hinreichend

---

512 LROP Nds. 1994, Teil I, S. 14, 18.
513 LROP Nds. 1994, Teil II, S. 62.
514 Bönker, in: Hoppe/Bönker/Grotefels, aaO, § 4 Rd. 2 m.w.N.

konkret sein; sie müssen eine Bestimmtheit erreichen, die sie der unmittelbaren Rechtsanwendung zugänglich werden lassen.[515]

In der Landesplanung von 1998 wird die Möglichkeit geschaffen, festgelegte Vorranggebiete gemäß § 7 Abs. 4 Satz 2 ROG mit der Ausschlusswirkung eines Eignungsgebietes zu verbinden. Allerdings ist der Bundesgesetzgeber auf dem Gebiet der Raumordnung grundsätzlich auf die Setzung von Rahmenrecht beschränkt, so dass insoweit lediglich die §§ 1 bis 5 ROG unmittelbar wirksames Bundesrecht beinhalten sollen.[516] Das NROG a. F. beinhaltete jedoch keine transformierende Regelung zu den in § 7 ROG festgelegten Gebietskategorien.[517] Allerdings sei insoweit nach Auffassung des *BVerwG's* eine spezielle landesgesetzliche Ermächtigung nicht erforderlich, wenn sich aus dem übrigen Landesplanungsrecht ergebe, dass der Landesgesetzgeber auch Konzentrationsentscheidungen nach § 35 Abs. 3 Satz 3 BauGB hat zulassen wollen.[518] Die hierzu erfolgte Ergänzung der LROP's dürfte daher ausreichen.

Die Landesplanung aus den Jahren 1994/98 enthielt beabsichtigt keine hinreichende Planungsschärfe; die im LROP von 1994 genannten Mindestkapazitäten waren vielmehr adressiert an die Träger der Regionalplanung. Nach § 6 Abs. 2 NROG a. F.[519] ist die Regionalplanung aus dem LROP zu entwickeln, dessen Ziele der Raumordnung die Planungsträger zu übernehmen haben. In Niedersachsen sind die Landkreise und kreisfreien Städte als Träger der Regionalplanung verpflichtet, für ihren jeweiligen Planungsraum ein RROP als Aufgabe des eigenen Wirkungskreises aufzustellen. Kreisfreie Städte genügen der Verpflichtung durch die Aufstellung eines Flächennutzungsplanes (§ 8 Abs. 1 NROG a. F.).

c) Regionalplanung

Die Regionalplanung ist als überörtliche, koordinierende und überfachliche Planung auf der Grundlage der Landesprogramme und der Landespläne zu verstehen, die ihren Platz zwischen der staatlichen Landesplanung für den Gesamtraum des Landes sowie der gemeindlichen Bauleitplanung hat und die im Wege stetiger Abstimmung mit anderen Planungsträgern verbindliche Raumordnungsziele für die langfristige Gesamtentwicklung einer Planungsregion vorgeben

---

515 BVerwGE 115, 17 (21).
516 Von der Heide, in: Dyong/Arenz/Dallhammer/Bäumler/Hendler, Raumordnung in Bund und Länder, 4. Aufl. 2008, Vorbem. vor §§ 1 bis 5, Rn. 1.
517 Die Gebietskategorien sind seit Juni 2007 in § 3 Abs. 4 NROG geregelt.
518 BVerwGE 118, 33 (38).
519 NROG in der Fassung von 1994, Nds. GVBl. Nr. 5/1994, S. 125 ff., Nds. GVBl. Nr. 36/1982, S. 340 ff.

soll.[520] Der Entwurf des BROG vom 13.06.1962 ließ allerdings zunächst die Regionalplanung unberücksichtigt.[521] Mit der *BT-Drucksache IV/3014* wurde von der Bundesregierung jedoch im Jahr 1965 der Entwurf eines Raumordnungsgesetzes eingebracht, welcher Vorschriften über die Regionalplanung enthielt.[522]

aa) Rechtliche Grundlagen der Regionalplanung

Die Raumordnung habe laut *Faber* lange als schlagendes Beispiel für die Unterdrückung der Kommunen gegolten. Landes- und Regionalplanung würden die eigenverantwortliche Bauleitplanung als Kernstück kommunaler Selbstverwaltung beeinträchtigen.[523] Für Niedersachsen gilt diese Einschätzung jedoch nur eingeschränkt. Im Nordwesten Deutschlands sind nämlich die Landkreise und kreisfreien Städte Träger der Regionalplanung. Allerdings ist es nach § 26 Abs 2 NROG zulässig, die Aufgabe der Regionalplanung auf einen Zweckverband zu übertragen.[524]

Die Regionalplanung berührt schließlich nicht nur die Planungshoheit benachbarter Landkreise, sondern auch die Interessen anderer Körperschaften. Daher sind die kreisangehörigen Gemeinden und Samtgemeinden, die anerkannten Umweltverbände, Nachbarländer und -staaten sowie die für die Landesentwicklung zuständigen Verbände und Vereinigungen zu beteiligen (§ 8 Abs. 3 Satz 1 NROG a. F.). Diesen Körperschaften wird gemäß § 8 Abs. 3 Satz NROG a. F. der Planungsentwurf zur Stellungnahme zugeleitet. Von Planungsträgern sowie anerkannten Umweltverbänden vorgetragene Anregungen und Bedenken sind mit diesen zu erörtern; im Übrigen liegt das Erfordernis einer Erörterung mit sonstigen Beteiligten im Ermessen des Planungsträgers (§ 8 Abs. 3 Satz 5 NROG a. F.).

Raumordnungsprogramme werden häufig wegen ihrer politischen Inhalte in ihren Rechtswirkungen unterschätzt. Der Regionalplan beinhaltet schließlich für nachgeordnete Körperschaften mit Planungsverantwortung zumindest in Teilen eine verbindliche Planungsentscheidung und gilt über die Raumordnungsklauseln des § 35 Abs. 3 BauGB für sonstige Dritte unmittelbar.

---

520 Brohm, aaO, Rd. 16 zu § 37.
521 BT-Drucks. IV/1204, S. 7.
522 BT-Drucks. IV/3014.
523 Faber, Die Macht der Gemeinden, 1982, S. 20.
524 Angesichts der kleinteiligen Struktur der Gebietskörperschaften Ostfrieslands hätte die Bildung von Zweckverbänden für die Wahrnehmung dieser Aufgabe hier an sich der Regelfall sein müssen. Tatsächlich jedoch verfügt sogar der Landkreis Wittmund mit etwa 60.000 Einwohnern über einen eigenen Regionalplan.

Die Festlegung eines Vorranggebietes besitzt die Qualität eines Raumordnungszieles. Der Planungsträger müsse aber raumordnerische Aussagen auch eindeutig als Ziel gewollt haben.[525] Dies mag durch entsprechende Begriffsverwendung im Raumordnungsprogramm indiziert sein. Unklarheiten einer Auslegung gehen jedenfalls zu Lasten des Planungsträgers, denn als Ziel der Raumordnung legt die zeichnerische Darstellung des Vorranggebietes mit Ausschlusswirkung verbindlich fest, welche Bereiche des Planungsraumes regelmäßig für die Nutzung der Windenergie ausgeschlossen sind.[526]

Ein Raumordnungsziel gelte insoweit gesetzmäßig und könne somit nicht durch eine nachfolgende fach- oder bauleitplanerische Abwägung überwunden werden. Die Durchgriffswirkung einer solchen Letztentscheidung verlange deshalb, dass die Abwägung im Rahmen der Aufstellung eines Raumordnungsprogramms den Anforderungen genüge, die auf der Ebene einer Fach- oder Bauleitplanung gelten würden.[527]

Danach müsse überhaupt eine Abwägung stattfinden, in welche sämtliche zu berücksichtigende Belange eingestellt würden.[528] In diese Abwägung sind auch die Interessen nachteilig betroffener Grundeigentümer einzustellen. Dabei berechtige nach Ansicht des *BVerwG's* die Aufgabe einer übergeordneten Planung, das Privatinteresse an der Nutzung der Windenergie auf geeigneten Flächen im Planungsraum verallgemeinernd zu unterstellen und als typisierte Größe in der Abwägung zu berücksichtigen.[529] Es werde dem Planungsträger das Bewusstsein zugestanden, dass die von der Privilegierung ausgeschlossenen Flächen nachweisbar und damit Gegenstand der Abwägung waren.[530] Auf der zweiten Stufe ist die Gewichtung relevanter Belange und ihre sachgerechte Abwägung gegen- und untereinander vorzunehmen.[531] Der Planungsträger hat den Potentialraum zu ermitteln und eine Auswahlentscheidung zu treffen, die einerseits das Gewicht der Privilegierung und andererseits das Wesen der Raumordnung berücksichtigt.[532] Im Plangebiet muss für die Nutzung von Windenergie in substanzieller Weise Raum gegeben sein.[533] Die Raumordnungsbehörde muss insoweit eine gesamtgebietliche Planung beabsichtigen und dürfe sich nicht auf ein bloßes Zu-

---

525 Hoppe, in: Hoppe/Bönker/Grotefels, aaO, § 6 Rd. 9.
526 Vgl. insgesamt Berkemann, aaO, S. 89.
527 OVG Greifswald BauR 2001, 1379 (1382).
528 Durner, Konflikte räumlicher Planungen, 2004, S. 271.
529 BVerwGE 118, 33 (44).
530 Berkemann, aaO, S. 122.
531 BVerwGE 34, 301 (309).
532 OVG Lüneburg BauR 2002, 592 (593).
533 BVerwGE 118, 33 (37).

sammentragen gemeindlicher Eigeninteressen beschränken.[534] Der Regionalplan müsse vielmehr ein gemeindeübergreifendes Konzept umsetzen und dürfe an den politischen Grenzen der Kommunen nicht stoppen.[535]

Dabei müsse die Raumordnung zur Begründung einer Ausschlusswirkung nicht das gesamte Planungsgebiet erfassen, sondern dürfe für die gemeindliche Planung Freiräume vorsehen.[536] Allerdings könne der Raumordnungsplan die Errichtung von Windenergieanlagen in diesen unbeplanten („weißen") Teilgebieten nicht ausschließen, weil es insoweit an einer abschließenden Planungsentscheidung fehle.[537] Ebenso solle die Ausschlusswirkung mangels einer gesamtgebietlichen Konzeption entfallen, soweit die Regionalplanung in zeitlich abgestuften Schritten erfolge;[538] bis zum Abschluss der Gesamtplanung bleibe deshalb die raumordnerische Festlegung auf die innergebietliche Wirkung beschränkt.[539]

Niedersachsen suchte, über Empfehlungen zu Abstandserfordernissen die Regionalplanung in seinen Teilräumen zu nivellieren. Das *Nds. Innenministerium* empfahl differenzierte Abstände und unterschied zwischen Einzelhäusern bis hin zu Hochwasserschutzdeichen nach insgesamt 12 Kategorien.[540] Vor dem Hintergrund der Baurechtsnovelle von 1998 unterrichtete das *Nds. Innenministerium* bereits im Juli 1996 die Träger der Regionalplanung über gebotene Abstände zu Infrastrukturen, Wohngebäuden, militärischen Anlagen und naturschutzrechtlichen Ausschlussflächen. Außerdem sollten zwischen Vorrangstandorten für Windenergienutzung Mindestabstände von 5 km eingehalten werden. Der Erlass weist allerdings auch darauf hin, dass die im LROP von 1994 festgelegten Mindestleistungen erzeugter Windenergie über die Regionalpläne umzusetzen seien.[541] Demgegenüber enthält der Erlass des *Nds. Ministeriums für den ländlichen Raum, Ernährung, Landwirtschaft und Verbraucherschutz* vom 26. Januar 2004 keine detaillierten Abstandsempfehlungen. Bei der Entscheidungsfindung über Vorrangstandorte für Windenergie empfehle sich lediglich, einen Mindestabstand von 1000 m zu Gebieten mit Wohnbebauung und 5000 m zwischen Windparks einzuhalten.[542]

---

534 OVG Lüneburg, NVwZ-RR 2002, 332 (333).
535 BVerwGE 118, 33 (39).
536 Berkemann, aaO, S. 101.
537 Vgl. BVerwG BauR 2006, 495 (496).
538 BVerwGE 118, 33 (39 f.).
539 Mitschang, in: ZfBR 2003, 431 (434).
540 Runderlass d. Nds. MI v. 03.07.1991 in: Nds. MBl. Nr. 26/1991, S. 924–926.
541 Runderlass d. Nds. MI v. 11.07.1996 – 39.1–32 346/8.4 –, S. 1.
542 Runderlass d. Nds. ML v. 26.01.2004 – 303–32 346/8.1 –, S. 2.

Das RROP wird durch Satzung beschlossen und ist der Aufsichtsbehörde gemäß § 8 Abs. 4 NROG a. F. zur Genehmigung vorzulegen. Nach Bekanntmachung tritt der Regionalplan in Kraft.

bb) Regionalplanung des Landkreises Aurich von 1992/2004

Das Inkrafttreten des StrEG's im Jahr 1990 hatte im Gebiet des Landkreises Aurich einen Windkraftboom ausgelöst. Eine erste die Nutzung von Windenergie fördernde Steuerung sollte über Festlegungen im RROP versucht werden.
Das RROP wurde am 20.03.1992 vom Kreistag als Satzung beschlossen und mit Verfügung der Bezirksregierung Weser-Ems vom 13.08.1992 genehmigt. Die Satzung regelt unter § 2, dass das RROP am Tage nach Bekanntmachung im Amtsblatt für den Landkreis Aurich in Kraft tritt. Im Amtsblatt veröffentlicht wurde die Satzung jedoch erst im Jahr 1996.

Das RROP enthält für die Nutzung von Windenergie Einschränkungen lediglich unter dem Gesichtspunkt von Lärmemissionen und Ästethik, als ausschließlich Zwei- und Dreiflügler (als sog. Langsamläufer) zulässig seien. Die Windenergie wurde als Erwerbsalternative für die ortsansässige Bevölkerung gesehen; Abschreibungsgesellschaften sollten nicht zum Zuge kommen können. Vor allem sollte die in einem dynamischen Strukturwandel befindliche Landwirtschaft von der Windenergie profitieren. Das Raumordnungsprogramm lässt die mit Errichtung von Windenergieanlagen einhergehenden Veränderungen des Landschaftsbildes nicht unerwähnt. Es wird auf die Notwendigkeit der Kompensation hingewiesen. Andererseits wurden Windenergieanlagen auch als zukünftiges Wiedererkennungsmerkmal einer windreichen Region verstanden. „Windenergieanlagen brauchen keine Überlandleitungen. Sie sind ein Zeichen für direkte und umweltfreundliche Energienutzung. Die Faszination der Bewegung und die Schönheit der aerodynamischen Gestalt könnten höchstens durch Ungeschicklichkeit beim Entwurf von Turm und Technik gestört werden. Wer z.B. die Poldergebiete in Holland kennt, weiß, wie sehr Windräder die Landschaft prägen und mit ihr zu einer unwechselbaren Einheit werden können. Je nach regionalen Windverhältnissen müssen Windanlagen in Typ und Größe den Gegebenheiten angepaßt werden. Ihr Standort wird stets der windreichste sein. So sagen sie etwas über die Landschaft aus, in der sie stehen, und sie können landschaftstypisch ein weiteres Indentifikationsmerkmal werden".[543]

Die Regionalplanung trifft insoweit eine Grundentscheidung: dem Ausbau der Windenergie könne der öffentliche Belang des Landschaftsbildes regelmäßig nicht entgegen gehalten werden. Beeinträchtigungen der Landschaftsbildes

---

[543] RROP 1992, S. 21.

müssten weitestgehend minimiert werden, sollten aber das Vorhaben nicht ausschließen können. Eingriffe dieser Qualität seien auf der Sekundärebene der Ersatzmaßnahme zu bewältigen.

Von den festgelegten Vorrangstandorten sollte aber keine absolute Konzentrationswirkung ausgehen können. Als Nebenanlagen von landwirtschaftlichen Betrieben blieben Windenergieanlagen zulässig.[544] Die bäuerliche Landwirtschaft, kleinstrukturiert mit einer möglichst extensiven Flächenbewirtschaftung, sollte über die Windenergie erhalten werden. Massentierhaltung wurde mit dem Argument einer Beeinträchtigung des Erholungswertes abgelehnt. So heißt es im RROP, „die Erholungsfunktion beeinträchtigen könnten in Zukunft die Auswirkungen der intensiven Tierhaltung in der Landwirtschaft mit ihrem Anfall von Gülle und der bei der Ausbringung möglichen Geruchsbelästigungen".[545] Windenergie sollte dazu beitragen, eine Industrialisierung der Landwirtschaft zu verhindern. Der touristischen Entwicklung wurde demgegenüber ein prioritärer Rang zugewiesen. Einen Nutzungskonflikt zwischen Windenergie und Tourismus erkannte der Landkreis im Jahr 1992 noch nicht.

Die zeichnerischen Festsetzungen der Regionalplanung enthalten insgesamt 25 Vorrangstandorte für die Nutzung von Windenergie. Der Regionalplan unterstellt bei optimaler Ausnutzung eines Standortes für einen Windpark mit 10 bis 18 Anlagen eine Leistungsmenge von 10 Megawatt (MW). Der Landkreis sah sich öffentlich als „Vorreiter" in Niedersachsen, weil man in der Regionalplanung für die Nutzung von Windenergie Vorrangstandorte festgelegt habe.[546] Die Planaussagen zur Winderneergie sollten eine abgeschichtete Abwägung öffentlicher Belange auf Ebene der Raumordnung abbilden (§ 35 Abs. 3 Satz 2, 2. Halbs. BauGB). Das Planungsamt schrieb den festgelegten Vorrangstandorten insoweit eine Konzentrationswirkung zu, als die Positivausweisung zugleich die Negativaussage implizieren würde, dass außerhalb dargestellter Zonen öffentliche Belange der Errichtung von Windparks entgegenstünden.[547]

Außerdem entsprach die Festlegung von 25 Vorranggebieten bei einer angenommenen Gesamtkapazität von 250 MW der landesplanerischen Maßgabe des LROP's von 1994. Tatsächlich jedoch beinhaltet das im Jahr 1996 durch Veröffentlichung in Kraft getretene RROP keine Anpassung an die Landesplanung. Das LROP von 1994 war der Beschlussfassung des Kreistages im Jahr 1992 über die Regionalplanung zeitlich nachgefolgt. Der späte Veröffentlichungszeit-

---

544 RROP 1992, S. 21.
545 RROP 1992, S. 37.
546 Schöne, aaO, 46 (47).
547 Interview mit dem Leiter des Bauamtes, Dipl.-Ing. Hermann Hollwedel.

punkt wird in der Rückbetrachtung mit diversen Kommunikationsbedarfen in den Gemeinden und erforderlichen Beitrittsbeschlüssen erklärt.[548]

Dabei veranlasste die zwischenzeitlich ergangene Rechtsprechung des *BVerwG*'s zur Privilegierung von Windenergieanlagen nicht zu einer kritischen Überarbeitung des bereits 1992 beschlossenen Regionalplans. Das RROP erzeugte damit gegenüber Landwirten eine tatsächlich unerfüllbare Erwartungshaltung, da nach Ansicht des *BVerwG's* Windenergieanlagen im Regelfall nicht von der Privilegierung landwirtschaftlicher Betriebe umfasst seien. Hinsichtlich der Festlegung von Vorrangzonen jedoch bestand auf der Grundlage der höchstrichterlichen Rechtsprechung zur Windenergie kein Korrekturbedarf. Das Urteil des *BVerwG's* aus dem Jahr 1994 stellt in Bezug auf Windenergieanlagen schließlich nicht die Möglichkeit einer abgeschichteten Abwägung öffentlicher Belange auf Ebene der Raumordnung in Frage (§ 35 Abs. 3 Satz 2, 2. Halbsatz BauGB). Windenergieanlagen hätten daher grundsätzlich gemäß § 35 Abs. 2 BauGB in Verbindung mit den Festlegungen einer Regionalplanung im Außenbereich zugelassen werden können.

Der Entwurf des RROP's aus dem Jahr 2004 intendierte, den Ausbau der Windenergie allgemein verbindlich zu steuern. Als direkt an der Küste liegender Landkreis erfülle die Region optimale Standortvoraussetzungen für Windenergieanlagen, da es sich hier um eine der windreichsten Regionen Deutschlands handele. Zugleich bedürfe es jedoch einer gewissen raumordnerischen Lenkung bei der Errichtung von Windenergieanlagen, um zu einem Interessenausgleich zwischen den vielfältigen Belangen zu kommen. Die Festsetzung von Vorrangstandorten für Windenergieanlagen solle die Privilegierung von Windenergieanlagen im Außenbereich einschränken. Mit der Darstellung von Vorrangstandorten werde zugleich eine Ausschlusswirkung von Windenergieanlagen außerhalb dieser Standorte bewirkt, denn nur durch eine solche Ausschlusswirkung könne das beabsichtigte Ziel zur Bündelung der Windkraftanlagen in den ausgewiesenen Vorrangstandorten Erfolg haben und der Gefahr einer Zersiedlung der Landschaft und einer Beeinträchtigung des Landschaftsbildes, der Belange des Naturschutzes sowie der Erholungsfunktion wirksam entgegen gewirkt werden.[549]

cc) Wirkungsgrad der Regionalplanung

Gemäß § 35 Abs. 3 Satz 3 BauGB vermögen regionalplanerische Aussagen nunmehr, die Rechtslage zur standortbezogenen Zulässigkeit von Windenergieanlagen umfassend und nahezu abschließend zu gestalten. In Niedersachsen

---

548 Interview mit dem Leiter des Bauamtes, Dipl.-Ing. Hermann Hollwedel.
549 RROP-Entwurf, 2004, S. 170.

führt die Kreisverwaltung als Baugenehmigungsbehörde insoweit also nicht nur fremdgesetzte Regeln aus, sondern ist über die Aufstellung von Regionalplänen selbst unmittelbar an der Programmauswahl beteiligt.[550] Der tatsächliche Verbindlichkeitsgrad der Regionalplanung des Landkreises Aurich von 1992/2004 war jedoch insgesamt gering.

Zwar beachtet der Regionalplan von 1992 die Abstandsempfehlungen des Nds. Innenministeriums.[551] Der Festlegung von Vorranggebieten für die Nutzung von Windenergie waren jedoch keine detaillierten Untersuchungen des Planungsraumes insbesondere avifaunistischer Art vorausgegangen. Primäres Kriterium einer Festlegung dürfte die Windhöffigkeit gewesen sein, also das standortabhängige Potential einer Windenergienutzung. Folgerichtig wurden allein 17 Vorranggebiete in Küstennähe festgelegt. Die Bezirksregierung Weser-Ems sah das RROP wegen dieser Abwägungsdefizite nur mit Maßgaben genehmigungsfähig. Damit bestand das Erfordernis eines Raumordnungsverfahrens vor Errichtung eines Windparks fort; die festgelegten Vorranggebiete bedürften einer weiteren Abstimmung.[552] Der Auricher Kreistag war dieser Maßgabe der Bezirksregierung beigetreten. Die Festlegungen zur Windenergie beinhalteten daher ausdrücklich keine Letztabwägung und vermochten schon von daher die Wirkungen einer Raumordnungsklausel nicht auszulösen.

In der Rückschau lassen sich die festgestellten Defizite der raumordnerischen Planaussagen zur Windenergie jedenfalls nicht auf politische Maßgaben oder eine besondere Konfliktlage zurückführen. Die Regionalplanung von 1992 verinnerlicht vielmehr eine gewisse Pauschalität. Das Unterlassen detailscharfer Bewertungen der Standorte sah man offensichtlich gerechtfertigt. Die Nutzung regenerativer Energien wurde als allen naturschutzfachlichen und sonstigen Belangen übergeordnetes Ziel eines wirksamen Umwelt- und Naturschutzes begriffen. Jede Anlage sei eine Ausgleichsmaßnahme für die belastete Umwelt.[553] Die Spezifika betroffener Vogelarten oder der Landschafts- bzw. Denkmalschutz sollten erst einige Jahre später an Bedeutung gewinnen.

Auch der Entwurf des RROP's aus dem Jahr 2004 wäre nur eingeschränkt genehmigungsfähig gewesen. Obwohl der Entwurf detailreich das Verfahren entsprechend einer Empfehlung des Nds. Innenministeriums[554] zur Darstellung der Vorranggebiete erläutert und auf eine kreisumfassende Standortanalyse verweist, genügt dieser Entwurf nicht den Anforderungen eines gesamträumlichen

---

550 Vgl. Oberndorfer, aaO, S. 410.
551 Runderlass des MI v. 03.07.1991 in: Nds. MBl. Nr. 26/1991, S. 924 ff.
552 RROP-Entwurf, 2004, S. 169.
553 Anzeiger für Harlingerland, Ausgabe v. 23.03.1994.
554 Runderlass d. Nds. MI v. 11.07.1996, – 39.1–32346/84 –.

Konzeptes. Tatsächlich wurden lediglich die durch gemeindliche Bauleitplanung ausgewiesenen Vorrangstandorte in das RROP übertragen. Im Rahmen des so genannten Gegenstromprinzips nach § 9 Abs. 2 Satz 2 ROG sind die Flächennutzungspläne zwar in der raumordnerischen Abwägung zu berücksichtigen.[555] Allerdings könne die spezifisch regionalplanerische Abwägung nicht durch eine bloße Addition der gemeindlichen Einzelinteressen ersetzt werden.[556] Die Flächennutzungsplanungen waren aber jeweils auf das Gemeindegebiet als allein maßgeblicher Planungsraum beschränkt. Diese bloß nachrichtliche Übernahme der gemeindlichen Flächennutzungspläne konnte daher mangels eigenständiger Planungsleistung auch keine eigene Verbindlichkeit entfalten.

Mit Beschluss des Kreistages vom 16. Juni 2006 hat der Landkreis Aurich auch wegen der nicht gelösten Problematik „Windenergie" die Regionalplanung gestoppt.

Bis in die Gegenwart verfügt der Landkreis Aurich nicht über eine raumordnerische Steuerung der Windenergie. Die Koordination der Windenergienutzung mittels Ausweisung von Konzentrationszonen lastet deshalb auf den Schultern der Gemeinden als Träger der Bauleitplanung (§ 35 Abs. 3 Satz 3, 1. Halbsatz BauGB).

3. Bauleitplanung

Der Gesetzgeber bestimmte mit der Baurechtsnovelle von 1998 Windenergieanlagen als privilegierte Außenbereichsvorhaben, unterstellte jedoch gleichzeitig das gebietsbezogene Ausmaß dieses Vorrechts der gemeindlichen Bauleitplanung (§ 35 Abs. 3 Satz 3, 1. Halbsatz BauGB). Allein aufgrund der Konzentrationsklausel vermag ein Flächennutzungsplan nunmehr, unmittelbar und verbindlich auf die Regelungen zum Außenbereich durchzugreifen.[557] Der Flächennutzungsplan erlangt damit Außenrechtswirkung und ist nicht nur vorbereitender Teil der Bauleitplanung.[558]

---

555 Hoppe, in: Hoppe/Bönker/Grotefels, aaO, § 6 Rd. 5.
556 BVerwGE 118, 33 (39).
557 Bartlsperger, aaO, S. 142.
558 Halama, in: Halama/Kühl/Klein/Weiss, Windkraft Planung – Nutzen Umweltfragen, 1. Aufl. 1997, S. 13.

a) Rechtliche Maßgaben für eine Konzentrationsplanung

Die in § 35 Abs. 3 Satz 3 BauGB aufgenommene Konzentrationsklausel lässt den Flächennutzungsplan die Rechtslage mitgestalten.[559] Gerade die mit der positiven Ausweisung verbundene Ausschlusswirkung erfordert daher einen äußerst gründlichen Abwägungsprozess.[560]

Als vorbereitender Bauleitplan hat der Flächennutzungsplan zunächst den allgemeinen Anforderungen des öffentlichen Baurechts zu genügen. Die Aufstellung eines Flächennutzungsplans im Sinne des § 35 Abs. 3 Satz 3 BauGB setzt daher ein Planungserfordernis voraus (§ 1 Abs. 3 BauGB). Eine objektiv nicht realisierungsfähige Planung ist gemäß § 1 Abs. 3 BauGB rechtswidrig, weil nicht erforderlich.[561] Dies könne bei fehlender Windhöffigkeit vorliegen, wenn die Gemeinde vor allem Gebiete ausweise, in denen sich der Betrieb von Windenergieanlagen als nicht wirtschaftlich darstellen würde oder wenn erkennbar immissionsschutzrechtliche Grenzwerte einer Umsetzung der Planung von vornherein entgegenstünden.[562]

In formeller Hinsicht ist im Aufstellungsverfahren eines Flächennutzungsplans mit der Wirkung des § 35 Abs. 3 Satz 3 BauGB gerade wegen seiner rechtsgestaltenden Bedeutung die Bürgerbeteiligung besonders zu beachten. Von der Bekanntmachung der Auslegung des Planentwurfs müsse insoweit nach Ansicht des *OVG's Münster* eine spezifische Anstoßwirkung ausgehen; dem Bürger solle mit der Bekanntmachung eine vorläufige Entscheidung darüber ermöglicht werden, ob die vorgesehene Planung für ihn von Interesse sei. Dabei reiche als erster informativer Hinweis die Umschreibung des Planungsvorhabens als Vorrangzone für Windkraftanlagen.[563] Anregungen und Bedenken der Bürger sind insoweit ebenso wie die Stellungnahmen der Träger öffentlicher Belange gerecht abzuwägen (§ 1 Abs. 6 BauGB).

Dem Abwägungsvorgang sollte eine detaillierte Standortanalyse vorausgehen.[564] Das Abwägungsmaterial ist zu sammeln und zu gewichten.[565] Eine Planungsentscheidung kann sich an den Kriterien orientieren: „möglichst windhöffig, möglichst Bündelung von Anlagen, möglichst konfliktarm".[566]

---

559 Halama, aaO, S. 13.
560 Stüer, Handbuch des Bau- und Fachplanungsrechts, 2. Aufl. 1998, Rd. 1538.
561 BVerwGE 84, 123 (128).
562 Vgl. BVerwGE 117, 287 (289 f.).
563 Dazu insgesamt OVG Münster BauR 2002, 887 (888).
564 BVerwGE 117, 287 (298).
565 Brohm, aaO, Rd. 23 zu § 13.
566 Berkemann, aaO, S. 149.

Die Gemeinde kann zur Vermeidung eines Raumwiderstandes Abstände zu Windenergieanlagen auf einen vorbeugenden Immissionsschutz ausrichten.[567] Die Erlasspraxis in den Ländern verführt jedoch oft dazu, die dort genannten Abstandsregelungen als einen absoluten Maßstab anzuerkennen. Dabei beinhalten die Erlasse zur Windenergie im Regelfall nur der Abwägung zugängliche Abstandsempfehlungen und befreien die Kommunen insoweit nicht von einer Planungsentscheidung im konkreten Einzelfall. Überdies sind die Erlasse häufig ausschließlich an die Träger der Regionalplanung gerichtet. Die Festlegung von Tabu-Zonen muss daher städtebaulich begründbar sein.[568] Dies gilt letztlich auch für den Erlass des Nds. Innenministeriums aus dem Jahr 1996, wonach in der Küstenregion zwischen Windparks ein Mindestabstand von 5 km einzuhalten sei. Anerkannt sei allenfalls, dass zwischen Windparks ein angemessener Abstand zu halten sei, damit das Landschaftsbild nicht zu sehr beeinträchtigt werde.[569] Auch könnten Abstände zu naturschutzfachlich bedeutsamen Gebieten nach Maßgabe einer eigenen Umweltschutzpolitik bestimmt werden.[570] So genannte Puffer-Zonen von 500 m zu Europäischen Natura 2000-Gebieten (= Vogelschutz/FFH-Gebiete) führten jedoch in der öffentlichen Diskussion zu der Annahme, solche Abstände liefen allein auf eine faktische Erweiterung des Schutzgebietes hinaus. Eine weitere generelle Restriktion stieß daher auf breite Ablehnung. Allerdings sind wegen des Verschlechterungsverbotes die Auswirkungen eines Vorhabens oder einer Planung auf ein Natura 2000-Gebiet im Rahmen einer Verträglichkeitsprüfung zu untersuchen. Die Anerkennung einer Puffer-Zone hätte daran grundsätzlich nichts geändert. Für standardisiert auf ihre generelle Verträglichkeit hin untersuchte Vorhaben hätte eine solche Abstandsregelung lediglich eine Verwaltungsvereinfachung bedeutet. Letztlich aber bleibt jede Planungsleitlinie der Abwägung zugänglich und gilt nicht gesetzmäßig.

Nachdem die baulichen und sonstigen Nutzungen durch Auswertung vorhandener Flächennutzungsplanung oder sonstiger Planungen festgestellt worden sind, erfolgt eine Abwägung nach Maßgabe öffentlicher und privater Interessen.[571] Die öffentlichen und privaten Belange sind jeweils untereinander, aber auch gegeneinander umfassend abzuwägen.[572] Das Abwägungsgebot wird nicht verletzt, wenn der Planungsträger in der Kollision zwischen verschiedenen Belangen sich für die Bevorzugung des einen und damit notwendig für die Zurück-

---

567 OVG Münster BauR 2006, 816 (818).
568 OVG Koblenz NuR 2003, 558 (562).
569 OVG Lüneburg NuR 2000, 49 (50).
570 BVerwGE 117, 287 (301).
571 Berkemann, aaO, S. 148 ff.
572 Brohm, aaO, Rd. 13 zu § 13.

stellung eines anderen entscheidet.[573] Die Gemeinde dürfe sich jedoch nicht primär von politischen Zielsetzungen leiten lassen.[574] Wirtschafts- oder arbeitsmarktpolitische Erwartungen könnten deshalb nur bei hinreichender Konkretheit Berücksichtigung finden. Dabei müsse die angenommene Entwicklung als Prognose zumindest verständlich sein.[575] Die Wahrscheinlichkeitsanalyse müsse insoweit auf Tatsachen aufbauen und die prognostizierten Entwicklungen plausibel machen.[576] Hier zeigt sich eine Linie in der Rechtsprechung, äußerst kritisch jeden in die Abwägung eingestellten Belang darauf zu überprüfen, ob sich dahinter nicht tatsächlich eine bloße Verhinderungsplanung versteckt. Die Bevorrechtigung von Windenergieanlagen im Außenbereich nimmt der Gemeinde die Möglichkeit einer bloßen Abwehrplanung ohne gleichzeitige positive Ausweisung.[577] Der Gesetzgeber hat sich generell gegen eine Steuerung von Windenergieanlagen durch Negativplanung (= Belastungsflächen) entschieden.[578] Eine bloße „Feigenblatt-Planung" liefe faktisch auf eine Verhinderungsplanung hinaus[579] oder wie es *Halama* ausdrückt, „die Gemeinde macht von ihrem planerischen Gestaltungsspielraum fehlerhaften Gebrauch, wenn sie, ohne daß entgegenstehende gewichtigere andere Belange dies rechtfertigen, Windkraftanlagen generell ausschließt oder die Ausweisung (Stichwort: Briefmarkenformat – Ausweisung) als Mittel benutzt, um unter dem Deckmantel einer räumlichen Steuerung Windkraftanlagen in Wahrheit zu verhindern".[580]

Überhaupt habe die Gemeinde in einer Gegenprüfung zu untersuchen, welche Gründe es nach ihrer Ansicht rechtfertigen, den übrigen Planungsraum freizuhalten.[581] Tatsächlich trifft die Kommune nämlich mit Darstellung einer Konzentrationszone im Flächennutzungsplan vor allem eine Entscheidung zu Lasten der Grundeigentümer, deren Flächen außerhalb der Konzentrationszone liegen. Die Sonderbaufläche hebt die Privilegierung für den übrigen Außenbereich regelmäßig auf und lässt den Wert dieser Flächen um ein Vielfaches fallen. Die Planung hat deshalb nicht nur auf ein ausgewogenes Verhältnis zwischen der positiven Ausweisung und den Ausschlussgebieten zu achten, sondern muss letztlich auch insgesamt ergebnisoffen sein. Vorfestlegungen der Planungsträger können daher Abwägungsfehler indizieren. Jeder potentiell geeignete Teilraum

---

573 BVerwGE 34, 301 (309).
574 OVG Münster BauR 2002, 886 (890).
575 BVerwG ZfBR 2001, 287 (287).
576 BVerfGE 50, 290 (332).
577 OVG Münster BauR 2002, 886 (888).
578 Siehe hierzu BT-Drucks. 15/2250, 13 (48).
579 OVG Lüneburg BauR 2002, 895 (896).
580 Halama, aaO, S. 12.
581 Jung, in: Schrödter, Kommentar zum BauGB, 7. Aufl. 2006, Rd. 58 zu § 5.

muss vielmehr die Chance erhalten, zur Sonderbaufläche für Windenergienutzung gekürt zu werden. Häufig finden sich zudem in einem Flächennutzungsplan weitere Festlegungen zur Höhe, Anzahl und Leistungskapazität der in der Konzentrationszone installierbaren Windenergieanlagen. Angesichts der Weitenwirkung von Windenergieanlagen sei über den Flächennutzungsplan eine höhenmäßige Begrenzung zulässig, soweit dies städtebaulich begründbar sei.[582] Im Übrigen seien konkrete Standortvorgaben für einzelne Windenergieanlagen dem Bebauungsplan vorbehalten.[583] So könne die Gemeinde den Abstand der Anlagen nach Rechtsprechung des *OVG's Münster* untereinander steuern, indem sie Baugrenzen festsetzt, innerhalb derer jeweils nur eine Anlage Platz finde. Mit der Festsetzung solcher Standorte lasse sich die Zahl der errichtbaren Windenergieanlagen in einem Vorranggebiet bestimmen.[584] Demgegenüber erscheint eine Beschränkung der Leistungskapazität ausgeschlossen, weil keine Umstände denkbar sind, die ein städtebauliches Bedürfnis nach Reglementierung insoweit zu begründen vermögen. Darüber hinaus sind detaillierte Regelungen zu Anlagentypen, maximaler Nennleistung, Betriebszeiten oder anderweitiger Schaltvorrichtungen nur über einen Durchführungsvertrag im Rahmen eines Vorhaben- und Erschließungsplans vereinbar.[585] Die Festsetzungen des Bebauungsplanes dürfen jedoch Aussagen des Flächennutzungsplanes nicht konterkarieren. Deshalb darf eine nach dem Flächennutzungsplan grundsätzlich geeignete Fläche nicht mittels eines Bebauungsplanes faktisch ungeeignet gemacht werden. Die Begrenzung der Anlagenhöhe oder -zahl dürfe daher nicht zur Unwirtschaftlichkeit entsprechender Bauabsichten führen.[586]

b) Konzentrationsplanung der Auricher Kommunen

Vor der Baurechtsnovelle des Jahres 1998 waren bauleitplanerische Entscheidungen zur Windenergie im Landkreis Aurich die Ausnahme. Mit der Konzentrationsklausel stellte der Gesetzgeber jedoch die Reichweite des in § 35 Abs. 1 Nr. 7 BauGB festgeschriebenen Vorrechts von Windenergieanlagen zur gebietsbezogenen Disposition der Kommunen und erklärte damit das eingeräumte Privileg in seinem Umfang auch einer kommunalpolitischen Bewertung zugänglich.

---

582 OVG Münster BauR 2007, 517 (518).
583 Jung, aaO, Rd. 69 zu § 5.
584 OVG Münster NuR 2004, 321 (323).
585 Berkemann, aaO, S. 223; vgl. OVG Lüneburg Urt.v. 24.03.2003 – 1 LB 3571/01 –, juris.
586 Reshöft/Brandt, aaO, S. 44.

Die Privilegierung von Windenergieanlagen unter kommunalem Planungsvorbehalt sollte daher bei den Gemeinden Planungsaktivität auslösen. Allerdings ist der Betrieb von Windenergieanlagen im Kreisgebiet unterschiedlich attraktiv und lässt den Koordinantionsbedarf durch Bauleitplanung erheblich divergieren. Der Landkreis Aurich lässt sich unter dem Gesichtspunkt der Windhöffigkeit in zwei Teilbereiche unterscheiden. Küstenraum und Inseln verfügen mit einer Windgeschwindigkeit von durchschnittlich mehr als 7 m/s über die windreichsten Standorte. Diese Windhöffigkeit hat an der Küste zu einer überdurchschnittlichen Konzentration installierter Windenergieanlagen geführt. In den vier Küstengemeinden sind zum Zeitpunkt der Konzentrationsplanung im Jahr 1998 bereits 231 Windenergieanlagen errichtet und weitere 61 genehmigt. Im der Küste nachgelagerten Raum nimmt die Anlagenkonzentration hingegen deutlich ab. Bei einer Windgeschwindigkeit von im Jahresdurchschnitt etwa 5 m/s sind in den acht Gemeinden im Jahr 1998 nur 50 Anlagen gebaut worden. Eine wirksame Konzentrationsplanung dürfte deshalb vor allem im Interesse der Küstenorte gelegen haben.

Abgesehen von der Stadt Aurich haben alle sonstigen Kommunen des Festlandes ihre Konzentrationsplanung innerhalb der Übergangsvorschrift des § 245b BauGB bis zum 31.12.1998 abgeschlossen. Trotz hervorragender Windverhältnisse können allerdings die drei Inselgemeinden nicht auf eine Konzentrationsplanung verweisen. Die Inseln liegen nämlich im Nationalpark „Niedersächsisches Wattenmeer" und müssen insgesamt wohl als Restriktionsraum bewertet werden; der Errichtung von Windenergieanlagen dürften durchweg Naturschutzbelange entgegenstehen.[587] Da § 35 Abs. 3 Satz 3 BauGB die regelmäßige Ausschlusswirkung aber an eine Positivausweisung knüpft, muss eine Konzentrationsplanung hier mangels potentiell geeigneter Flächen entfallen.[588]

Der Dezember 1998 wurde ansonsten zum „Monat des Flächennutzungsplanes". Lediglich die Gemeinde Großefehn konnte ihre Planung zur Konzentration der Windenergienutzung bereits im Juli 1998 mit Veröffentlichung im Amtsblatt für den Landkreis Aurich wirksam werden lassen. Die übrigen Gemeinden veröffentlichten ihren Flächennutzungsplan mit den letzten Ausgaben des Amtsblattes des Jahres 1998.[589] Eine gewisse Hektik ließ sich nicht leugnen. So fasste die

---

587 Trotzdem wurden auf Norderney in den 1980iger Jahren vier Anlagen errichtet. Einer dieser Anlagen fehlte offensichtlich die technische Reife; sie „zerlegte sich in ihre Einzelteile". Ein Rotorblatt durchschlug die Hauswand und blieb in dieser unmittelbar über dem Wohnzimmersofa stecken.
588 Vgl. OVG Lüneburg ZfBR 2002, 268 (269).
589 Die Stadt Norden ließ ihren Flächennutzungsplan im November 1998 veröffentlichen.

Samtgemeinde Dornum[590] den Beschluss zur Änderung des Flächennutzungsplanes am 23. Juli 1998.[591] Der geänderte Flächennutzungsplan wurde am 07. Dezember 1998 der Bezirksregierung Weser-Ems zur Genehmigung vorgelegt, am selben Tag genehmigt und sollte mit Veröffentlichung im Amtsblatt des Landkreises Aurich am 18. Dezember 1998 wirksam werden.[592]

c) Wirkungsgrad der Flächennutzungspläne

Die Flächennutzungspläne enthalten in den allgemeinen Teilen nahezu wortgleiche Passagen, was auch auf den Umstand zurückzuführen ist, dass das Amt für Planung und Naturschutz des Landkreises Aurich die Bauleitplanung gegen Honorar erarbeitet hatte. Einen Schwerpunkt restringierender Aspekte bilden Belange des Landschafts- und Naturschutzes. Allerdings besitzen die planungsrelevanten Gesichtspunkte in rechtlicher Hinsicht eine unterschiedliche Durchsetzungskraft. Harte Kriterien, wie die Vorschriften des Immissionsschutzes, sind Ausschlussfaktoren und lassen mit mathematischer Genauigkeit Tabu-Zonen entstehen. Mangels einer Entscheidungsalternative besteht hier kein politischer Wertungsspielraum. Weiche Planungskriterien, wie das Landschaftsbild, Abstände zu Wohngebäuden[593] und naturschutzfachlich wertvollen Gebieten, sind hingegen grundsätzlich einer politischen Abwägung zugänglich. Dem Planungsträger wird hier durchaus die Möglichkeit eingeräumt, gesellschaftliche Stimmungen in die Abwägung einfließen zu lassen. Die Kommunen haben auf der Planungsebene mithin das Recht zu einer eigenen Umwelt- und Wirtschaftspolitik, dürfen aber auch einen etwaigen Raumwiderstand angemessen berücksichtigen.[594]

aa) Erhalt des Landschaftsbildes

Die Konzentrationsplanung sollte einen „Wildwuchs" von Windenergieanlagen verhindern. Dies folge aus der Verantwortung für die Ausweisung von Wohn- und Arbeitsstätten, den Erhalt von Natur und Landschaft und durch die im RROP zugewiesene Entwicklungsaufgabe „Erholung".[595] Teilweise wollte man gar eine Unvereinbarkeit von Windenergieanlagen in Gewerbe- und Industriege-

---

590 Die Samtgemeinde wurde im Jahr 2003 aufgelöst; aus den vier Mitgliedsgemeinden entstand die Gemeinde Dornum.
591 F-plan der Samtgemeinde Dornum 1998, S. 1.
592 Amtsblatt für den Landkreis Aurich, Nr. 44, 18.12.1998, S. 206.
593 Jenseits der immissionsschutzrechtlich zwingenden Abstände.
594 Vgl. hierzu Ausf. auf den Seiten 113 ff.
595 F-plan der SG Brookmerland, 1998, S. 14.

bieten erkannt haben und erwartete bei entsprechender Ausweisung Konflikte. „Dadurch werde das Gewerbegebiet für Ansiedlungswillige entwertet".[596] Man fürchtete Nutzungskonflikte insbesondere Nachteile im Tourismusmarkt. „Unsere Gäste, ob sie mit dem Zug oder mit dem Auto anreisen, werden auf jeden Fall zuerst von den Windanlagen begrüßt".[597] Der Eigenart des Landschaftsbildes komme eine besondere Bedeutung zu. Ein Eigenartverlust umfasse nicht nur die Änderung von Naturnähe und Vielfalt, sondern auch die Zerstörung und den Verlust von Kulturgut.[598] Mit der Errichtung von Windkraftanlagen sei eine Beeinträchtigung der visuellen Erlebbarkeit gegeben. Die eigentümlichen Landschaften stellten für den erholungssuchenden Touristen einen wesentlichen Anziehungspunkt dar.[599] Windenergieanlagen sollten danach nicht allein visuell wirken.[600] Deshalb beabsichtige man, mit einer Konzentrationsplanung, „noch vorhandene größere Freiräume im Sinne des Erholungswertes dieser einzigartigen Küstenregion freizuhalten, denn Windkraftanlagen stellen auch technische Bauwerke dar, die wegen ihrer Größe, Gestalt, Rotorbemessung und Reflexe weithin auffallen und die Identität der Landschaft beeinträchtigen können". Windenergieanlagen werden in diesem Kontext als gewerbliche und, je nach räumlicher Konzentration, als industrielle Anlagen gesehen.[601]

Der Landkreis hatte in Abstimmung mit den Gemeinden ein Gutachten zur Bewertung des Einflusses von Windenergieanlagen auf das Landschaftsbild in Auftrag gegeben. Das Gutachten klassifiziert den Landschaftsraum in den Kategorien „empfindlich" bis „wenig empfindlich".[602] Für das gesamte Kreisgebiet wurde lediglich ein Anteil von 2 % als „wenig empfindlich" eingestuft.[603] In der empfindlichsten Stufe werden Windenergieanlagen nahezu kategorisch ausgeschlossen. Das Gutachten sollte bei der Aufstellung der Bauleitpläne maßgeblich werden.

Diese Bewertungen sollten ein zunächst subjektives Kriterium soweit objektivieren, dass es überprüfbaren Entscheidungen zugrunde gelegt werden könne. Die Begutachtung von *Wöbse* änderte jedoch nichts an der Individualität der Perspektive und war im Ergebnis nicht geeignet, das Misstrauen gegen das Planungskriterium „Landschaftsbild" zu beseitigen. Wertende Aussagen zum Landschaftsbild standen im Verdacht, sie dienten aufgrund eines hohen subjektiven

---

596 OK, Ausgabe v. 09.04.1997.
597 OK, Ausgabe v. 10.04.1997.
598 F-plan der SG Dornum, 1998, S. 16.
599 F-plan der SG Dornum, 1998, S. 6.
600 Vgl. Wöbse, in: Landschaft und Stadt, 1981, 152 (155).
601 Im Ganzen hierzu F-plan der SG Dornum, 1998, S. 16.
602 Wöbse, Wöbes-Gutachten, 1996, S. 54.
603 Wöbse, Wöbse-Gutachten, aaO, S. 41.

Grades allein dazu, windenergetische Nutzungen von Teilräumen aus nicht genannten Gründen zuzulassen oder abzulehnen. Eine Stimmung allseitigen Misstrauens findet in der folgenden Berichterstattung des *Ostfriesischen Kuriers* aus dem Jahr 1998 seinen Ausdruck: „Unglaublich: Innerhalb nur eines Jahres haben Gutachter des Landkreisamtes für Planung und Naturschutz (Untere Naturschutzbehörde) denselben Landschaftsraum bezogen auf dessen ökologische Bedeutung grundlegend unterschiedlich beurteilt".[604] „Beeinträchtigungen sieht aber Wöbse. Er sieht das Landschaftsbild derart geschädigt, daß er das Areal zur Tabu-Zone erklärte. Angeblich soll er in einem ersten Entwurf diese Flächen noch für durchaus tauglich gehalten haben (gelb gefärbt) später aber nicht mehr (dunkelgrüne Fläche, das heißt Tabu-Zone). Wöbse soll, entgegen Verwaltungsbeteuerungen, vor Erstellung seines Gutachtens über geplante beziehungsweise beantragte Standorte für Windenergieanlagen informiert gewesen sein. Stimmen diese (offensichtlich nicht beweisbaren) Behauptungen, taucht die Frage auf, ob sie Einfluß auf das Ergebnis seines Gutachtens hatten? Welches Gewicht hat der Papst unter den Landschaftsgutachtern? Geht Landschaftsschutz über alles? Entscheidet der Landkreis, dann ja".[605]

Die Verbindlichkeit des Gutachtens zur Bewertung der Auswirkungen von Windenergieanlagen auf das Landschaftsbild wurde deshalb in Frage gestellt. Die Gemeinde Großefehn bezweifelte die Aussagekraft des Gutachtens aus grundsätzlichen Erwägungen. Das im Jahr 1995 in Auftrag gegebene Gutachten zur Bewertung des Einflusses von Windenergieanlagen auf das Landschaftsbild werde kritisch bewertet und als wenig hilfreich bei der Ermittlung der Potentialflächen eingeschätzt. Es fehle an einer schlüssigen Definition der Begriffe „Vielfalt, Eigenart und Schönheit"; die Bewertung des Kriteriums „Schönheit" stütze sich allein auf das subjektive Empfinden und sei deshalb von sehr geringer Objektivität.[606]

Der Erhalt noch vorhandener Freiräume sollte in Gemeinden mit einer hohen Anlagendichte über die Ausweisung vorbelasteter Gebiete erreicht werden. Die Gemeinde Krummhörn stellt denn auch im Erläuterungsbericht zum Flächennutzungsplan fest, „mit den jetzigen Einzelanlagen hat der Außenbereich die Belastungsgrenze erreicht".[607] So verfügten die ausgewiesenen Vorrangflächen in diesen Gemeinden regelmäßig über einen geringen Raum für zusätzliche Windenergieanlagen und beinhalteten faktisch eine (zeitlich befristete) Verhinderungsplanung. Die Samtgemeinde Brookmerland sah sich jedoch bereits mit der

---

604 OK, Ausgabe v. 12.02.1998.
605 OK, Ausgabe v. 25.03.1998.
606 F-plan der Gemeinde Großefehn, 1998, S. 9.
607 F-plan der Gemeinde Krummhörn, 1998, S. 15.

Errichtung von 11 Windenergieanlagen erheblich belastet. Unter Hinweis auf die durch gerichtlichen Vergleich erstrittenen drei Windenergieanlagen wird die Ausweisung von Vorranggebieten damit begründet, dass „aufgrund der durch das Gericht geschaffenen Tatsachen es sich anbietet, diesen Bereich abschließend im Flächennutzungsplan als Sonderbaufläche auszuweisen".[608] „Gegen den Standort spreche zwar das Wöbse-Gutachten (es weist den Bereich als hochempfindlich aus), jedoch habe das Gericht, so der Bürgermeister, Fakten geschaffen, die in der Abwägung nicht mehr wegzuwägen sind".[609]

Verwaltungsgerichte sind aber nicht Träger der Bauleitplanung. Der Umstand, dass die ausgewiesene Sonderbaufläche mit drei Anlagen bereits überwiegend verbraucht war, stand grundsätzlich ihrer Ausweisung nicht entgegen. Eine Präjudiz für die Bauleitplanung wird dadurch aber nicht begründet und eine sachgerechte Abwägung nicht entbehrlich. Die Samtgemeinde war jedoch entschlossen, keine weiteren Belastungen durch Ausweisung zusätzlicher Standorte für Windenergieanlagen zuzulassen. Die Fläche sei bereits konkurrierenden Nutzungen entzogen; ihre Ausweisung als Sonderbaufläche falle letztlich nicht mehr besonders ins Gewicht. Folgerichtig wird die Änderung des Flächennutzungsplanes im Jahr 2005 mit den Abwägungsfehlern der vorherigen Bauleitplanung begründet.

Die Behandlung des Kriteriums „Landschaftsschutz" gewann auch durch den Erlass des *Nds. Innenministeriums* zum Mindestabstand zwischen Windparks jedenfalls in Bezug auf den bereits durch Windenergieanlagen überprägten Küstenraum Ostfrieslands nicht wesentlich an Rechtssicherheit.

Das *VG Oldenburg* stellte im Rahmen einer inzidenter Überprüfung eines Flächennutzungsplanes eine mangelnde Befassung mit den im Gemeindegebiet bereits errichteten Windparks fest. Es fehle bei der Ermittlung des Abwägungsmaterials und beim Abwägungsvorgang eine Auseinandersetzung mit den zum Zeitpunkt der Beschlussfassung im Gemeindegebiet bereits vorhandenen Windparks und den Windparks außerhalb der Gemeindegrenze, die im Zusammenwirken Auswirkungen auf abwägungsrelevante Belange haben könnten.[610] Nach dem Erlass des Nds. Innenministeriums aus dem Jahr 1996 sollten zwischen einzelnen Vorrangstandorten für Windenergienutzung Mindestabstände von 5 km eingehalten werden.[611] Für die Küstenregion hat das *OVG Lüneburg* zunächst einen Mindestabstand von 5 km zwischen Windparks als „unabdingbar" erach-

---

608 F-plan der Gemeinde Krummhörn, 1998, S. 16.
609 OK, Ausgabe v. 06.06.1998.
610 VG Oldenburg, Urt.v. 07.03.2002 – 4 A 1324/00 –, S. 8, n.v.
611 Runderlass d. Nds. MI vom 11.07.1996 – 39.1–32346/8.4 –, S. 2.

tet.[612] Die großen Sichtweiten, die topographische Besonderheit des Küstenraums ließen sich in ihrer Einzigartigkeit nur durch Sichtkorridore erhalten. Dies könne jedoch nicht zu einer strikten Beachtung von Abstandserlassen führen. Sichtbeziehungen könnten durch Besonderheiten der Landschaft oder Vorbelastungen wie Hochspannungsmasten durchbrochen werden. Die mit Erlass des *Nds. Innenministeriums* festgelegten 5 km könnten daher allenfalls einen Orientierungswert darstellen.[613] Im Erläuterungsbericht der Flächennutzungsplanänderung bleiben die in den Nachbargemeinden gelegenen Windparks jedoch gänzlich unerwähnt. Zwischen den relevanten Windparks besteht eine Distanz von nur 1,3 km. Diese „ungenügende Ermittlung des Abwägungsmaterials führe zu einem erheblichen Fehler im Abwägungsvorgang, der auf die Rechtmäßigkeit der Planung durchschlägt".[614]

Nach dem Urteil des *VG Oldenburg* zur Änderung des Flächennutzungsplanes musste sich die Gemeinde also dezidert mit den Abständen zu anderen Windparks auseinandersetzen. In dem daraufhin beschlossenen Flächennutzungsplan anerkannte die Kommune zwar grundsätzlich die Notwendigkeit von weiten Sichtkorridoren zwischen größeren Ansammlungen von Windenergieanlagen. Der geringe Abstand zum Windpark in der Nachbargemeinde wurde jedoch als irrelevant erachtet, weil es sich de facto bereits um einen Park handele. Eine Verschiebung des vorhandenen Windparks in westlicher Richtung würde außerdem dazu führen, dass der einzig freie Raum beeinträchtigt werde. Mit dieser Begründung wies die Gemeinde erneut die mit dem errichteten Windpark belegte Fläche als Konzentrationszone für Windenergie aus. Tragisch: das *VG Oldenburg* verwarf den Flächennutzungsplan im September 2005 erneut inzidenter.[615]

bb) Belange des Naturschutzes

Der aktuelle Flächenverbrauch durch unkoordinierte Errichtung von Windenergieanlagen wird offensichtlich, wenn man aus der Perspektive eines Besuchers der Insel Norderney auf das Festland blickt. Die 62 Windenergieanlagen auf dem Gebiet der Gemeinde Dornum prägen den Horizont. Diese Windenergieanlagen stehen im windhöffigen Küstenraum und damit oft aber auch in naturschutzfachlich sensiblen Gebieten.[616] Bereits Mitte der 1990iger Jahre konnten

---

612 OVG Lüneburg NVwZ 1999, 1358 (1359).
613 OVG Lüneburg NVwZ 2001, 452 (452).
614 VG Oldenburg, Urt.v. 07.03.2002, aaO, S. 10, n.v.
615 Hierzu insgesamt VG Oldenburg, Urt.v. 22.09.2005 – 4 A 5202/03 –, n.v.
616 Vgl. Schreiber, aaO, S. 162.

Störwirkungen auf Rast- und Brutvögel belegt werden.[617] Dem Landesamt für Ökologie wurden schon im Jahr 1995 Bestandserhebungen für den Küstenraum vorgelegt. Das Nds. Umweltministerium verwarf jedoch den Vorschlag des Landesamtes für Ökologie, einen fünf Kilometer breiten Küstenstreifen ganz von der Windenergienutzung freizuhalten.[618]

Die Gemeinde Krummhörn hatte mit der 7. Änderung des Flächennutzungsplanes im Jahr 1998 zwei Sonderbauflächen für die Errichtung von Windenergieanlagen ausgewiesen, in denen bereits seit Anfang der 1990iger Jahre Windparks betrieben wurden. Diese Konzentrationszonen befinden sich in unmittelbarer Nähe zur Küste. Dabei sollte der Windpark „Pilsum" als „Demonstrativvorhaben" dienen und wurde öffentlich als Naturenergiepark bezeichnet.[619] Zu diesem Zeitpunkt musste jedoch bekannt gewesen sein, dass die Windparks inmitten eines avifaunistisch hochwertvollen Bereichs in der Qualität eines EU-Vogelschutzgebietes liegen. Das Meldeverfahren gemäß Art. 3 Abs. 2 der EG-Vogelschutzrichtlinie vom 02. April 1979 stand demzufolge kurz vor seiner Einleitung. Eine Ausweisung als Vorrangstandort für Windenergienutzung hätte daher unterbleiben müssen. Die Änderung des Flächennutzungsplanes im Jahr 2004 berücksichtigt daher bei der Ausweisung von Vorranggebieten mit der Zweckbestimmung „Windenergie" diese Standorte nicht mehr.

Angesichts einer hohen Konzentration unkoordiniert errichteter Windenergieanlagen ist die planerische Grundentscheidung verständlich, lediglich überwiegend bebaute Flächen als Konzentrationszonen auszuweisen. Flächennutzungspläne wurden über bereits windenergetisch genutzte Bereiche gelegt. Dabei wurden allerdings teilweise Belange des Naturschutzes ignoriert, als wenn die bereits installierten Anlagen nicht nur den Raum überprägen, sondern auch naturschutzfachlich umfassend entwerten würden.

Im Jahr 2000 kartierten *Melter/Schreiber* die bedeutendsten Brut- und Rastvogelgebiete der ostfriesischen Nordseeküste. Entlang der gesamten Küstenlinie des Landkreises Aurich ließen sich hohe avifaunistische Wertigkeiten nachweisen.[620] *Schreiber* stellte fest, dass eine gravierende Dauerbeeinträchtigung von den teilweise deichnah errichteten Windparks ausgehe, die große Flächen als Rastgebiet für Offenlandvögel unbrauchbar machten. Das Gebiet erreiche eine Breite von bis zu vier Kilometern.[621] Mit Schreiben der EU-Kommission aus April 2006 wird Deutschland angemahnt, unter anderem den überwiegend im

---

617 Schreiber, aaO, 161 (163); Clemens/Lammen, aaO, 34 (38).
618 OZ, Ausgabe v. 20.01.1995.
619 ON, Ausgabe v. 27.01.1988; das Projekt wurde mit 50 % der Investitionskosten durch das Land Niedersachsen gefördert.
620 Melter/Schreiber, Wichtige Brut- und Rastvogelgebiete in Nds., 2000, S. 55, 63.
621 Hierzu insgesamt Schreiber, aaO, 161 (162).

Küstenraum des Landkreises Aurich liegenden Bereich „Norden-Esens" mit insgesamt weit über 10.000 ha als EU-Vogelschutzgebiet zu melden. Die dargestellten Vorrangflächen für die Windenergienutzung in der Stadt Norden und der Samtgemeinde Hage liegen überwiegend in diesem Vogelschutzgebiet.[622]

cc) Vorfestlegungen

Sonderbauflächen mit einem geringen Potential können als Indiz für eine so genannte „Feigenblatt-Planung"[623] gewertet werden. Wenn auch die Gemeinde nicht verpflichtet ist, das Interesse an einer Windenergienutzung bestmöglich zu fördern,[624] so darf ihre Konzentrationszone nicht Ausdruck einer Verhinderungsplanung sein. Die Samtgemeinde Brookmerland hatte in ihrem Flächennutzungsplänen einen Standort ausgewiesen, der für maximal fünf Anlagen moderner Bauart Raum besaßen. Auch die Gemeinde Südbrookmerland erklärte die Absicht, ihrer Verantwortung für den Ausbau der Windenergie mit der Änderung des Flächennutzungsplanes gerecht zu werden.[625] Allerdings wolle man die Fehler benachbarter Gemeinden bei der Steuerung von Windenergieanlagen vermeiden.[626] Eine raumordnerische Vorgabe besteht für die Gemeinde Südbrookmerland nicht. Der Standort bietet Raum für maximal drei Windenergieanlagen (= 4,5 MW). Angesichts dieses geringen Potentials erscheint das Flächenverhältnis hier kritisch. Eine solche Flächenbilanz oder gar der gänzliche Ausschluss windenergetischer Nutzung im Gemeindegebiet wäre an sich nur auf der Grundlage einer gemeindeübergreifenden Planung nach § 204 BauGB oder Regionalplanung begründbar gewesen. Nach Auffassung des *BVerwG's* ist denn auch eine Fläche abwägungsfehlerhaft, die lediglich maximal drei Windenergieanlagen (= etwa 8 ha) aufnehmen könne.[627] Für das *OVG Lüneburg* ist die Ausweisung von nur 6,1 ha bei einem Gemeindegebiet von 77 km² Größe bereits mit Abwägungsfehlern behaftet.[628] Die Gemeinde Südbrookmerland besitzt eine Größe von 96,82 qkm.

Allerdings verbietet sich eine pauschale Betrachtung allein nach der Flächengröße des Planungsträgers. Das Volumen der dargestellten Sonderbaufläche muss vielmehr im Verhältnis zu den potentiell für Windenergienutzung geeigne-

---

622 Die Nachmeldung im Jahr 2007 klammerte diese Vorranggebiete „Windenergienutzung" aus; die Bewertung durch die EU-Kommission bleibt abzuwarten.
623 OVG Lüneburg BauR 2002, 895 (895 f.).
624 Berkemann, aaO, S. 146.
625 F-plan der Gemeinde Südbrookmerland, 1998, S. 2.
626 F-plan der Gemeinde Südbrookmerland, 1998, S. 16.
627 BVerwG NVwZ 2005, 211 (211).
628 OVG Lüneburg ZfBR 2002, 362 (363).

ten Gebieten ausgewogen erscheinen. Für die Flächenbilanz sei vielmehr die Relation zwischen Positiv- und Negativflächen im Planungsraum Bezugsgröße.[629] Naturschutzfachliche Bewertungen auf der Grundlage der Untersuchungen *Schreibers*, ausgewiesene Naturschutzgebiete oder gemeldete Natura 2000- Gebiete, hohe Empfindlichkeiten des Landschaftsbildes sowie immissionsschutzrechtlich einzuhaltende Abstände reduzierten den Suchraum in der Gemeinde Südbrookmerland erheblich. Positiv- und Negativkriterien führten dort zu dem Ergebnis, dass im Gemeindegebiet lediglich ein Standort für einen Windpark in Betracht kommen konnte.[630]

Auch wenn der Gemeinde eine eigene Umweltpolitik zusteht und aus dem Gesichtspunkt eines vorbeugenden Immissionsschutzes die empfohlenen Abstände zur Wohnbebauung überschritten werden dürfen, so verbietet es sich allerdings aus dem Rechtsgedanken des § 35 Abs. 3 Satz 3 BauGB heraus, diese Belange als Instrument einer versteckten Verhinderungsplanung einzusetzen. Die Stadt Norden durfte gemäß der Leitlinie der Eingriffsregelung des Niedersächsischen Naturschutzgesetzes bei der Errichtung von Windenergieanlagen vom 21.06.1993 eine 500-Meter-Pufferzone zu den vor dem Deich liegenden Brut- und Rastvögelgebieten festlegen.[631] Und der Gemeinde Großefehn war es nicht verwehrt, im Sinne eines vorbeugenden Immissionsschutzes Abstände zu Siedlungsgebieten und Einzelhäusern von 750 m zu bestimmen, obwohl der damals aktuelle Abstandserlass des Nds. Innenministeriums lediglich 300 m zu Einzelhäusern im Außenbereich vorsah.[632] Solche Überlegungen besitzen aber keinen absoluten Rang, sondern sind im Abwägungsvorgang im Lichte der Privilegierung von Windenergieanlagen angemessen zu berücksichtigen.

Ausschlusskriterien dürfen jedenfalls nicht zum „Herunterrechnen" von Potentialflächen definiert oder derart ausgeweitet werden, dass eine Auswahlentscheidung entbehrlich und ein von vornherein beabsichtigtes Planungsergebnis erreicht wird. Gemeinden treffen nämlich häufig zur Vorbereitung oder Durchführung städtebaulicher Maßnahmen mit dem künftigen Betreiber eines Windparks Vereinbarungen zu den Kosten für die Ausarbeitung von Bauleitplänen.[633] Windenergieanlagen können tatsächlich jedoch nur dort errichtet werden, wo der Investor auch einen zivilrechtlichen Zugriff auf die betroffenen Flächen besitzt. Planungsaufwand wird daher überwiegend für die frühzeitig ins Auge gefasste Vorrangfläche betrieben. Avifaunistische Bestandsaufnahmen werden dann oft

---

629 BVerwGE 118, 33 (46 f.).
630 F-plan der Gemeinde Südbrookmerland, 1998, S. 15.
631 F-plan der Stadt Norden, 1998, S. 6.
632 Aktuell werden Abstände von 1.000 m zu Wohnsiedlungen empfohlen.
633 So seit 1998 in der Form eines städtebaulichen Vertrags in § 11 Abs. 1 Nr. 1 BauGB geregelt.

lediglich zur Ermittlung des Kompensationsbedarfs nur in der vorbestimmten Konzentrationszone durchgeführt. Die in den Abwägungsprozess eingestellten Potentialgebiete weisen hier deshalb regelmäßig eine deutlich unterschiedliche Untersuchungstiefe auf. Der Planungsträger verkürzt damit jedoch bewusst seine Informationsgrundlage. Schließlich könnte eine homogene Kartierung der Avifauna über sämtliche Potentialflächen hinweg das an sich gewünschte Planungsergebnis durchgreifend in Frage stellen. In diesen Fällen lässt sich eine bedenkliche Vorfestlegung der Kommune nicht leugnen. Nach Ansicht des *BVerwG's* seien Abwägungsfehler dort vorprogrammiert, wo die Planung nicht durch Abwägungsoffenheit gekennzeichnet, sondern in eine bestimmte Richtung vorgeprägt sei.[634]

Eine planerische Vorfestlegung kann sich manchmal sogar an den zeichnerischen Darstellungen des Flächennutzungsplanes ablesen lassen. In älteren Flächennutzungsplänen besitzen die dargestellten Vorranggebiete nicht selten einen symmetrischen Zuschnitt, verlaufen nahezu rechteckig und enden exakt an Grundstücksgrenzen. Mit der Ausweisung von Vorrangflächen für Windenergie intendierten die Planungsträger eben nicht immer allein, die Konzentrationsklausel des § 35 Abs. 3 Satz 3 BauGB einzulösen. Man schaffte teilweise zugleich die planungsrechtlichen Voraussetzungen für die Umsetzung von konkreten Windpark-Projekten. Die Flächenkontur orientierte sich dann an den für die Investoren verfügbaren Grundstücken. Die Verfügbarkeit kann aber nur ausnahmsweise als Kriterium herangezogen werden, wenn die Errichtung von Windenergieanlagen dort schlechthin nicht zu erwarten ist, also wenn die Gemeinde beispielsweise Flächen ausweist, über die sie allein ohne die Absicht verfügt, diese auch einer windenergetischen Nutzung zugänglich zu machen oder sonstige Erkenntnisse vorliegen, die dort einen Ausschluss der Windenergienutzung annehmen lassen.

Aber nicht allein das Fehlen privatrechtlicher Nutzungsrechte legte die Grenzen eines Windparks fest. Erweiterungen von Windparks bedingten regelmäßig den Ankauf von Wohnhäusern, die sich in dem immissionsschutzrelevanten Radius der geplanten Anlagen befanden. Die „erweiterten" Flächennutzungspläne beschränkten sich im Erläuterungsbericht teilweise auf den bloßen Hinweis, dass die angrenzenden Bereiche überwiegend windenergetisch genutzt würden. Vorhandene Windenergieanlagen wurden demnach als Legitimation für einen weiteren Ausbau an dieser Stelle gewertet. Dargestellte Sonderbauflächen wurden deshalb nicht in den Abwägungsprozess einbezogen; der Bereich wurde als überplant behandelt. Mit der Maßgabe, Windenergienutzung zu konzentrieren, erscheint eine solche Vorfestlegung zwar nicht von vornherein unzulässig. Vor-

---

634 BVerwGE 117, 287 (295).

belastungen machen jedoch eine Abwägung nicht überflüssig. Die Kommune hat vielmehr ein schlüssiges Konzept zu entwickeln, das sich auf das gesamte Gemeindegebiet erstreckt. Es bedarf einer umfassenden Planungsaussage zur Windenergienutzung. Bereits im Flächennutzungsplan dargestellte Sonderbauflächen müssen daher in die Ermittlung des Suchraums und in die Abwägung erneut einbezogen werden, zumal aktuelle Erkenntnisse die dargestellte Konzentrationszone in Teilen als ungeeignet erscheinen lassen könnten. Die planerische Auseinandersetzung darf sich nicht auf Teilgebiete beschränken.[635] Jeder neue Flächennutzungsplan zur Steuerung der Windenergie muss insgesamt auf ein gesamtgebietliches Konzept verweisen können. Damit aber riskieren die Planungsträger bei einem bislang ungerügt abwägungsfehlerhaften Flächennutzungsplan die Wirkungen des § 215 Abs. 2 Nr. 2 BauGB a. F. Danach werden Mängel der Abwägung unbeachtlich, wenn diese nicht innerhalb von sieben Jahren seit Bekanntmachung des Flächennutzungsplanes schriftlich gegenüber der Gemeinde substantiiert geltend gemacht worden sind. Ein ungerügt abwägungsfehlerhafter Flächennutzungsplan im Sinne von § 215 Abs. 2 Nr. 2 BauGB a. F. könnte also bei einer Fehlerhaftigkeit der neuen Bauleitplanung nicht wieder aufleben.

d) Zwischenergebnis

Eine unübersichtliche Gemengelage widerstreitender Interessen begründete offensichtlich eine Fehleranfälligkeit der Bauleitplanungen in den Gemeinden des Landkreises Aurich. Der Flächennutzungsplan einer Küstengemeinde wurde wiederholt inzident für unwirksam erklärt. In einer anderen küstennahen Kommune konnte eine Entscheidung über die Wirksamkeit des Flächenutzungsplanes durch das *OVG Lüneburg* über einen außergerichtlichen Vergleich abgewendet werden. Ebenso drohte die Konzentrationsplanung einer weiteren Auricher Gemeinde im März 2006 durch das *VG Oldenburg* inzident für unwirksam erklärt zu werden; ein gerichtlicher Vergleich verhinderte einen entsprechenden Urteilsspruch. Die Samtgemeinde Brookmerland korrigierte ihre als abwägungsfehlerhaft erkannte Flächennutzungsplanung und begründete damit im Erläuterungsbericht das Planungsbedürfnis. Die Vorrangflächen der Stadt Norden und der Samtgemeinde Hage liegen zu weiten Teilen in einem Gebiet, dessen Meldung als EU-Vogelschutzgebiet die *EU-Kommission* im April 2006 angemahnt hat. Andere Planungen waren allein von der Absicht getragen, die Wirkungen der Windenergie auf ein unabdingbares Minimum zu beschränken; die Flächenbilanz erscheint hier kritisch. Ergebnisoffen dürften die Bauleitplanungen zur

---

635 Überplant die Gemeinde lediglich Teilflächen, so bezieht sich die angestrebte Konzentrationswirkung auch nur auf diesen Teilraum des Gemeindegebiets.

Konzentration der Windenergienutzung jedenfalls nicht in allen Fällen gewesen sein. Überwiegend wurden innerhalb der Sieben-Jahresfrist des § 215 Abs. 2 BauGB Abwägungsfehler auch gegenüber den Gemeinden unter Darstellung des den Mangel begründenden Sachverhalts geltend gemacht.

Eine besondere Steuerungsfunktion wurde dem öffentlichen Belang des Landschaftsbildes beigemessen. Mit dem Gutachten zum Landschaftsschutz wurde zeitweise argumentiert, als ließe sich auf dieser Grundlage die Überprägung des Landschaftsbildes mathematisieren. Tabu-Flächen aus Gründen des Landschaftsschutzes dürften jedoch die Ausnahme und nur bei einer außergewöhnlichen Landschaftscharakteristik in Betracht zu ziehen sein. Auch wenn ein Flächennutzungsplan nicht bereits fehlerhaft ist, weil dem Landschaftsbild ein besonderes Gewicht beigemessen wurde, kann diesem Belang ein absoluter Vorrang im Regelfall nicht zukommen.

Die Träger der Bauleitplanung waren offensichtlich mit der Lösung auftretender Nutzungskonflikte überfordert. Planung legt immer die Nutzung von Grund und Boden fest und ist insoweit wertgebend. Bauleitplanungen sind daher häufig mit Interessenkonflikten belastet und daher fehleranfällig. Die Konnexität des § 35 Abs. 3 Satz 3 BauGB teilt überdies Grundeigentümer unmissverständlich in Gewinner und Verlierer. Kaum eine Planungsentscheidung wird daher angesichts massiver Wirtschaftsinteressen so häufig einer gerichtlichen Überprüfung zugeführt wie die der Flächennutzungsplanung zur Darstellung von Sonderbauflächen für Windenergienutzung. Die Gemeinden haben in gebotener Eile bis zum 31.12.1998 ihre Konzentrationsplanung durchgeführt. Der politische Wille war eindeutig: Ausschluss der Privilegierung; nur ausnahmsweise wurde zudem eine Förderung der Windenergie gewollt. Abwägungsfehler hätten dabei durchaus in Kauf genommen werden können, wenn man in der Folgezeit die Flächennutzungspläne auf der Grundlage aktueller Rechtsprechung einer fortlaufenden kritischen Überarbeitung unterzogen hätte.

Wegen der unübersichtlichen Interessenlage vor Ort drängte sich eigentlich das Bedürfnis nach einer überörtlichen Koordination auf. Grundsätzlich verspreche nämlich die Distanz der höheren Verwaltungsbehörde zum Ort des Geschehens eine eher sachorientierte Abwägung der widerstreitenden Ansprüche. Interessenkonflikte würden teilweise sogar auf die übergeordneten Verwaltungsinstanzen abgeschoben. So erwähnt *Faber*, dass Gemeinden die höhere Verwaltungsbehörde ersucht hätten, dem unter Druck örtlicher Interessen zustande gekommenen Bebauungsplan die Genehmigung zu versagen.[636]

Vor allem jedoch lässt die Weitenwirkung von Windenergieanlagen die Standortentscheidung als eine primäre Aufgabe der überörtlichen Planung er-

---

636 Vgl. hierzu insgesamt Faber, aaO, S. 45.

scheinen. Die jüngste Anlagengeneration erreicht schließlich eine Höhe von 198 m. Nicht ganz zufällig entstehen faktisch interkommunale auch Landkreisgrenzen überschreitende Windparks, da die Kommunen eine Tendenz erkennen lassen, solche Vorhaben an die Grenzen zur jeweiligen Nachbargemeinde zu planen. So hat die Samtgemeinde Holtriem im Landkreis Wittmund ihre mittlerweile 44 Windenergieanlagen umfassenden Windparks unmittelbar an die Grenze zur Gemeinde Dornum gelegt. Daher beabsichtigte der Gemeinderat Dornum, gegen das Bauleitverfahren für die zwei geplanten Windparks in der Samtgemeinde Holtriem notfalls zu klagen. Öffentlich wurde gemutmaßt, würde der geplante Windpark zum Landkreis Aurich gehören, wäre er niemals genehmigt worden.[637] Dornum ließ jedoch den Windpark auf dem Gebiet der Nachbargemeinde klaglos entstehen.

Eine grenzüberschreitende Steuerung der Errichtung von Windenergieanlagen beinhaltet aber regelmäßig ein abschreckendes Konfliktpotential. Zwischen Gegnern und Befürwortern der Windenergie plädieren die Gemeinden für die Wahrung ihrer verfassungsrechtlichen Selbstverwaltungsgarantie und wollen die Regionalplanung als Versuch staatlicher Bevormundung verstehen. Entscheidungen im übergemeindlichen Interesse setzen deshalb eine übergemeindliche insoweit unabhängige Willensbildung in den Kreisorganen voraus.

Aber schon *Faber* erkannte die prinzipielle Dualität des Abgeordneten. Kommunale Macht ende nicht an den Wandelhallen des Bundestags oder Landesparlamente. „Von den 155 Abgeordneten des derzeitigen (1978) niedersächsischen Landtages haben nur 20 keine kommunalpolitische Bindungen. Ratsmandate haben oder hatten 113 Abgeordnete. Einem Kreistag gehörten oder gehören noch 83 Abgeordnete an; 76 Abgeordnete sind Bürgermeister oder Landräte bzw. deren Stellvertreter." Ein solches Parlament werde kaum wider der kommunalen Interessen entscheiden.[638]

Landkreise sind ebenfalls unmittelbar demokratisch legitimiert. Der Kreistag ist das oberste Organ der Willensbildung. So wie die Abgeordneten des Bundestags und des Landtags an sich Vertreter des ganzen Volks sein sollten, sollten auch die Kreistagsmitglieder Vertreter der gesamten Bürgerschaft sein.[639] Der Verfasser hat jedoch die Erfahrung gemacht, dass die Mandatsträger sich nicht selten primär als Interessenvertreter ihrer Gemeinden auf Kreisebene sehen. Die Kreistagsmitglieder nehmen denn auch häufig Doppelmandate wahr und gehören zugleich dem Gemeinde- oder Stadtrat ihrer Kommune an. Über die Mandatsträ-

---

637 OK, Ausgabe v. 06.09.1996.
638 Faber, aaO, S. 44.
639 Thiele, Nds. Gemeindeordnung, 7. Aufl. 2004, S. 116.

ger im Kreistag können so die Gemeinden ihre Interessen in die Willensbildung des Landkreises einbringen. Interkommunale Nutzungskonflikte müssen dann bereits in den Parlamenten der Gemeinden Ausgleich finden; offene Interessenlagen bleiben sonst trotz übergeordneter Kreisebene häufig unentschieden. Der allein dem Landkreis verpflichtete Abgeordnete bleibt eine idealisierte Fiktion und lässt eine ergebnisoffene das Kreisgebiet umfassende Planung oft zur bloßen Wunschvorstellung werden.

Der Landkreis Aurich hatte mit seiner Regionalplanung von 1992 eine gemeindeübergreifende Planung zur Steuerung der Windenergie verwirklichen wollen. Die Vorarbeiten zu dieser Neuaufstellung wurden bereits im Jahr 1988 aufgenommen; erst acht Jahre später sollte der Regionalplan in Kraft treten können. Der langwierige Planungszeitraum wird in der Rückschau vor allem auf die zum Teil mühsamen Abstimmungsgespräche mit den kreisangehörigen Gemeinden zurückgeführt.[640] Dem Landkreis Aurich stellte sich danach die Raumordnung als ein schwerfälliges Planungsinstrument dar. Angesichts der kurzen Frist des § 245b BauGB erscheint es deshalb nachvollziehbar, dass der Landkreis die mit Baurechtsnovelle von 1998 erweiterte Raumordnungsklausel zunächst ungenutzt ließ und sich stattdessen anbot, im Auftrag der Gemeinden Flächennutzungspläne zur Konzentration von Windenergieanlagen zu erarbeiten. In der Funktion als Planungsbüro besaß der Landkreis so auch einen unmittelbaren Einfluss auf die gemeindliche Bauleitplanung.

Die Skepsis gegenüber der Regionalplanung wirkt bis in die Gegenwart. Letztlich belegt die deckungsgleiche Übernahme von Darstellungen gemeindlicher Flächennutzungspläne im RROP-Entwurf von 2004 eine kritische Einstellung gegenüber der Raumordnung als Möglichkeit interkommunaler Konfliktbewältigung. Regionalplanung ist dann jedoch als Planungsinstanz insoweit überflüssig. Es fehlt an einer Dezision des originär verantwortlichen Planungsträgers, wenn Landkreise sich allenfalls als Moderator verstehen wollen. Die fehlende Distanz des Kreistages zur gemeindlichen Basis lässt jedenfalls eine konsequente Kommunalisierung der Regionalplanung als Teil der staatlichen Raumordnung bedenklich erscheinen.

Mangels raumordnerischer Festlegungen ließ sich somit eine Kontingentierung von Windenergieanlagen als im Außenbereich privilegierte Vorhaben allein über die Flächennutzungspläne der Gemeinden erreichen. Viele kreisangehörige Kommunen verfügten jedoch nicht über eine wirksame Konzentrationsplanung. Nach der Mechanik des § 35 Abs. 3 Satz 3 BauGB hätte das Fehlen einer Konzentrationsplanung an sich den Fortbestand der Privilegierung von Windeener-

---

640 Interview mit dem Leiter des Bauamtes Dipl.-Ing. Hermann Hollwedel.

gieanlagen zur Folge gehabt. Etwas anderes würde jedoch gelten, wenn der Flächennutzungsplan trotz seiner Abwägungsfehler für die Baugenehmigungsbehörde bindend bliebe.

e) Verwerfungskompetenz

Das *BVerwG* hat im Jahr 1986 entschieden, eine Norm könne grundsätzlich – abgesehen von der Nichtigkeitserklärung in einem Normenkontrollverfahren – nur in dem für die Rechtssetzung geltenden Verfahren aufgehoben werden. Aus Gründen der Rechtssicherheit fehle selbst dem Satzungsgeber die Befugnis, die Nichtigkeit eines Bebauungsplanes mit Allgemeinverbindlichkeit festzustellen.[641] Die Gemeinde könne sich daher von den Bindungen eines Bebauungsplanes nur lösen, wenn sie die Bausatzung in einem förmlichen Verfahren aufhebe.[642] Eine prinzipale Verwerfungskompetenz dürfte deshalb einer Kreisverwaltung als Untere Bauaufsichtsbehörde in keinem Fall zukommen.[643]

Umstritten ist aber, ob in einem konkreten Verwaltungsverfahren die Gültigkeit einer Bauleitplanung geprüft werden müsse, wenn es darauf für die Verwaltungsentscheidung maßgeblich ankomme. Bereits im Zuge der BBauGB-Novelle 1979 hatte der Bundesrat eine gesetzliche Regelung zu den Möglichkeiten einer Verwerfung nichtiger Bebauungspläne gefordert.[644] Die im Jahr 2001 zur Vorbereitung des EAG-Bau 2004 eingesetzte Expertenkommission zur Novellierung des BauGB lehnte eine gesetzliche Regelung insoweit ab, obwohl man übereinstimmend eine inzidente Prüfungs- und Verwerfungskompetenz der Verwaltung bejahte.[645] Die Prüfungsverantwortung dürfte dabei unstreitig sein. Bereits im Jahr 1961 hat das *BVerfG* nämlich herausgestellt, dass auch der Verwaltungsbeamte verpflichtet sei, eine Norm vor ihrer Anwendung auf ihre Verfassungsmäßigkeit hin zu überprüfen.[646]

Kein einheitliches Bild gibt es jedoch zur Frage einer inzidenten Verwerfungsbefugnis der Behörde. Auch wenn es keinen ungeschriebenen Rechtssatz gibt, dass jeder Bebauungsplan als gültig anzusehen sei, bis seine Unwirksamkeit von der Rechtsprechung festgestellt sei,[647] so wird teilweise aus der Gerichtsgeprägtheit der Gewaltenteilung ein Verwerfungsmonopol der Rechtspre-

---

641 BVerwGE 75, 142 (144).
642 OVG Münster BauR 1982, 347 (347).
643 Vgl. Gierke, in: Brügelmann, BauGB Komm., Bd. 2, aaO, Rd. 345 f. zu § 10.
644 BT-Drucks. 8/2451, S. 41.
645 Bericht des BM für Verkehr, Bau- und Wohnungswesen, 2002, Rd. 160 f.
646 Kalb, in Ernst/Zikahn/Bielenberg, aaO, Rd. 327 zu § 10.
647 So aber Jung, in: NVwZ 1985, 790 (794).

chung hergeleitet.⁶⁴⁸ Die Überprüfung von Bauleitplänen ist nicht allein dem Normenkontrollverfahren nach § 47 VwGO vorbehalten. Allerdings wirkt eine inzidente Entscheidung über die Gültigkeit einer Bauleitplanung lediglich im Verhältnis der beteiligten Streitparteien. Gleichwohl wird es für selbstverständlich erachtet, dass sich die Behörden regelmäßig an die Auffassung des Gerichtes halten und die Satzung wegen etwaiger Ansprüche aus Amtshaftung nicht weiter anwenden.⁶⁴⁹ Einem Normverwerfungsrecht der Bauaufsichtsbehörde stehe demgegenüber jedoch die Bindung der Verwaltung an Recht und Gesetz entgegen.⁶⁵⁰ Normen, die gegen höherrangiges Recht verstoßen, stellen aber kein Recht im Sinne der Bindungsklausel des Art. 20 Abs. 3 GG dar.⁶⁵¹ Gerade Art. 20 Abs. 3 GG zwinge laut *Gierke* die Verwaltung in jeder Hinsicht zu einem rechtskonformen Handeln. Behörden dürften daher unwirksame oder nichtige Satzungen nicht vollziehen. Bei Anwendung normativen Unrechts setze sich ansonsten der Fehler der Norm in den Vollzugsakten fort.⁶⁵² So würde der Vollzug eines nichtigen Bebauungsplanes den Bauherrn in seinem grundrechtlich gesicherten Eigentumsrecht rechtswidrig einschränken; nur gültige Bausatzungen könnten gemäß Art. 14 Abs. 1 GG Inhalt und Schranken des Eigentums bestimmen.⁶⁵³ Eine Pflicht zur Anwendung eines nichtigen Bebauungsplanes wäre auch rechtspolitisch nicht vertretbar. Die Behörde müsste bei einer bedingungslosen Bindung Entscheidungen treffen, die in einem anschließenden verwaltungsgerichtlichen Verfahren kassiert würden.⁶⁵⁴

Einem Flächennutzungsplan kommt grundsätzlich jedoch nicht die Bedeutung einer Rechtsnorm zu, so dass man hier die Bauaufsichtsbehörde ohne weiteres als inzident verwerfungsbefugt anerkennen könnte. Nur der Bebauungsplan besitze nach Maßgabe des BauGB's nämlich insoweit den Charakter eines Rechtssatzes. Der Flächennutzungsplan enthalte lediglich Darstellungen, während der Bebauungsplan Festsetzungen treffe (§§ 5 und 8 BauGB). Der Bebauungsplan ergehe gemäß § 10 BauGB in der Form einer Satzung. Der Flächennutzungsplan besitze keine unmittelbaren Rechtswirkungen; Bindungen seien von Entschließungen der öffentlichen Planungsträger abhängig.⁶⁵⁵ Der mehrstu-

---

648 Im Ergebnis offen gelassen: BVerwG BauR 2001, 1066 (1070), BGH ZfBR 2004, 458 (459); siehe hierzu insgesamt Gierke, aaO, Rd. 338 zu § 10.
649 Bericht des BM für Verkehr, Bau- und Wohnungswesen, aaO, Rd. 158.
650 Decker, in: BauR 2000, 1825 (1827).
651 Kopp, in: DVBl. 1983, 821 (823).
652 Gierke, aaO, Rd. 342 zu § 10.
653 Kalb, aaO, Rd. 332 zu § 10, allerdings setze der Eingriff in die Planungshoheit eine qualifizierte Anhörung der Gemeinde voraus.
654 Gierke, aaO, Rd. 358 zu § 10.
655 Hierzu insgesamt Söfker, in: Ernst/Zinkahn/Bielenberg, aaO, Rd. 7 zu § 5.

figen Planung wesensgemäß seien aus dem Flächennutzungsplan die Bebauungspläne zu entwickeln.[656] Nach dem *BVerwG* handele es sich dabei nicht um eine rechtssatzmäßige Anwendung, sondern um eine planerische Fortentwicklung des im Flächennutzungsplan dargestellten Grundkonzeptes einer Gemeinde.[657] Nach herrschender Ansicht sei der Flächennutzungsplan daher keine Rechtsnorm, sondern ein Plan sui generis.[658]

Allerdings entfalte der Flächennutzungsplan über die Konzentrationsklausel des § 35 Abs. 3 Satz 3 BauGB nach Ansicht des *BVerwG's* rechtliche Außenwirkung. Der Planvorbehalt des § 35 Abs. 3 Satz 3 BauGB gebe der Gemeinde für privilegierte Außenbereichsvorhaben ein neuartiges Instrument der verbindlichen Standortplanung an die Hand.[659] Einiges spreche demnach dafür, den Flächennutzungsplan insoweit wie einen Rechtsakt zu behandeln.[660] Im Anwendungsbereich des § 35 Abs. 3 Satz 3 BauGB erfülle der Flächennutzungsplan jedenfalls eine dem Bebauungsplan vergleichbare Funktion; auch die Darstellung eines Flächennutzungsplans bestimmen mit den Rechtswirkungen des § 35 Abs. 3 Satz 3 BauGB Inhalt und Schranken des Eigentums im Sinne von Art 14 Abs. 1 Satz 2 GG.[661]

Im Ergebnis sind die Baubehörden wohl sogar verpflichtet, Flächennutzungspläne im Sinne des § 35 Abs. 3 Satz 3 BauGB auf ihre Wirksamkeit hin zu überprüfen. Mangels einer wirksamen Konzentrationsplanung mussten somit in Teilen des Auricher Kreisgebietes Windenergieanlagen als im Außenbereich privilegiert unterstellt werden.

4. Öffentliche Belange (§ 35 Abs. 3 Satz 1 BauGB)

Die vom Gesetzgeber mit § 35 Abs. 3 Satz 3 BauGB eingeräumte Möglichkeit einer Steuerung der Windenergienutzung lief im Landkreis Aurich nicht selten ins Leere. Belange des Natur- und Landschaftsschutzes fanden so keine Durchsetzung über die Regional- oder Bauleitplanung. Letztlich ließen die Planungsträger damit die Möglichkeit ungenutzt, die konkurrierenden Nutzungsansprüche unter Berücksichtigung der gesetzgeberischen Grundentscheidung des § 35 Abs. 1 Nr. 7 BauGB a. F. politisch zu gewichten. Der unkoordinierten Errich-

---

656 Bielenberg, in: DVBl. 1960, 542 (546).
657 BVerwG ZfBR 1990, 296 (297).
658 Schrödter, in: Schrödter, aaO, Rd. 12 zu § 1.
659 BVerwG BauR 2007, 1536 (1538).
660 Gierke, aaO, Rd. 43 zu § 5.
661 BVerwG BauR 2007, 1536 (1538 f.), das BVerwG erachtet daher die Normenkontrollklage bei F-plänen i.S.v. § 35 Abs. 3 Satz 3 BauGB als zulässig.

tung von Windenergieanlagen stand deshalb häufig allein das Konditionalprogramm des § 35 Abs. 3 Satz 1 BauGB entgegen. Auf dieser Entscheidungsebene müssen die öffentlichen Belange förmlich im Widerspruch zu dem geplanten Bauvorhaben stehen.

a) Schädliche Umwelteinwirkungen

Windenergieanlagen können schädliche Umwelteinwirkungen im Sinne von § 35 Abs. 3 Nr. 3 BauGB hervorrufen. Die Bestimmungen der TA-Lärm und der 6. Allgemeinen Verwaltungsvorschrift zum BImSchG vom 26.08.1998 überlassen dabei jedoch die Entscheidung über relevante Umwelteinflüsse nicht einem Wertungsspielraum der Genehmigungsbehörde. Antragsteller haben insoweit durch Vorlage von Schallprognosegutachten anerkannter Sachverständiger die Einhaltung einschlägiger Immissionsrichtwerte nachzuweisen.

Ebenso rechtssicher erscheint der zulässige Schattenwurf reglementiert. In der Rechtsprechung ist anerkannt, dass nach astronomisch maximal möglichen Schattenschlagzeiten bis zu 30 Stunden jährlich und bis zu 30 Minuten täglich von Anliegern hinzunehmen seien.[662] Diese konservative Faustformel dürfte jedoch nicht rechtssatzartig verstanden werden; vielmehr sei zu berücksichtigen, dass die Schattenintensität mit zunehmender Entfernung nachlasse.[663]

Überdies würden nach Rechtsprechung des *OVG's Lüneburg* Abschaltautomatiken ein taugliches Mittel darstellen, drohenden Nachbarschaftsunverträglichkeiten zu begegnen.[664] Allerdings sei dabei zu beachten, dass der Wert von 30 Stunden je Kalenderjahr auf der Grundlage der astronomisch möglichen Beschattung entwickelt worden sei und insoweit nicht die reale Schattendauer berücksichtige. Daher hat die *Länderarbeitsgemeinschaft für Immissionsschutz* (LAI) in einem Papier zur Ermittlung und Beurteilung von optischen Immissionen durch Windenergieanlagen festgelegt, dass bei der Verwendung von Abschaltautomatiken, welche über Strahlungs- und Beleuchtungsstärkesensoren meterologische Parameter erfassen würden, die tatsächliche Beschattungsdauer auf acht Stunden pro Kalenderjahr zu begrenzen sei.[665] Mit Erlass des *Nds. Umweltministeriums* wurden die Unteren Bauaufsichtsbehörden angehalten, diese Hinweise der *LAI* bei der immissionsschutzrechtlichen Bewertung von Windenergieanlagen anzuwenden.[666] Die Zulässigkeit von Windenergieanlagen war

---

662 OVG Greifswald, NVwZ 1999, 1238 (1238).
663 OVG Lüneburg BauR 2005, 833 (834).
664 OVG Lüneburg BauR 2005, 833 (835).
665 Insgesamt hierzu LAI, Hinweise zur Ermittlung und Beurteilung der optischen Immissionen von WEA, Stand: 13.03.2002, S. 4 ff.
666 Runderlass d. Nds. MU v. 19.05.2005 – 34–40500/402 –, S. 1.

und ist somit unter dem Gesichtspunkt von Lärm- und Schattenimmissionen für den Antragsteller berechenbar.

Belange des Denkmal-, Landschafts- und vor allem Naturschutzes sind hingegen bis heute stark wertausfüllungsbedürftig (§ 35 Abs. 3 Nr. 5 BauGB).

b) Landschafts- und Denkmalschutz

Was an einer Landschaft als schön gelte, könne nicht im diffusen Empfinden des Schönen aufgehoben sein.[667] *Hasse* konstatiert zu Recht, dass der offene Tatbestand des § 35 Abs. 3 Nr. 5 BauGB nicht dem freien Spiel unkalkulierbar subjektiver Wertungen überlassen sein könne.

Auffassungen der Literatur und Rechtsprechung enthalten regelmäßig über den bloßen Einzelfall hinausgehende Aussagen. Die einzelfallbezogene Rechtsanwendung kann mithin im Verständnis einer Entscheidungsempfehlung eine gewisse Verallgemeinerung erlangen. Die Weite eines Tatbestandes erfährt eine zusätzliche Verdichtung durch Erlasse der staatlichen Aufsicht, welche eine gleichmäßige Rechtsanwendung sicherstellen sollen. Die vorgenannten Informationsquellen würden den Rechtsanwender in der Verwaltung bei der Beurteilung von Beeinträchtigungen des Landschaftsbildes allerdings nur dann umfassend unterstützen, wenn diese selbst von einer emotionalen Wahrnehmung befreit wären.

Die Rechtsprechung vermochte sich jedoch nicht, auf eine rein visuelle Bewertung zu beschränken. Der *VGH München* entschied im Jahr 1996, dass die Anlagen geeignet seien, das Landschaftsbild erheblich zu beeinträchtigen. Aus der Nähe habe die Maschine eine optisch erdrückende Wirkung.[668] Auch das *VG Oldenburg* entfernt sich von einer ausschließlich klinischen Beurteilung, wenn es feststellt, dass eine Anlage „schon durch die größere Länge der sich drehenden Rotorblätter in gesteigerter Weise auf denjenigen, der ihr dauerhaft ausgesetzt ist, stark beunruhigend wirken kann".[669]

Wahrnehmung lasse sich nicht allein physiologisch bewerten, schlussfolgert *Fellmann*.[670] Jede Wahrnehmung treffe auf eine Wahrnehmungserwartung, mit der sie verglichen werde, und auf Erinnertes und Erlerntes, mit dem sie in Zusammenhang gebracht werde.[671] Wahrnehmung ist selektiv subjektiv und eine in offener Landschaft errichtete Windenergieanlage wird in der Vielzahl unter-

---

667 Hasse, aaO, S. 85.
668 VGH München, in: Thiel/Gelzer, BRS, Bd. 58, Rspr. 1996, Nr. 239, 621 (624).
669 VG Oldenburg, Beschl. v. 12.08.1998 – 4 B 1266/98 – n.v, insgesamt hierzu Hasse, aaO, S. 79.
670 Fellmann, aaO, S. 116.
671 Köhler/Preiß, aaO, S. 20.

schiedlich wahrgenommen als es Menschen gibt, die diese Anlage betrachten. Verwaltungsentscheidungen sind jedoch nicht justitiabel, wenn Tatbestandsmerkmale allein der subjektiven Sicht des Rechtsanwenders überlassen sind. Der Gesetzgeber wollte jedoch keinen rechtsfreien Raum schaffen, wenn er in § 1 Abs. 5 und 7 NNatG formuliert „Natur und Landschaft sind im besiedelten und unbesiedelten Bereich so zu schützen, zu pflegen und zu entwickeln, daß ... die Vielfalt, Eigenart und Schönheit von Natur und Landschaft als Lebensgrundlage des Menschen und als Voraussetzung für seine Erholung in Natur und Landschaft nachhaltig gesichert sind". Der Belang des Landschaftsschutzes muss sachgerecht gewichtet in die Abwägung eingestellt werden. Emotionale Bewertungen können dabei nur Berücksichtigung finden, wenn sie verallgemeinert und damit überprüft werden können.

Im Ergebnis erscheint der Belang des Landschaftsschutzes nur in besonderen Ausnahmefällen durchsetzungsstark. In der Rechtsprechung sei rechtsgrundsätzlich geklärt, dass eine Verunstaltung voraussetze, dass das Vorhaben dem Orts- und Landschaftsbild in ästhetischer Hinsicht grob unangemessen sei und einem aufgeschlossenen Durchschnittsbetrachter sofort ins Auge falle.[672] Dies sei nur selten anzunehmen, so wenn es sich um eine wegen ihrer Schönheit und Funktion besonders schutzwürdigen Umgebung handele.[673] Eine schwerwiegende Beeinträchtigung des Landschaftsbildes könne in schützenswerten Regionen von besonderer landschaftlicher Schönheit, die ihre Eigenart im Wesentlichen erhalten habe, schon bei Errichtung einer einzelnen Anlage gegeben sein,[674] wobei allerdings die Exponiertheit einer Windenergieanlage das Landschaftsbild nicht bereits verunstalte.[675] Umgekehrt sei eine nachteilige Wirkung auf ein bereits nachhaltig durch andere Baulichkeiten beeinträchtigtes Landschaftsbild nicht beachtlich.[676] In seiner jüngsten Entscheidung gegen den Landkreis Aurich stellt das *VG Oldenburg* fest; „ darüber hinaus kann die Umgebung keinesfalls als ästhetisch wertvoll und einzigartig angesehen werden. Denn in nahezu allen Himmelsrichtungen hoben sich z.T. zahlreiche Windkraftanlagen vom Horizont ab. Insofern bricht die Windkraftanlage nicht erstmalig in ein bislang unbeeinträchtigtes Gebiet ein,...".[677] Die potentiell schöne Landschaft ist danach nicht schützenswert oder wie der *VGH München* im Jahr 1990 in seiner Urteilsbegründung ausführte, das fragliche Landschaftsbild sei aufgrund der vorhandenen Umgebungsbebauung bereits nachhaltig geprägt und damit weder schön noch vielfäl-

---

[672] Schink, Naturschutz- und Landschaftspflegerecht, 1. Aufl. 1989, Rd. 263.
[673] BVerwG BauR 2004, 295 (295).
[674] BVerwG BauR 2002, 1052 (1053).
[675] OVG Rheinland-Pfalz BauR 2006, 1873 (1875).
[676] Krautzberger, in: Ernst/Zikahn/Bielenberg/Krautzberger, aaO, Rd. 63 zu § 35.
[677] VG Oldenburg, Urt.v. 22.09.2005, S. 18, n.v.

tig.[678] Für den *VGH München* ist damit ohne Bedeutung, dass die errichteten Windenergieanlagen regelmäßig temporäre Erscheinungen darstellen und nach ihrem Rückbau die Qualität der Landschaft wieder hergestellt wäre. Allein die aktuelle Inaugenscheinnahme durch das erkennende Gericht ist danach streitentscheidend; künftige Entwicklungen bleiben unbeachtlich.

Diese Einschätzung besitzt eine gewisse Berechtigung. Windenergieanlagen geben der Landschaft ein neues Erscheinungsbild. Die Windkonverter entwickeln sich schleichend zu einem landschaftstypischen Merkmal und können damit prägendes Element einer schutzwürdigen Kulturlandschaft werden. Im Übrigen hat der Gesetzgeber den Erhalt des traditionellen Landschaftsbildes in seiner Reichweite zur Disposition der örtlichen Planungsträger gestellt. Bleibt die Möglichkeit einer Konzentrationsplanung jedoch tatsächlich ungenutzt, dann muss sich im Regelfall das besondere Gewicht einer Privilegierung durchsetzen können. Schließlich könnten die Planungsträger jederzeit durch Regional- oder Bauleitplanung einer Zementierung bauplanungsrechtlicher Gegebenheiten entgegenwirken.

Diese Rechtsauffassung ist aber nicht zwingend. Jede weitere das Landschaftsbild belastende Verdichtung könnte sich verbieten, wenn man Windkraftwerke als störende Industrieanlagen ohne Bezug auf die landschaftliche Besonderheit eines windhöffigen Raums einordnen wollte. Auch diese Ansicht ließe sich mit einem Gerichtsurteil untermauern. Der *VGH München* vertrat im Jahr 1981 nämlich den Standpunkt, eine erhebliche Vorschädigung des Landschaftsbildes rechtfertige nicht weitere Verschlechterungen; es müsse im Gegenteil gerade in diesen Fällen weiteren Belastungen entgegengewirkt werden.[679]

Letztlich bleiben die Leitsätze eines Urteils geäußerte Rechtsauffassungen ohne Allgemeinverbindlichkeit. Für die Verwaltung sind Urteile der Verwaltungsgerichtsbarkeit nur bindend, wenn die Entscheidung in einem Streitverfahren gegen sie ergangen sind. Trotzdem bildet die Rechtsprechung eine wesentliche Einflussgröße. Selbst wenn eine gerichtliche Ansicht nicht geteilt werden sollte, wird die Verwaltung wegen des bestehenden Prozessrisikos in der Regel die Neigung besitzen, einer aktuellen Spruchpraxis der örtlich zuständigen Verwaltungsgerichtsbarkeit zu folgen. Schlussendlich bleibt es aber dem Eigenverständnis einer Behörde überlassen, auf die Entscheidung der Berufungs- oder Revisionsinstanz zu vertrauen.

Im Gegensatz dazu sind Erlasse oder Verwaltungsrichtlinien der staatlichen Aufsichtsbehörden verbindlich. Letztlich stehen die Kommunen als Untere Landesbehörden am Ende eines hierarchischen Verwaltungsaufbaus. Im Ergebnis ist

---

678 VGH München NuR 1991, 384 (386).
679 VGH München NuR 1982, 108 (109).

die unmittelbare Landesverwaltung befugt, ihre Rechtsauffassung im Einzelfall mittels Weisung gegenüber den gemeindlichen Bauaufsichtsbehörden durchzusetzen.

Dabei können für den Verbindlichkeitsgrad von Innenrecht jedoch keine anderen Grundsätze wie bei förmlichen Gesetzen gelten. Recht muss in jedem Fall für den Adressaten verständlich und umsetzbar sein. Je größer aber der bei der Unteren Bauaufsichtsbehörde verbleibende Wertungsspielraum ist, umso weniger sind ihre Entscheidungen einer Kontrolle durch die staatliche Aufsicht zugänglich.

Das *Nds. Landesamt für Ökologie* bemühte sich im Jahr 2000 mit einer Broschüre des Informationsdienstes Naturschutz Niedersachsen, Bewertungen des Landschaftsbildes zu operationalisieren. Zur Bewertung eines derart komplexen Untersuchungsgegenstandes sei eine Modelbildung unumgänglich. Die raumbezogenen Ziele müssten daher durch Bewertungskriterien handhabbar gemacht werden. Die Kriterien würden wiederum anhand von Indikatoren auf einer Skala gemessen. Das Papier räumt jedoch ein, dass auch bei optimal gewählten Kriterien und Indikatoren eine objektive Beurteilung praktisch nicht möglich sei. Es fehlten in Zahlenwerten messbare Indikatoren, da es sich durchgängig um „weiche" Daten handele.[680] Die Verunstaltung eines Landschaftsbildes bleibt eine Vorort-Entscheidung und lässt sich nicht abstrakt beantworten. Auch die Broschüre des Informationsdienstes Naturschutz Niedersachsen vermag, die Entscheidung der Unteren Bauaufsichtsbehörde nicht vorwegzunehmen.

Der Belang des Denkmalschutzes erscheint hingegen materialisierter. Schließlich verkörpert das Baudenkmal in seiner konkreten Gestalt ein individualisiertes Schutzgut. Allein der Kontrast zwischen dem historischen Gebäude und der innovativen Windenergieanlage vermag denkmalrechtliche Spannungen zu begründen. Der Bezugspunkt ist hier an sich eindeutig festgelegt. Bei einer Gesamthöhe von bis zu 200 m stellt sich dem Rechtsanwender jedoch die Frage, bis auf welche Distanz eine Windenergieanlage das Erscheinungsbild eines Baudenkmals beeinträchtigen kann.

Das *OVG Schleswig* stellte schon im Jahr 1992 im Grundsatz fest, dass eine Windkraftanlage geeignet sei, den Eindruck eines Kulturdenkmals wesentlich zu beeinträchtigen. Ein Landwirt hatte die Genehmigung zur Errichtung einer Windenergieanlage etwa 1,2 km vom Meldorfer Dom beantragt. Die Anlage sollte eine Gesamthöhe von 62 m mit einer Rotorfläche von 1.256 qm erreichen. Das *OVG Schleswig* führte aus, dass die Windkraftanlage ein Ausmaß erreiche, die es dem Betrachter unmöglich mache, an der Anlage vorbei den Meldorfer Dom zu erblicken. Es liege zwar mit den vorhandenen Hochspannungsmasten

---

680 Köhler/Preiß, aaO, S. 44 f.

bereits eine gewisse Vorbelastung vor; die Störungen der geplanten Windenergieanlage besäßen jedoch mit den drehenden Rotoren eine sich davon abhebende Qualität und zögen den Blick des Betrachters geradezu auf sich.[681] Das *VG Hannover* berücksichtigte bei seiner Entscheidung im Jahr 2005 hingegen eine durch technische Anlagen begründete Vorbelastung. Im Übrigen könne der denkmalrechtliche Umgebungsschutz bei einem etwa 3 km entfernten Baudenkmal nicht greifen, sofern die Anlagen nicht höher als 100 m seien.[682]

Für den Antragsteller wird demnach die Weitenwirkung einer Windenergieanlage in jeder Hinsicht eine unkalkulierbare Größe bleiben. Auch die Beeinträchtigung von Belangen des Denkmalschutzes entzieht sich damit einer allgemeinen Bewertung. Letztlich sind denkmalrechtliche Probleme ebenso einer situativen Entscheidung vorbehalten wie Beeinträchtigungen des Landschaftsbildes.

c) Vogelschutz

Am 2. April 1979 wurde die Europäische Vogelschutz-Richtlinie (VRL) vom Rat der Europäischen Union verabschiedet und war innerhalb von zwei Jahren in nationales Recht umzusetzen. Die Vogelschutz-Richtlinie verkörpert einen vollumfänglichen Schutz sämtlicher wildlebender Vogelarten.[683] So verpflichtet Art. 3 Abs. 2a VRL die Mitgliedsstaaten, die avifaunistisch geeignetsten Bereiche als Vogelschutzgebiete auszuweisen. In Deutschland obliegt es den Ländern, Schutzgebiete nach den Vorschriften der EU-Vogelschutzrichtlinie auszuwählen und der Europäischen Kommission zu melden. In Niedersachsen wurden die ersten Verfahren zur Umsetzung der EU-Vogelschutzrichtlinie bereits im Jahr 1983 durchgeführt.[684]

Art. 4 Abs. 4 VRL verpflichtet den Mitgliedsstaat, wesentliche Beeinträchtigungen der Schutzgebiete zu verhindern, wobei allerdings rechtmäßige Nutzungen und rechtsverbindlich zugelassene Vorhaben unberührt bleiben sollen.[685] Die Vogelschutz-Richtlinie gebietet demnach nicht, bestandskräftige Genehmigungen wegen eines Verstoßes gegen Bestimmungen zum europäischen Vogelschutz aufzuheben. Bei nicht rechtsverbindlichen Plänen oder Projekten innerhalb eines Vogelschutzgebietes oder in seiner Nähe bedürfe es hingegen einer Einschätzung und gegebenenfalls Verträglichkeitsprüfung im Hinblick auf die

---

681 Siehe dazu insgesamt OVG Schleswig NuR 1996, 364 (364).
682 VG Hannover, Urt.v. 18.11.2005 – 12 A 6831/04 –, S. 15, n.v.
683 Melter/Schreiber, aaO, S. 8.
684 Fachbroschüre des Nds. MU zur EU-Vogelschutzrichtlinie, 2000, S. 3.
685 Fachbroschüre des Nds. MU zur EU-Vogelschutzrichtlinie, aaO, S. 8.

Erhaltungsziele und den Schutzzweck von Europäischen Vogelschutzgebieten.[686] Diese Verträglichkeitsprüfung reicht über eine UVP hinaus und umfasst nicht nur europarechtliche Naturschutzbelange, sondern auch alle anderen Natur- und Umweltaspekte.[687] Auf der Grundlage des Art. 4 Abs. 4 VRL dürften demnach Windenergieanlagen in Vogelschutzgebieten grundsätzlich unzulässig sein, da sie zu Meidungsverhalten spezifischer Vogelarten führen und damit bedeutende Vogellebensräume wesentlich beeinträchtigen können.[688]

Dabei gilt das Verschlechterungsverbot des Art. 4 Abs. 4 VRL ungeachtet einer Schutzgebietsausweisung. Die Forderung nach einer formalen Ausweisung stünde nach Auffassung des *VG Stuttgart* im Widerspruch zu den Zielen der Vogelschutz-Richtlinie,[689] so wie der Belang des Vogelschutzes als Unterfall des Naturschutzes gemäß § 35 Abs. 3 Nr. 5 BauGB generell unabhängig von einer förmlichen Unterschutzstellung greife.[690] Die Vogelschutz-Richtlinie finde deshalb nach Ansicht des *BVerwG's* auch in Gebieten unmittelbare Anwendung, die der Mitgliedsstaat entgegen Art. 4 Abs. 1 VRL nicht zum Vogelschutzgebiet erklärt habe. Gegenüber Dritten werden solche nicht verbindlich geschützten Naturräume damit bereits als so genannte faktische Vogelschutzgebiete dem Schutzregime der Vogelschutz-Richtlinie unterstellt.[691] Gemäß Art. 4 Abs. 4 VRL sind auch in diesen faktischen Vogelschutzgebieten Beeinträchtigungen und Störungen der Lebensräume und Vogelarten zu vermeiden. Nur überragende Gemeinwohlbelange wie etwa der Schutz des Lebens und der Gesundheit von Menschen oder der Schutz der öffentlichen Sicherheit sind hier geeignet, das Störungsverbot des Art. 4 Abs. 4 VRL zu überwinden.[692]

Für ein ausgewiesenes und der Europäischen Kommission gemeldetes Vogelschutzgebiet erklärt Art. 7 FFH-Richtlinie hingegen das „mildere" Schutzregime des Art. 6 FFH-RL für anwendbar. Damit können nach Prüfung der Verträglichkeit des geplanten Projektes mit den gebietsbezogen festgelegten Erhaltungszielen wichtige Infrastrukturvorhaben aus zwingenden Gründen des überwiegenden öffentlichen Interesses trotz wesentlicher Beeinträchtigungen des Vogelschutzgebietes ausnahmsweise zugelassen werden.[693] Allerdings dürfte der

---

686 Söfker, in: Ernst/Zikahn/Bielenberg, aaO, Rd. 93 zu § 35.
687 Fachbroschüre d. Nds. MU zur EU-Vogelschutzrichtlinie, aaO, S. 10.
688 Vgl. Bach/Handke/Sinning, in: Bremer Beiträge Beiträge für Naturkunde und Naturschutz, 4/1999, 107 (118).
689 VG Stuttgart NuR 2005, 673 (674).
690 BVerwG BauR 1984, 614 (614).
691 Louis, BNatschG, §§ 1 – 19f, 2. Aufl. 2000, Rd. 29 zu § 19b.
692 Hierzu insgesamt BVerwG BauR 2003, 850 (850 f.).
693 BVerwGE 120, 276 (287); der Verstoß gegen die nach Art. 4 Abs. 1 VRL den Mitgliedsstaaten aufgebenen Verpflichtungen wird damit nicht honoriert.

Ausnahmetatbestand des Art 6 FFH-RL insoweit nicht greifen, da die Errichtung von Windenergieanlagen als solches keinem überragenden Wirtschaftsinteresse dient. Einem privilegierten Bauvorhaben steht der Belang des Vogelschutzes aber nicht erst dann entgegen, wenn der betroffene Lebensraum nach seiner Eigenart und Größe sowie nach der Anzahl der dort anzutreffenden geschützten Arten und deren Bestandsgrößen als faktisches Vogelschutzgebiet im Sinne der Richtlinie 79/409/EWG des Rates vom 02.04.1970 VRL zu qualifizieren sei und dementsprechend eine herausragende Bedeutung für den Vogelschutz besitze.[694] Es sei anerkannt, dass in avifaunistisch wertvollen Gebieten von lokaler und höherer Bedeutung regelmäßig die Belange des Naturschutzes gegenüber den Belangen der Windenergienutzung überwiegen würden, heißt es in einem Runderlass des *Nds. Innenministeriums* aus dem Jahr 1996.[695] Und das *VG Oldenburg* erachtet in ständiger Rechtsprechung vorbehaltlich der Einzelprüfung Windenergieanlagen an Standorten mit lokaler oder höherer Bedeutung für die Avifauna als grundsätzlich unzulässig.[696] Die großräumige Betrachtungsweise finde ihre Rechtfertigung darin, dass aufgrund des Rastgeschehens eine Bewertung einzelner kleinflächiger Bereiche aus methodischen Gründen auf der Basis vorhandener Daten in der Regel nicht möglich und auch naturschutzfachlich nicht sinnvoll sei. Außerdem müsse wegen der unterschiedlichen Weitenwirkung von Windenergieanlagen eine Betrachtung über die einzelnen Standorte hinausgehen.[697]

Diese Spruchpraxis ist von einer gewissen Pauschalität gekennzeichnet. Dabei ist die Wirkung von Windenergieanlagen auf die spezifschen Vogelarten jedoch nicht abschließend untersucht und daher durchaus einer Einzelfallbewertung zugänglich. *Bach/Handke/Sinning* gingen im Jahr 1999 davon aus, dass die Errichtung von Windenergieanlagen häufig zu einer nachhaltigen Entwertung bedeutender Vogellebensräume führe.[698] Der Wirkungsgrad einer Windenergieanlage betrage teilweise das Fünffache der Anlagenhöhe.[699] Während allerdings laut *Hötger/Thomsen/Köster* keine statistisch signifikanten Nachweise von negativen Auswirkungen der Windkraftnutzung auf die Bestände von Brutvögeln existieren sollen,[700] haben *Handke/Adena/Handke/Sprötge* in ihrer Untersuchung des Bereichs Krummhörn im Jahr 2002/2003 lediglich bei der Stockente

---

694 VG Stuttgart NuR 2005, 673 (674).
695 Runderlass des Nds. MI vom 11.07.1996 – 39.1-32346/4 –, S. 1.
696 Für alle: VG Oldenburg, Urt.v. 03.03.2005 – 4 A 2869/03 –, S. 10, n.v.
697 VG Oldenburg, Urt.v. 02.02.2005 – 4 A 542/03 –, S. 12, n.v.
698 Bach/Handke/Sinning, aaO, 107 (118).
699 Kruckenberg/Jaene, in: Natur und Landschaft 10/1999, S. 420 (426).
700 Hötger/Thomsen/Köster, Auswirkungen regenerativer Energiegewinnung, 2005, S. 7.

und dem Sumpfrohrsänger kein Meidungsverhalten beobachten können. Für alle übrigen statistisch ausgewerteten Brutvogelarten sei eine verringerte Raumnutzung der anlagennahen Standorte (maximal 500 m) festgestellt worden.[701] Schließlich könne der auf den Boden projizierte Schatten bei Vogelarten zu Fehlverhalten führen, die mit Beutegreifern aus der Luft zu rechnen hätten.[702]

Bei den Rastvögeln zeige lediglich der Star kein Verdrängungsverhalten; Rastvögel reagierten insgesamt deutlich empfindlicher auf Windenergieanlagen.[703] Die Anlagen können ziehende Vögel zu Ausweichverhalten und Verlagerung des Rastgeschehens zwingen und führten infolgedessen zu einem erhöhten Energieaufwand.[704] Außerdem steige das Kollisionsrisiko bei ungünstigen Witterungsbedingungen und in Dunkelheit, wenn eine präzise Ortung und ein Ausweichen kaum möglich sei.[705] Insbesondere für nur eingeschränkt wendige Großvogelarten sowie Flugjäger in der offenen Landschaft bestehe ein generelles Risiko, an der Windenergieanlage zu verunglücken.[706] Eine allgemeingültige Aussage über die Zulässigkeit von Windenergieanlagen in Vogellebensräumen oder in ihrer Nähe lässt sich gegenwärtig jedoch nicht treffen. Auch wenn bestimmte Vogelarten schon heute eine gewisse Anpassung zeigen, dürfte nach derzeitigem Kenntnisstand als sicher gelten, dass Windenergieanlagen aufgrund ihrer Umwelteinwirkungen und ihrer Barrierewirkungen generell geeignet sind, Vögel zu stören und aus ihrem angestammten Stand-, Rast-, Nahrungs- und Brutplätzen zu vertreiben.[707] Der Ausschluss von Windenergieanlagen oder bestimmte Abstandserfordernisse sind zum Teil daher lediglich aus dem Gesichtspunkt der Vorsorge zu rechtfertigen. So leitet der *Nds. Landkreistag (NLT)* seine Abstandsempfehlungen mit den Worten ein, „die folgenden Abstandsempfehlungen beziehen Vorsorgeintentionen zum Schutz besonders geschützter Teile von Natur und Landschaft sowie besonders oder streng geschützter Arten ein. Im Einzelfall könnten größere Abstände erforderlich oder auch Unterschreitungen möglich sein".[708] Demzufolge lässt sich zur Verträglichkeit zwischen Windener-

---

701 Handke/Adena/Handke/Sprötge, in : Bremer Beiträge, Bd. 7 2004, 11 (11).
702 NLT-Papier, 2005, S. 6.
703 Handke/Adena/Handke/Sprötge, aaO, 11 (44).
704 NLT-Papier, aaO, S. 7.
705 NLT-Papier, aaO, S. 6.
706 Dürr, Verluste von Vögeln durch WEA, 2001, S. 123 ff.
707 VG Stuttgart NuR 2005, 673 (675).
708 Der NLT empfiehlt allgemeine Abstände von 1.000 m zu: Natur- und Landschaftsschutzgebieten, international bedeutsamen Brut- bzw. Rastplätzen, Vorranggebieten für Natur und Landschaft, Gebieten des Europäischen ökologischen Netzes Natura 2000. Das Papier besitzt lediglich Empfehlungscharakter, insbesondere sollen Abstandsregelungen von der Empfindlichkeit der jeweils betroffenen Vogelart abhängen; NLT-Papier, aaO, S. 9.

gieanlagen und der Avifauna über alle Vogelarten hinweg keine allgemeine Aussage treffen. Das *VG Stuttgart* stellt daher zu Recht fest, dass sich der öffentliche Belang des Vogelschutzes einer generalisierenden Betrachtung entziehe. Vielmehr müsse in jedem Einzelfall unter Berücksichtigung der konkreten Umstände die negative Wirkung auf die Vogelwelt beantwortet werden.[709] Eine Kollision mit dem Belang des Vogelschutzes mache deshalb eine Abwägung mit dem privilegierten Vorhaben nicht überflüssig.[710] Im Rahmen der Abwägung sei jedoch maßgeblich, ob Vogelarten betroffen seien, welche die Verordnung (EG) Nr. 338/97 des Rates vom 09.12.1996 über den Schutz von Exemplaren wildlebender Tier- und Pflanzenarten durch Überwachung des Handels in der durch Verordnung Nr. 1497/2003 vom 18.08.2003 geänderten Fassung schütze.[711] Die Vogelarten besitzen damit gemäß § 35 Abs. 3 Nr. 5 BauGB keine gleichrangige Durchsetzungskraft.

d) Planungserfordernis als sonstiger öffentlicher Belang

Nach gerichtlicher Feststellung der Unwirksamkeit einer Konzentrationsplanung sah sich die Bauaufsicht häufig mit einer Flut von Anträgen auf Genehmigung zur Errichtung von Windenergieanlagen konfrontiert. Der Bau einer Vielzahl von Windenergieanlagen drohte jedoch, die Planungshoheit der Gemeinden faktisch aufzuheben. Die Anlagen hätten auf Jahrzehnte in großen Teilen des Gemeindegebietes jede andere städtebauliche Entwicklung blockiert. Nicht selten wurde daraus ein Planungsbedürfnis im Range eines sonstigen öffentlichen Belanges gefolgert.

Die Aufzählung der öffentlichen Belange in § 35 Abs. 3 Satz 1 BauGB ist nicht abschließend. So sei ein Planungserfordernis unter besonderen Umständen als sonstiger öffentlicher Belang anerkannt.[712] Schließlich könne das im Außenbereich beabsichtigte Vorhaben eine Konfliktlage mit so hoher Intensität begründen, dass die berührten öffentlichen und privaten Belange einen planerischen Ausgleich erforderten.[713] Aus § 1 Abs. 3 BauGB könne daher im Einzelfall eine Planungsverpflichtung folgen.[714] Allerdings wird bislang ein solches Planungserfordernis regelmäßig allein auf die Anforderung einer bloßen Binnenkoordination beschränkt, wenn also das Vorhaben einer Koordination der in seinem Gebiet potentiell betroffenen Interessen durch Planung nach Innen be-

---

709 VG Stuttgart NuR 2005, 673 (674).
710 Vgl. hierzu allgemein BVerwGE 68, 311 (313).
711 VG Stuttgart NuR 2005, 673 (674).
712 Für alle: Söfker, Ernst/Zikahn/Bielenberg/Krautzberger, Rn. 112a zu § 35.
713 BVerwGE 117, 25 (30).
714 BVerwGE 119, 25 (29 f.).

dürfe.[715] Das Bedürfnis nach Außenkoordination löse demnach grundsätzlich kein Planungserfordernis aus.[716] Der Gesetzgeber habe durch die Privilegierung entsprechender Vorhaben deutlich gemacht, dass diese im Außenbereich verwirklicht werden dürften.[717] Eine förmliche Außenkoordination komme nur zum Tragen, wenn das Konditionalprogramm des § 35 Abs. 3 BauGB nicht ausreiche, die bodenrechtlich relevanten Spannungen zu bewältigen.[718] Das *BVerwG* jedenfalls geht davon aus, dass bei Anlagen nach § 35 Abs. 2 bis 6 BauGB das durch den Planvorbehalt des § 35 Abs. 3 Satz 3 BauGB eingereichte Konditionalprogramm die Zulassung von Windenergieanlagen im Außenbereich angemessen steuern könne.[719]

5. Einvernehmen (§ 36 BauGB)

§ 36 Abs. 2 Satz 3 BauGB bestimmt die Möglichkeit der Ersetzung des von der Gemeinde rechtswidrig verweigerten Einvernehmens. Diese Regelung sollte verhindern, dass die Gemeinde ohne weitere Angabe von Gründen durch schlichte Verweigerung des Einvernehmens einen langfristigen Baustopp hätte bewirken können.[720] Die zuvor allein gegebene Möglichkeit, das Einvernehmen im Wege der kommunalaufsichtsrechtlichen Ersatzvornahme zu erteilen, habe sich in der Praxis als wenig taugliches Mittel erwiesen, weil die Kommunalaufsicht hiervon nur äußerst selten Gebrauch gemacht hätten.[721] Vielmehr zeigte sich laut *Faber* ein Bild friedlicher Koexistenz; die Aufsichtsbehörden selbst würden ihre Praxis als kommunalfreundlich beurteilen.[722] § 36 Abs. 2 Satz 3 BauGB ersetze deshalb aber nicht die kommunalaufsichtsrechtlichen Regelungen.[723] Vielmehr blieben die Möglichkeiten der Kommunalaufsicht von dieser Vorschrift des BauGB unberührt.[724]

Allerdings stellt der Wortlaut des § 36 Abs. 2 Satz 3 BauGB die Ersetzung des Einvernehmens in das Ermessen der zuständigen Behörde. Während das *OVG Lüneburg* in der Kann-Vorschrift wortgetreu eine Ermessensermächtigung

---

715 BVerwG NJW 1977, 1978 (1979).
716 Gierke, aaO, Rd. 163 zu § 1.
717 BVerwG NVwZ 1984, 169 (170).
718 Vgl. BVerwG NVwZ 1988, 144 (145).
719 BVerwG BauR 2005, 832 (833).
720 BT-Drucks. 13/7588, S.12.
721 Dippel, in: NVwZ 1999, 921 (924).
722 Faber, aaO, S. 39 f.
723 Anders: Groß, aaO, 560 (569).
724 Dolderer, in: NVwZ 1998, 567 (570).

annimmt,[725] erkennt das *OVG Koblenz* hierin eine Befugnisnorm, mit welcher die Behörde zum Tätigwerden ermächtigt werde.[726] Letztlich soll mit der Regelung des § 36 Abs. 2 Satz 3 BauGB verhindert werden, dass zweifelsfrei rechtmäßige Bauvorhaben lange Zeit nicht verwirklicht werden können, weil die Gemeinde aus unzulässigen Erwägungen heraus missbräuchlich das Einvernehmen versagt.[727] Dabei ist im Zusammenhang mit der Zulässigkeit von Außenbereichsvorhaben jedoch zu berücksichtigen, dass gerade die städtebauliche Beurteilung nach § 35 BauGB nicht ohne weiteres als eine gebundene Entscheidung zu werten ist. Unbestimmte Rechtsbegriffe überantworten den Antragsteller teilweise einer kaum berechenbaren Rechtsanwendung. Denn wer könnte die natürliche Eigenart und Schönheit einer Landschaft zweifelsfrei definieren? Jedenfalls rechtfertigen solch extreme Wertungsspielräume, die Entscheidung über die Einvernehmensersetzung in das Ermessen der Behörde zu stellen.

II. Genehmigungspraxis des Landkreises Aurich

Windenergieanlagen moderner Bauart unterfallen regelmäßig einer Genehmigungspflicht. Im Zusammenhang mit der bauplanungsrechtlichen Zulässigkeit hatte der Landkreis Aurich als zuständige Baubehörde die bis zum 31.12.1998 aufgestellten Flächennutzungspläne zu beachten; deren Wirksamkeit wurde von der Auricher Bauverwaltung in der Regel nicht hinterfragt.

1. Anwendung der Flächennutzungspläne

Tatsächlich beachtete der Landkreis Aurich konsequent die Gebietsausweisungen in den Flächennutzungsplänen. Im Jahr 2001 beurteilte das *VG Oldenburg* den Flächennutzungsplan einer Küstengemeinde als abwägungsfehlerhaft und damit unwirksam. Dieses Urteil besaß Signalwirkung. Bis September 2003 lagen dem Landkreis über 100 Anträge auf Genehmigung zur Errichtung von Windenergieanlagen vor. Der Landkreis beschied in allen Fällen abschlägig und begründete seine Entscheidungen unter anderem mit den Darstellungen des verwaltungsgerichtlich als unwirksam befundenen Flächennutzungsplans. Die Auricher Baubehörde ging dabei zu Recht davon aus, dass das besagte Urteil keine allgemeinverbindliche Entscheidung zur Wirksamkeit des Flächennutzungsplans ent-

---

725 OVG Lüneburg BauR 2005, 679 (680).
726 OVG Koblenz NVwZ-RR 2000, 85 (86).
727 Dürr, aaO, Rd. 46 zu § 36.

halte, sondern lediglich inter partes gelte. Andererseits sah sich der Landkreis als Bauaufsichtsbehörde gegenüber einem Flächennutzungsplan als nicht verwerfungskompetent an. Immerhin konnte der Landkreis insoweit darauf verweisen, dass es zur inzidenten Verwerfungsbefugnis der Verwaltung bislang keine eindeutige höchstrichterliche Entscheidung gebe.[728] Die Beachtung des gemeindlichen Planungswillens trotz gerichtlich festgestellter Abwägungsfehler könnte darauf schließen lassen, dass die Kommunen in Bausachen einen durchgreifenden Einfluss auf die Genehmigungsentscheidung besitzen.

Landkreise fungieren als Bündelungsbehörde; für ihre Entscheidungen sind Gemeindegrenzen ohne Bedeutung. Tatsächlich fühlt sich der Kreistagsabgeordnete jedoch im Regelfall den Interessen der Bürger seiner Heimatgemeinde, also seiner Wähler verpflichtet.[729] Die politische Bewertung eines Sachverhalts erfolgt dann aus der Perspektive seines Wahlbezirks. Ein entsprechendes Abstimmungsverhalten ist insoweit nicht vorwerfbar, sondern (wahl-)systemimmanent.

Allerdings war die Beachtung eines gerichtlich als abwägungsfehlerhaft beurteilten Flächennutzungsplanes tatsächlich nicht primärer Ausdruck eines durchsetzungsstarken Willens der Gemeinde. Das Baudezernat formulierte für das Kreisgebiet eine übergeordnete Gesamtverantwortung. Über Jahrzehnte erarbeitete das Amt für Planung und Naturschutz gegen Honorar Flächennutzungs- und Bebauungspläne für eine Vielzahl Auricher Kommunen. Dieses Angebot diente nicht nur der Schaffung einer Einnahmesituation für den Landkreis. Vielmehr eröffnete dieses kreiseigene Planungsbüro auch die Möglichkeit, unmittelbar auf die städtebauliche Entwicklung im Kreisgebiet einzuwirken. In den Flächennutzungsplänen zur Konzentration der Windenergienutzung verwirklichte sich daher auch der Planungswille des Landkreises Aurich.

Verpflichtungsklagen richteten sich damit häufig zugleich gegen die Planungsarbeit des Landkreises. Genehmigungsfreudig hatte man zunächst einen raschen Ausbau der Windenergie gefördert. Nun drohte, der Versuch einer korrigierenden Planung zu scheitern. Schließlich verpflichtete sich der Landkreis durch Vergleich zur Erteilung von insgesamt 37 Bauvorbescheiden. In diesen Vergleich sollten ausschließlich Bauvorhaben einbezogen werden, denen ansonsten keine öffentlichen Belange entgegenstanden. Die Bauvorbescheide bezogen sich im Übrigen auf ein Gebiet, welches bereits eine hohe Konzentration installierter Windenergieanlagen aufweist. Windenergienutzung steht hier grundsätzlich nicht im Widerspruch zu einer städtebaulich geordneten Entwicklung.

---

728 Das BVerwG hat lediglich im Ansatz erkennen lassen, dass es eine administrative inzidente Verwerfungskompetenz bejahe. Zu einem klaren Ergebnis hat man sich aber nicht durchringen können, vgl. BVerwG BauR 2001, 1066 (1070).
729 Vgl. Faber, aaO, S. 44.

2. Öffentliche Belange (§ 35 Abs. 3 Satz 1 BauGB)

Angesichts der Rechtslage wirkt die Beachtung eines von der Verwaltungsgerichtsbarkeit als rechtswidrig beurteilten Flächennutzungsplans ein wenig hilflos. Der Landkreis Aurich wollte offensichtlich den grenzenlosen Ausbau der Windenergie um jeden Preis verhindern.

a) Planungsbedürfnis

Der Landkreis Aurich hatte in einem Verwaltungsrechtsstreit einen vom *VG Oldenburg* für unwirksam gehaltenen Flächennutzungsplan als bindend erachtet. Hilfsweise berief man sich jedoch darauf, dass selbst wenn der Flächennutzungsplan unwirksam sei, dem Vorhaben ein öffentlicher Belang in Gestalt eines Planungserfordernisses entgegenstehe. Höchstrichterlich ist jedoch ein Planungsbedürfnis als sonstiger öffentlicher Belang im Sinne von § 35 Abs. 3 BauGB nur für den Fall anerkannt, dass ein Erfordernis planerischer Koordination nach Innen vorliege. Einzelanlagen wären danach grundsätzlich nicht geeignet, ein solches Bedürfnis nach Planung zu begründen. Für faktische Windparks im Landkreis Aurich bestand realiter ebenfalls kein Koordinationsbedarf; schließlich ließ die scheinbar zufällige Konzentration von Windenergieanlagen manchmal Konturen eines Planungskonzepts erkennen. Die Investoren stimmten sich nämlich teilweise untereinander ab und beschränkten ihre Anträge auf jeweils maximal zwei Windenergieanlagen, um die Vorschriften des Immissionsschutzrechtes zu umgehen. Bis zum 30.06.2005 war schließlich für die Errichtung von höchstens zwei Anlagen lediglich eine Baugenehmigung einzuholen. Erst die Errichtung einer Windfarm (= 3 WEA) beurteilte sich immissionsschutzrechtlich. Für die von bis zu fünf Windenergieanlagen war ein vereinfachtes und ab sechs ein förmliches Verfahren nach den Bestimmungen des BImSchG's durchzuführen. Das *BVerwG* entschied jedoch im Jahr 2004, dass von einer immissionsschutzpflichtigen Windfarm auszugehen sei, wenn mindestens drei Windenergieanlagen einander räumlich so zugeordnet seien, dass sich ihre Einwirkungsbereiche wenigstens berührten.[730] Mit diesem Urteil sollte die Strategie enden, Windpark-Projekte allein nach Maßgabe baurechtlicher Vorschriften verwirklichen zu können.[731] Bodenrechtliche Spannungen konnten so-

---

[730] BVerwGE 121, 182 (182).
[731] Mit der Verordnung zur Änderung der Verordnung über genehmigungspflichtige Anlagen und zur Änderung der Anlage I des Gesetzes über die UVP, BGBl. Teil I v. 24.06.2005 werden Windfarmen mit Anlagen in einer Höhe von jeweils mehr als 35 m und Einzelanlagen von mehr als 50 m dem Immissionsschutzrecht unterstellt.

mit regelmäßig nicht auftreten, weil die Konfiguration der Anlagen von den Antragstellern bereits zumindest in groben Zügen durchgeplant worden war.

b) Landschaftsbild

Nur sechs Monate nach dem Urteil des *BVerwG's* vom 16. Juni 1994 hatte der Landkreis in Abstimmung mit den Gemeinden den Auftrag erteilt, ein Gutachten über den Einfluss von Windkraftanlagen auf das Landschaftsbild im Kreisgebiet zu erstellen. Ausschlaggebend sei der Eindruck, dass mit zunehmender Zahl errichteter Anlagen in dieser sehr weiträumigen Landschaft mit ihrem flachen Horizont die Anlagen auf große Entfernungen sichtbar seien und eine neue, in zunehmenden Maße als störend empfundene Dimension erzeugten. Da bislang weniger als die Hälfte der zu erwartenden Anlagen gebaut seien, stelle sich die Frage, in welchem Ausmaß und an welchen Stellen Windkraftanlagen mit möglichst geringen negativen Wirkungen auf das Landschaftsbild errichtet werden könnten.[732] Das Gutachten wurde binnen weniger Monate erstellt. Die ermittelten Bereiche wurden lediglich als Suchräume bezeichnet. Vor konkreten Entscheidungen seien in ihnen detaillierte Überlegungen zu Abgrenzung und Anordnung der Anlagen sowie Ersatzmaßnahmen anzustellen.[733] Um die unterschiedliche Sensibilität der Landschaftsräume festzustellen, wurde das gesamte Gebiet des Landkreises bereist. Besondere Beachtung fanden die historischen Kulturlandschaften; es sollten Elemente mit historisch, kulturell und ästhetisch bedeutsamen Aussagen nicht durch Windenergieanlagen entwertet werden.[734] Das Gutachten klassifiziert die Merkmale „Vielfalt, Eigenart und Schönheit" getrennt nach den Wertstufen „empfindlich", „wenig empfindlich", „neutral" und bildet aus den Einzelbewertungen ein Gesamtergebnis für die Teilgebiete. Soweit eine eindeutige Zuordnung zu einer der Kategorien nicht möglich war, wurde eine Zwischenstufe vergeben.

Der Gutachter kommt zu dem Ergebnis, dass in vielen Marschenbereichen (= küstennahe Räume) in den letzten Jahren Baugenehmigungen für Windkraftanlagen erteilt worden seien, wo dies aus landschaftsästhetischen Gründen hätte unterbleiben müssen.[735] Entsprechend der Sensibilitätsstufe wurden für jede Gemeinde Suchräume bestimmt. Das Gutachten empfiehlt bei Einzelanlagen ei-

---

732 Wöbse, Wöbse-Gutachten, 1995, S. 4.
733 Wöbse, Wöbse-Gutachten, Vorwort zum Gutachten.
734 Wöbse, aaO, S. 23.
735 Wöbse, aaO, S. 38.

ne Gesamthöhe von 25 m und bei Anlagen in Windparks eine Masthöhe von 50 bis 60 m nicht zu überschreiten.[736] Dieses Gutachten symbolisiert einen Wendepunkt in der Genehmigungspraxis des Landkreises Aurich. Es sollte als Instrument dienen, die mit einer fortschreitend diffusen Verteilung von Windenergieanlagen einhergehenden katastrophalen Auswirkungen auf das Landschaftsbild zu vermeiden.[737] Dieser Positionswechsel der Auricher Bauverwaltung findet in der kritischen Haltung vieler Bürger seine Entsprechung. „Die Verspargelung der Landschaft stelle eine widerliche Fehlentwicklung unter dem Deckmantel des Umweltschutzes dar. Ostfriesland werde als Naturlandschaft mit Industrieflächen zugepflastert", zitierte der *Anzeiger für Harlingerland* im Jahr 1995.[738] Die *Ostfriesischen Nachrichten* wussten im November 1995 gar von einer Bürgerinitiative „Windkraft-Kritiker-Ostfriesland für Landschaftsschutz" zu berichten.[739] Und die *Ostfriesen-Zeitung* berichtete Anfang 1996 von einem zunehmenden Widerstand in der Bevölkerung gegen die Aufstellung weiterer Windräder.[740]

Hersteller von Windenergieanlagen versuchten zwar, aufkommende Akzeptanzprobleme mit einer speziellen Ästhetik der Anlagen entgegenzuwirken. Beispielsweise kreierte der Designer Sir Norman Forster die Megawatt-Anlage der Firma Enercon. „Wir wollen eine Mühle, die den Geschmack und die Akzeptanz der Menschen findet", erklärte das Unternehmen.[741] Tatsächlich wurden solche Bemühungen wenig honoriert. Ungeachtet ihres individuellen Erscheinungsbildes schienen Windenergieanlagen kategorisch als Belastung für das traditionelle Landschaftsbild stigmatisiert zu sein.

Allerdings ließen sich Befürchtungen, der überprägte Küstenraum verliere an Attraktivität für den Touristen, bislang wissenschaftlich nicht nachweisen. „Besonders in einer Ferienregion, die mehr als andere Regionen darauf angewiesen ist, saubere Luft zu haben, ist Windenergie eine lohnende Alternative".[742] Eine erste umfangreiche Studie an der Küste Schleswig-Holsteins aus dem Jahr 1993 zeigte: „Windenergie: Urlauber mögen die Mühlen". Das Institut befragte an fünf Urlaubsorten über 2.000 Gäste mit einem durchweg positiven Bild für die Windenergienutzung, berichtete die *Ostfriesen-Zeitung* im Oktober 1993. Und

---

736 Wöbse, S. 55; in der Stadt Aurich sind drei E–126 mit einer Gesamthöhe von 198 m errichtet worden.
737 Wöbse, aaO, S. 59.
738 Anzeiger für Harlingerland, Ausgabe v. 17.10.1995.
739 ON, Ausgabe v. 25.11.1995.
740 OZ, Ausgabe v. 16.03.1996.
741 Emder Zeitung (EZ), Ausgabe v. 06.08.1994.
742 OZ, Ausgabe v. 10.01.1991.

das *Jeversche Wochenblatt* resümierte im April 1997, dass sich kaum ein Gast durch Windenergie in seinem Urlaubserleben gestört fühle. Im Jahr 2000 wurde für Schlewig-Holstein, unter dem Titel „Touristische Effekte von On- und Offshore-Windkraftanlagen in Schleswig-Holstein" eine Studie erarbeitet. Fast 500 Gäste wurden befragt, eine repräsentative Bevölkerungsbefragung mit 2000 Interviews geführt und Statistiken ausgewertet. Auch diese Studie ließ keinen Zusammenhang mit der Übernachtungszahl in den Urlaubsorten erkennen. Ein Forschungsgutachten der Universität Rostock aus dem Jahr 2003 kommt zu ähnlichen Ergebnissen. Mit Schwerpunkt auf Mecklenburg-Vorpommern kommt das Gutachten zu dem Ergebnis, dass es keinen signifikanten Zusammenhang zwischen „Propellern und Urlaubszahlen" gebe. „Viele touristisch erschlossene Regionen zeigten unabhängig vom Ausbau der Windenergie eine positive Entwicklung".[743] Vielmehr seien beim richtigen Umgang mit dem Thema „Windenergie" sogar positive Imageeffekte für den Tourismus erzielbar.[744] Eine telefonische Umfrage des *SOKO* (Sozialforschung & Kommunikation) Instituts aus dem Jahr 2003 ergab, dass nur 15 % der Befragten Windkraftanlagen als Störungen des Landschaftsbildes empfunden hätten.[745] Das Institut befragte telefonisch 2.063 Personen ab 14 Jahren. Windenergieanlagen wurden im Vergleich zu anderen potentiell das Landschaftsbild belastenden Anlagen am wenigsten störend wahrgenommen.[746]

Mittlerweile definiert der Landkreis Aurich jedoch Windenergie und Tourismus als konkurrierende Wirtschaftszweige. Nachdem der Regionalplan von 1992 Windenergie noch die Wirkung eines landschaftlichen Identifikationsmerkmals zuschreiben wollte, fordert die aktuelle Regionalplanung im Entwurf (Stand: 2004) bei Darstellung von Vorrangstandorten für Windenergieanlagen die Auswirkungen auf die Landschaft als Erholungsgebiet besonders zu beachten und anerkennt damit einen bestehenden Nutzungskonflikt.[747]

Diese Einschätzung lässt sich vor dem Hintergrund anderslautender gutachterlicher Aussagen nicht ohne weiteres als tendenziös bewerten. Windenergieanlagen besitzen keine definitive Lebensdauer. Entgegen früherer Auffassungen sind umfassende Reparaturarbeiten an der Windenergieanlage durch den Bestandsschutz abgedeckt. Die *Bezirksregierung Weser-Ems* informierte im Sep-

---

743 Hierzu insgesamt May, in: Erneuerbare Energien 2004, 36 (37).
744 May, aaO, 36 (43); so umfasst eine Mühlentour in Ostfriesland auch den Besuch einer modernen Windenergieanlage. Die Anlage besitzt eine Besucherkanzel.
745 SOKO 2003, S. 3.
746 Reihenfolge der übrigen: Bewertungen: Atom- und Kohlekraftwerke/Fabrikschornsteine/Hochhäuser/Autobahnen/Sendemasten/Hochspannungsleitungen/Bahntrassen/Windkraftanlagen; vgl. SOKO, aaO, S. 5.
747 RROP-Entwurf, 2004, S. 172.

tember 2002 die Unteren Bauaufsichtsbehörden darüber, dass die Instandsetzung maschinentechnischer Teile von Windkraftanlagen einschließlich des Austausches gegen baugleiche Teile im Werk verkehrsübliche Instandhaltungsmaßnahmen seien und die ursprünglich erteilte Baugenehmigung nicht erlöschen ließen.[748] Firmen spezialisieren sich darauf, Windenergieanlagen älterer Bauart für eine unabsehbare Dauer in Stand zu halten. Gutachten zur Wirkung von Windenergieanlagen auf den Touristen bleiben andererseits aber lediglich Momentaufnahmen. Eine abschließende Beurteilung erscheint hier kaum möglich. Ungeachtet einer Prognose ins Ungewisse muss jedoch festgestellt werden, dass der Landkreis nunmehr nach gerichtsfesten Argumenten suchte, um einen ungezügelten Ausbau der Windenergie zu verhindern. Diente der Landwirt über § 35 Abs. 1 Nr. 1 BauGB zugleich als Vehikel zur Genehmigung von Windenergieanlagen, so sollte das Tourismusgeschäft Gründe gegen eine unkoordinierte Errichtung von Windenergieanlagen liefern. Die Konzentrationsplanung im Sinne von § 35 Abs. 3 Satz 3 BauGB hatte die städtebaulichen Fehlentwicklungen der Vergangenheit tatsächlich nur unzureichend korrigieren können. Sonstige Nutzungsansprüche avancierten so zu einem öffentlichen Belang, um die Windenergie in den Grenzen einer Sonderbaufläche zu halten.

Verfahren vor dem *VG Oldenburg* ließen sich jedoch mit dem Schutz des Landschaftsbildes kaum gewinnen. Nur ausnahmsweise wurden mit Bezugnahme auf den Landschaftsschutz Verpflichtungsklagen gegen den Landkreis abgewiesen. Trotz Gutachtens erlangte der Belang des Landschaftsbildes im Ergebnis nicht die erhoffte Steuerungsschärfe. Das *VG Oldenburg* sieht das Landschaftsbild im Küstenraum des Landkreises Aurich als soweit vorbelastet, dass jede weitere Windenergieanlage irrelevant sei.[749] Aus jeder Perspektive seien Windenergieanlagen sichtbar; das *VG Oldenburg* beurteilt die Auricher Küstenlinie als umfassend überprägt. Für das örtliche Verwaltungsgericht ist damit allein der endlose Horizont maßgeblich. Die Nahwirkung von Windenergieanlagen bleibt gänzlich unberücksichtigt. Das schützenswerte Landschaftsbild beginnt demnach jenseits der Kurzsichtigkeit.

Der Ansicht des *VG's Oldenburg* ist allerdings zuzugeben, dass Windenergie in Küstennähe bereits heute fast einen kulturlandschaftlichen Status erreicht hat.

Dabei wird häufig nämlich vergessen, dass die Windenergienutzung gerade in windreichen Gegenden keine wesensfremde, sondern im Gegenteil eine traditionelle und der funktionalen Bestimmung des Außenbereichs entsprechende

---

748 Rundverfügung der Bez.Reg. Weser-Ems v. 03.09.2002 – 204.05–0–24159/6 –, S. 1.
749 Trotzdem wird häufig vor Ort in den betroffenen Gemeinden terminiert.

Nutzungsweise ist.[750] So wird die Zahl der Windmühlen in Deutschland noch für das Jahr 1895 mit 18.362 angegeben;[751] in Ostfriesland stehen zu dieser Zeit 174 Mühlen.[752] Windenergienutzung ist daher eine seit vielen Jahrhunderten typische Nutzung des Außenbereichs im windhöffigen Raum, auch wenn sich die äußere Gestaltung der Anlagen bedingt durch den gewandelten Bedarf verändert hat.[753] Erst das Massenphänomen der modernen Windenergieanlage ließ ein Problembewusstsein entstehen.

Eigenart, Vielfalt und Schönheit von Landschaft unterliegen einer Beurteilung, die letztlich doch dem Wandel der Zeit und sich ändernden Stimmungsbildern in der Gesellschaft unterworfen sind. Damit wird den Genehmigungsbehörden eine Einschätzungsprärogative übertragen, die, je nach gesellschaftspolitischer Grundhaltung, Entscheidungen fallen lässt. Die Arbeiten *Wöbses* oder des *NLÖ's* tragen zur Objektivierung der Erfassung und Bewertung des Landschaftsbildes bei. Das Landschaftsbild wird letztlich aber eine private Wahrnehmung bleiben.

c) Denkmalrecht

Im Jahr 1993 hatte der Landkreis Aurich einen Windpark mit insgesamt 18 Windenergieanlagen (= 9 MW) in der Gemeinde Krummhörn genehmigt. Ausweislich der Baugenehmigung standen der Errichtung dieses Windparks keine öffentlichen Belange entgegen; eine Prüfung denkmalrechtlicher Belange war nach Aktenlage nicht erfolgt. Dieser Windpark in der Krummhörn sollte als Beispiel für den konzentrierten Ausbau der Windenergie gelten. So wurde in Gesprächen mit dem Landkreis Aurich eine möglichst optimale Nutzung des Standorts angestrebt. Im Landschaftsbildgutachten von *Wöbse* aus dem Jahr 1995 heißt es jedoch zur besonderen Charakteristik der Krummhörn, „In der alten ursprünglichen Marsch sind Einzelwurten und Dorfwurten charakteristisch.[754] In der Regel dominiert hier der Grünlandanteil. Im Landkreis Aurich können Bereiche wie die Krummhörn mit überwiegend großen Dorfwurten von Flächen mit fast ausschließlich Einzelwurten mit Einzelhöfen unterschieden werden. Wo diese ursprünglichen Kulturlandschaftselemente noch klar erkenn-

---

750 Vgl. auch Pöttinger, in: DÖV 1984, 100 (107).
751 Mager, aaO, S. 22
752 Bloem/Bloem, Von Mühle zu Mühle, 1990, S. 12.
753 Olgiermann, aaO, S. 115.
754 Die Begriffe „Warften" und „Wurten" werden synonym verwandt; sie stellen eine kreisförmige aus Gründen des Hochwasserschutzes auf einer topographischen Erhöhung angelegte Ansiedlung dar.

bar sind, wurde die Landschaft als empfindlich eingestuft".[755] Zu dem drei Jahre zuvor genehmigten Windpark wird konkret ausgeführt, „in der Krummhörn wird die Kollision der Warftendörfer und der dazugehörenden Kirchtürme mit den Windkraftanlagen deutlich. Die Kirchtürme waren durch Jahrhunderte Orientierungspunkte mit hohem Symbolwert und werden nun durch technische Anlagen, die zwar einen ökonomischen, aber so gut wie keinen geistig-kulturellen Wert verkörpern um das Doppelte überragt. Hieran ändern auch Abstände von 2 bis 3 Kilometern kaum etwas, weil durch die Weite der Landschaft Entfernungen schwer kalkulierbar sind".[756] Das Gutachten differenziert nicht klar zwischen Beeinträchtigungen des Landschafts- und Ortsbildes sowie einer etwaigen Verunstaltung von Bau- und Bodendenkmalen. Unter dem Begriff der Kulturlandschaft werden Landschafts- und Ortsbild sowie denkmalrechtliche Gesichtspunkte wohl in einem gesamtheitlichen Sinne verstanden. Windenergieanlagen sollten danach die zwischen Warftendörfern bestehende Sichtbeziehung beeinträchtigen und störten damit den Eindruck vom Gesamtensemble.

An den Bewertungen des *Wöbse-Gutachtens* aus dem Jahr 1995 hielt der Landkreis fest. Der Flächennutzungsplan der Gemeinde Krummhörn war in seinem rechtlichen Bestand zweifelhaft.[757] Die Betreibergesellschaft des betreffenden Windparks plante im Jahr 2001 die installierten Windenergieanlagen durch leistungsstärkere Anlagen zu ersetzen (= Repowering). Unter Hinweis auf die Konzentrationswirkung des gemeindlichen Flächennutzungsplanes, aber insbesondere wegen einer Beeinträchtigung von Kulturdenkmalen wurde der Genehmigungsantrag nach Immissionsschutzrecht abgelehnt. Eine Entscheidung des *OVG's Lüneburg* gegen den Landkreis Aurich konnte durch Vergleich abgewendet werden.

Dieses Verwaltungshandeln gilt beispielhaft. Binnen weniger Jahre trat ein erkennbarer Sinneswandel ein. Die kulturhistorische Bedeutung und besondere Ästhetik der Warften müssen schon im Jahr 1993 als bekannt unterstellt werden. Über viele Jahre formulierte der Landkreis Aurich nämlich den aktiven Denkmalschutz für sich als besondere Aufgabenstellung. Baudenkmale wurden mit erheblichem finanziellen Aufwand restauriert. Der Landkreis richtete zudem Fördertöpfe ein, aus denen Eigentümern von Baudenkmalen für Instandhaltungsarbeiten Mittel zugewendet wurden. Die Sensibilität für den Denkmalschutz dokumentierte sich schließlich durch die Bereitstellung von jährlich mehreren hunderttausend Euro in einem konstant defizitären Haushalt. In den Haus-

---

755 Wöbse, Wöbse-Gutachten, 1996, S. 37.
756 Wöbse, aaO, S. 38.
757 Siehe hierzu Ausf. auf S. 124.

haltsplänen der Jahre 1989 bis 2003 hatte der Landkreis Aurich insgesamt über 3,6 Mio. € als Denkmalschutzmittel veranschlagt. Der Positionswechsel des Landkreises lässt sich damit erklären, dass die Sichtbeziehungen zwischen Windenergieanlagen und Kulturdenkmalen über mehrere Kilometer hinweg generell unterschätzt worden sind. Mangels Erfahrungswerten wurden hier Entscheidungen auf unsicherer Datenlage getroffen. Auch wenn sich jede pauschale Bewertung zum Denkmalschutz verbietet, so überrascht es schon, dass der Landkreis Aurich gegen die Errichtung von Windenergieanlagen mit einer Gesamthöhe von weniger als 100 m nunmehr auf der Grundlage des Wöbse-Gutachtens mit dem Schutz von teilweise bis zu drei Kilometern entfernten Baudenkmalen argumentierte. Das *VG Hannover* verneinte jedenfalls im Jahr 2005 mit Blick auf die etwa 3 km entfernte Burg Schaumburg denkmalrechtliche Spannungen.[758]

Tatsächlich war mit wachsender Anlagendichte der zunächst sorglose Umgang mit der Windenergie einem zunehmenden Problembewusstsein gewichen. Nun schien der Landkreis geradezu nach sonstigen gerichtsfesten Versagungsgründen zu suchen, für den Fall, dass die Konzentrationsplanung einer Gemeinde als Steuerungsinstrument zu versagen drohte. Das Konditionalprogramm des § 35 Abs. 3 BauGB wurde zum Koordinationsprogramm. Schließlich hatte sich der Landkreis Aurich das ehrgeizige Ziel gesetzt, Windenergienutzung zu konzentrieren und in sensiblen Räumen installierte Windenergieanlagen zurückzubauen.[759]

d) Vogelschutz

Im Jahr 2002 wurden die Teilräume „Krummhörner Marsch", „Westermarsch", „Ostfriesische Meere", „Flumm-Fehntjer-Tief" sowie das „Ewige Meer" wegen ihrer Bedeutung für die Avifauna als Vogelschutzgebiete gemäß Art. 3 Abs. 2a VRL an die Europäische Kommission gemeldet. Zwei Jahre später weisen *Melter/Schreiber* entlang der Küste jedoch ornithologische Wertigkeiten in der Qualität eines EU-Vogelschutzgebietes nach. Für den östlich der Stadt Norden gelegenen Teilraum sei eine internationale Bedeutung durch das regelmäßige Auftreten von mehr als 20.000 Wasservögeln gleichzeitig gegeben.[760] Trotz dieser Erkenntnisse unterblieb jedoch zunächst eine Meldung an die Europäische Union. Im April 2006 fordert die EU-Kommission in einem Mahnschreiben Deutschland auf, unter anderem im Küstenraum des Landkreises Aurich eine Fläche mit

---

758 VG Hannover, Urt.v. 18.11.2005, aaO, S. 15, n.v.
759 Wöbse, Wöbse-Gutachten, S. 54.
760 Melter/Schreiber, aaO, S. 54 ff.

einer Größe von über 10.000 ha als EU-Vogelschutzgebiet zu melden. Im Mai 2007 meldete Deutschland einen Teilbereich dieses Gebietes in einem Umfang von etwa 8.000 ha.[761]

Der Vogelschutz fand über die EG-Vogelschutzrichtlinie auf europäischer Ebene Anerkennung. Und in Niedersachsen erfuhr der Naturschutz insgesamt mit der Verbändebeteiligung und dem Klagerecht für anerkannte Naturschutzvereine eine gesellschaftliche Aufwertung. Das Umweltinformationsgesetz gibt zudem jedem Bürger seit dem Jahr 2005 in umweltrelevanten Verfahren ein umfassendes Informationsrecht. Natur- und Umwelt erlangen damit einen gewissen Rechtsschutz; Auswirkungen auf Natur und Landschaft begründen Verfahrensbeteiligung.

Der Küstenraum Niedersachsens dürfte dabei das besondere Interesse der anerkannten Naturschutzverbände auf sich ziehen, sind doch gerade hier so genannte Rote Liste Vögel keine Seltenheit. Ihre ornithologischen Wertigkeiten machen die ostfriesische Nordseeküste unstreitig zu einem der bedeutetsten Vogellebensräume in Europa.

Für die Auricher Bauverwaltung bedeutet diese Erkenntnis jedoch nicht, dass Entscheidungen über die Zulässigkeit einer Windenergieanlage heute auf einer sicheren Informationsbasis getroffen werden könnten. Die avifaunistische Bedeutung der ostfriesischen Küstenlinie ist nicht durch lückenlose Kartierung belegt. Schutzgebietsausweisungen beruhen zudem häufig auf veraltetem Datenmaterial. Die Ausweisung als Schutzgebiet kann sich daher im Einzelfall als überholt herausstellen, wenn der gesetzliche Vogelschutz nicht an die spezifische Eignung eines Gebietes als Lebensraum für Vögel anknüpft. Schließlich halten sich Kornweihen auf Nahrungssuche zumeist nicht an die zeichnerischen Grenzen eines Vogelschutzgebietes. Als dynamischer Prozess wird die Meldung eines europäischen Vogelschutzgebietes allerdings in der Regel nur bei konkurrierenden Planungen aufgefasst. Eine Herausnahme aus der Schutzgebietskulisse wird hier dann damit begründet, dass der Teilraum seine spezifische Bedeutung für den Vogelschutz verloren oder niemals besessen habe.

Aber nicht nur die tatsächlichen Grenzen eines bedeutenden Vogellebensraums bereiten dem Landkreis Aurich Schwierigkeiten bei Anwendung des § 35 Abs. 3 Nr. 5 BauGB auf den Einzelfall. Bis heute liegen keine abschließenden wissenschaftlichen Erkenntnisse über die spezifischen Auswirkungen von Windenergieanlagen auf die Avifauna vor. Die Störempfindlichkeit lässt sich nach den betroffenen Vogelarten differenzieren. Anpassungs- und Lernverhalten können sogar zur Revision von früheren wissenschaftlichen Annahmen führen.

---

761 Die Windparks in Hage und Norden waren jedoch nicht von der Meldekulisse erfasst.

Stellen aktuelle Untersuchungen jedoch vormalige Einschätzungen zur Qualität eines Vogelschutzgebietes oder Störsensibilität einer spezifischen Vogelart in Frage, so argwöhnt die Windenergiebranche regelmäßig misstrauisch, einen vorgeschobenen Versagungsgrund entlarvt zu haben. Schließlich steht das NLT-Papier im Verdacht, ein bloßes Instrument für eine restriktive Genehmigungspraxis zu sein.

Tatsächlich hat sich das Bewusstsein für einen effektiven Vogelschutz erhöht. Mittlerweile untersuchen Fachleute des Landkreises zur Vorbereitung von Streitverfahren die relevanten Gebiete avifaunistisch. Im Vergleich zu den vorgenannten Belangen verspricht der Vogelschutz immerhin eine Berechenbarkeit gerichtlicher Entscheidungen. Das *VG Oldenburg* erachtet nämlich in ständiger Rechtsprechung an Standorten mit lokaler und höherer Bedeutung für die Avifauna Windenergieanlagen für regelmäßig unzulässig.[762] Faktisch trägt der Vogelschutz damit aber auch dazu bei, einen unkoordinierten Ausbau von Windenergie zu verhindern. Vogelschutz besitzt dann eine eigenartige Reflexwirkung. Protest in der Bevölkerung gegen Windenergie erlangt dann über den Naturschutz Durchsetzung. Vogelschutz darf deshalb aber nicht zur bloßen Abwehr unerwünschter Windenergieanlagen degenerieren. Die aktuelle Genehmigungspraxis verinnerlicht vielmehr den Anspruch, den durch § 35 Abs. 3 BauGB intendierten Interessenausgleich im Einzelfall zu erreichen.

Während nämlich die Ministerialverwaltung von Bund und Land ressortmäßig gegliedert ist, stellt der Landkreis Aurich eine Bündelungsbehörde dar. Landkreise zeichnen umfassend (mit)verantwortlich. Ihre Kompetenz lässt Landkreise in Niedersachsen nach Auflösung der Bezirksregierungen fast allzuständig erscheinen. Von der Wirtschaftsförderung bis hin zum Naturschutz tragen Landkreise eine Gesamtverantwortung. Der Landkreis Aurich hatte bis Mitte 1990iger Jahre den raschen Ausbau der Windenergie favorisiert. Als Windenergieanlagen die ostfriesische Kulturlandschaft neu zu definieren begannen, versuchte der Landkreis, über § 35 Abs. 3 BauGB einen fortschreitenden Wildwuchs zu verhindern. Heute werden Windenergieanlagen im Außenbereich schlicht genehmigt, wenn ihnen öffentliche Belange nicht entgegenstehen.

3. Einvernehmensersetzung

Im Landkreis Aurich hatte die Nds. Verwaltungsgerichtsbarkeit erst in einem Fall über die Rechtmäßigkeit einer Einvernehmensersetzung im Zusammenhang mit der Genehmigung von Windenergieanlagen urteilen müssen. In Vollziehung

---

762 Vgl. für alle: VG Oldenburg, Urt.v. 03.03.2005 – 4 A 2869/03 –, S. 10, n.v.

eines Vergleichs hatte der Landkreis in 37 Fällen Bauvorbescheide erteilt. Die betroffene Gemeinde war dem oben beschriebenen Vergleichsvertrag nicht beigetreten und verweigerte ihr Einvernehmen. Den Vorhaben stehe in Gestalt eines Planungserfordernisses ein sonstiger öffentlicher Belang entgegen. Außerdem handele es sich um einen faktischen Windpark, der nach Immissionsschutzrecht zu beurteilen sei. Beantragt sei in allen Fällen aber lediglich die Erteilung von Bauvorbescheiden. Der Landkreis ersetzte das Einvernehmen und ordnete die sofortige Vollziehung an. Ohne die Anordnung der sofortigen Vollziehung wäre der Landkreis für die Dauer des Rechtsbehelfsverfahrens an der Erteilung von Bauvorbescheiden gehindert gewesen. Parallel dazu versuchte die Gemeinde jedoch, ihren als unwirksam erkannten Flächennutzungsplan zu korrigieren. Einen zwischenzeitlich wirksam gewordenen Flächennutzungsplan hätte der Landkreis bei der Entscheidung über die Erteilung der Bauvorbescheide berücksichtigen müssen. Für die Antragsteller drohte damit ein Rechtsverlust, so dass die sofortige Vollziehung anzuordnen war.

Die Gemeinde beschritt gegen den abgewiesenen Widerspruch erfolglos den Rechtsweg. Ein Planungserfordernis wegen des etwaigen Bedarfs einer Außenkoordination findet in der Rechtsprechung allgemein keine Anerkennung. Nach Innen bedurfte es schon deshalb keiner Planung, da die einzelnen Vorhaben im Wesentlichen aufeinander abgestimmt waren. Die Gemeinde hatte jedoch zu Recht gerügt, dass bereits das Entstehen eines nur faktischen Windparks die Anwendung des Immissionsschutzrechtes begründe. Das *BVerwG* entschied nämlich im Juni 2004, dass bereits dann von einer immissionsschutzpflichtigen Windfarm auszugehen sei, wenn mindestens drei Windkraftanlagen einander räumlich so zugeordnet seien, dass sich ihre Einwirkungsbereiche wenigstens berührten. Insoweit komme es nicht darauf an, ob die Anlagen auf demselben Betriebsgelände oder mit gemeinsamen Betriebseinrichtungen verbunden seien; die Betreiberfrage sei insgesamt unerheblich.[763] Letztlich wird aber in dem immissionsschutzrechtlichen Verfahren über die städtebauliche Zulässigkeit des Vorhabens nach Maßgabe des § 35 BauGB lediglich mitentschieden. Die Rechtsposition der Kommunen wird durch die Anwendung des BImSchG's also nicht verändert. Das *OVG Lüneburg* wies daher die Beschwerde der Gemeinde gegen den Beschluss des *VG Oldenburg* zu Recht mit der Begründung zurück, dass die Frage der Immissionsschutzpflichtigkeit nicht die Rechte der Gemeinde berühre.

---

[763] BVerwGE 121, 182 (186 f.).

III. Resumé

„Oft ist es so, daß sich der lokale Genehmigungsbeamte alleingelassen fühle".[764] Das StrEG löste eine Euphorie und Antragsflut aus. Dieser energiepolitische Richtungswechsel sollte sich nach der Vorstellung des Gesetzgebers ohne Änderung des Bauplanungsrechts verwirklichen können. Die Baubehörden sahen sich zur Privilegierung von Windenergieanlagen im Außenbereich jedoch einem umfassenden Meinungsvielfalt gegenüber. Das *OVG Lüneburg* sah die gewerbliche Erzeugung von Windstrom als nicht privilegiert an, während das *OVG Schleswig* in Kombination verschiedener Privilegierungstatbestände Windenergieanlagen als bevorrechtigte Außenbereichsvorhaben beurteilte. Die *Bezirksregierung Weser-Ems* verneinte als obere Bauaufsichtsbehörde eine Privilegierung von Windkraftanlagen und unterstellte solche Außenbereichsvorhaben damit dem Planungsvorbehalt der Gemeinden. Das *Nds. Sozialministerium* als oberste Bauaufsichtsbehörde wollte hingegen Windkonverter nach § 35 Abs. 1 Nr. 4 BauGB a. F. als bevorrechtigt anerkennen und wurde in dieser Rechtsauffassung von Teilen der Literatur unterstützt. Im Juni 1994 beendete das *BVerwG* den Meinungsstreit und bestätigte im Ergebnis das Urteil des *OVG's Lüneburg* aus dem Jahr 1988. Bis Mitte 1994 ließ sich somit jede Rechtsansicht plausibel vertreten.

„Da sitzt nun der Planer irgendeiner Stadt oder Gemeinde. Er soll über den Antrag auf Baugenehmigung für eine Windenergieanlage entscheiden. Zu Rate zieht er einen Erlaß, der nicht mehr gilt, einige Urteile, die sich widersprechen und eine pflaumenweiche Empfehlung der Bezirksregierung. Und was macht er dann?"[765] Der Landkreis Aurich jedenfalls genehmigte von dem Ehrgeiz getragen, den Ausbau der Windenergie zu forcieren. Öffentliche Belange hatten sich dem überragenden Interesse an der neuen Energie unterzuordnen.

Die höchstrichterliche Entscheidung zur Windenergie ließ Ruhe einkehren. Nach Auffassung des *BVerwG's* hatte der Gesetzgeber eine Priorisierung der Nutzungsansprüche im Außenbereich vorzunehmen. Der Landkreis Aurich respektierte das höchstrichterliche Urteil. Genehmigungen wurden jedoch nicht aufgehoben. Die Entscheidung, insgesamt von Rücknahmen gemäß § 48 VwVfG abzusehen, erscheint im Ergebnis nachvollziehbar. Die Entscheidung des *OVG's Lüneburg* zur Privilegierung von Windkraftanlagen aus dem Jahr 1988 muss als frühzeitig bekannt unterstellt werden.

Aus dem Urteil des *BVerwG's* resultierte die Novellierung des § 35 BauGB. Windenergieanlagen wurden in den Katalog privilegierter Außenbereichvorhaben aufgenommen. Das Ausmaß der Bevorrechtigung im Außenbereich stellte

---

764 ON, Ausgabe v. 27.01.1988.
765 OZ, Ausgabe v. 16.07.1998.

der Gesetzgeber jedoch in das Ermessen der Träger von Bauleit- und Regionalplanung. Den 1996 in Kraft getretenen Regionalplan des Landkreises Aurich sah die *Bezirksregierung Weser-Ems* allerdings nur mit Einschränkungen genehmigungsfähig; die festgelegten Vorranggebiete für Windenergienutzung konnten schon von daher keine Letztentscheidung mit Außenwirkung im Sinne des § 35 Abs. 3 Satz 3 BauGB beinhalten. Die Flächennutzungspläne der Auricher Gemeinden genehmigte die *Bezirksregierung* zwar. Frei von Abwägungsfehlern war die Konzentrationsplanung der Kommunen deshalb jedoch nicht. Tatsächlich fiel die Bauleitplanung als Steuerungsinstrument im Sinne des § 35 Abs. 3 Satz 3 BauGB vielfach aus. Der Landkreis Aurich war nunmehr angesichts einer hohen Dichte installierter Windenergieanlagen im Küstenraum jedoch entschlossen, einen weiteren unkoordinierten Ausbau der Windenergie zu vermeiden. Dieser Perspektivwechsel entsprach einem gewandelten Stimmungsbild in der Bevölkerung. „Als die Windenergie sich langsam etablierte, da überrollte eine schon fast unheimliche Goldgräberstimmung das Land. Doch den Profit schöpfte eine Minderheit ab, unter den zahlreichen Windmühlen hat seit Jahren aber die große Mehrheit zu leiden", kommentierte der *Anzeiger für Harlingerland* im Jahr 1996.[766] Das Konditionalprogramm des § 35 Abs. 3 Nr. 5 BauGB sollte anstelle unwirksamer Konzentrationsplanungen die Aufgabe einer Koordination leisten. Tatsächlich erwies sich in gerichtlichen Auseinandersetzungen aber allein der öffentliche Belang des Vogelschutzes als durchsetzungsfähig.

Der Landkreis Aurich zeigte sich zu Beginn der 1990iger Jahre äußerst genehmigungsfreudig. Landwirtschaft und die neue Alternative zu konventionellen Energieträgern sollten massiv gefördert werden. Das Gutachten zu den Auswirkungen von Windenergieanlagen auf das Landschaftsbild markiert hingegen eine Justierung dieser ursprünglichen Absicht. Die Ziele mögen damit eindeutig formuliert sein; die den Zielen zu Grunde liegende Motivlage ist noch zu klären.

---

766 Anzeiger für Harlingerland, Ausgabe v. 01.12.1996.

F. Der Einfluss der Politik auf die Behördenentscheidung

Windenergie gleicht der Verwirklichung einer Utopie und wurde in rauschender Politeuphorie gefeiert.[767] Die Erfolge der Windenergie können aber nicht darüber hinwegtäuschen, dass sie lediglich eine politische ad hoc Reaktion und kein insgesamt konsistentes Konzept darstellen.[768] Rechtsunsicherheiten hätten nach *Heymann* in Deutschland einen zügigen Ausbau der Windenergie behindert.[769] Das vermeintliche Vakuum ließ ein Bild der Willkür entstehen. Im Lichte des StrEG's ignorierten Behörden die Restriktionen des traditionellen Bau-, Denkmal- und Naturschutzrechts oder aber nutzten ein umfangreiches Regelwerk als Instrument, um Anlagen zur Nutzung Erneuerbarer Energien „auszuspielen und sich auszutoben".[770] Baubehörden nahmen so eine individuelle soziale Kosten-Nutzen-Analyse vor und entschieden auf der Grundlage einer individuellen Auslegung des § 35 BauGB.[771]

Die Genehmigungspraxis des Landkreises Aurich zu Beginn der 1990iger Jahre konnte als energiepolitisch opportun und musste nach Auffassung des *BVerwG's* als rechtswidrig gelten. Bei Umsetzung der energiepolitischen Aussagen des EEG's zeigte der Landkreis Aurich hingegen ein deutliches Weniger an Enthusiasmus. Eine Vielzahl verlorener oder durch Vergleich beigelegter Rechtsstreitverfahren zeigen andererseits, dass die Entscheidungspraxis des Landkreises kritisch zu hinterfragen ist. Es drängt sich also die Frage auf, ob die Entscheidungen der Auricher Bauverwaltung zur Windenergie in der Zeitspanne von 1990 bis zum Jahr 2005[772] auch das Ergebnis politischen Drucks sind.

I. Wie politisch ist die (Auricher) Kreisverwaltung im Allgemeinen?

Neben Macht, Geld und Wissen ist zunächst Recht das wichtigste Instrument, das Politik zur Steuerung des sozialen Wandels einsetzt.[773] Rechtssetzung bein-

---

767 Hasse, aaO, S. 14.
768 Heymann, aaO, S. 467.
769 Heymann, aaO, S, 464.
770 Scheer, in: Alt/Claus/Scheer, aaO, S. 8.
771 Vgl. Schauer, aaO, S. 323.
772 Das Ende des angegebenen Zeitraums markiert den Beginn dieser Arbeit.
773 Voigt, Politik und Recht, 1990, Einl. S. 1.

haltet aber nicht immer eine gesetzgeberische Dezision. Unklare Gesetzestexte kennzeichnen insoweit politische Kompromisse; ihren Regelungsgehalt würden solche Gesetze erst im Verlauf juristischer Auseinandersetzungen erhalten.[774] Gesetze können daher den Rechtsanwender grundsätzlich nicht vor politischem Druck bewahren. Schließlich ist Verwaltung nicht autark. Politik nimmt auf die Entscheidungen kommunaler Verwaltungen Einfluss.

1. Politik und Kommunalverwaltung

Das Verhältnis zwischen Politik und Kommunalverwaltung, also die Funktions- und Wirkungsweise einer gemeindlichen Verwaltung in der Wechselbeziehung zur Politik lässt sich jedoch nur verstehen, wenn die Begriffe „Kommunalverwaltung und Politik" im konkreten Verständnis dieser Arbeit definiert sind.

a) Der Politikbegriff

„Alle Politik ist Kunst – sie bewegt sich in der Welt der historischen Thaten, verwandelt sich und treibt neue Bildungen hervor, während wir reden."

Treitschke 1887

Das Wort „Politik" stammt aus dem Griechischen; „tà politikà" sollten die auf die bürgerliche Gesellschaft (= polis) bezogenen Angelegenheiten beinhalten.[775] *Aristoteles* beschrieb mit dem Begriff „polis" das Ideal einer Gemeinschaft, die als solche um des höchsten Gutes willen bestehe.[776] Dabei suche der Mensch im Regelfall die Gesellschaft anderer, weshalb ein von der Staatsgemeinschaft ausgeschlossener Mensch verworfen ein Liebhaber des Kriegs sei.[777] In diesem unspezifischen Verständnis von Politik könne der Mensch erst im Zusammenleben mit seinesgleichen glücklich werden.[778] Menschen seien insofern von Natur aus politische Wesen.[779]

---

774 Voigt, aaO, S. 11.
775 Deibel, Zum Begriff des Politischen bei Platon, in: Lietzmann/Nitsche, Klassische Politik, 2000, 23 (29).
776 Aristoteles, Politk (Ausgabe Bekker), 1839, Buch I, 1. Kap. 1, S. 5, Nr. 1.
777 Aristoteles, aaO, Buch I, 1. Kap., S.6 f., Nr. 9.
778 Vgl. Höffe, in: Höffe, Politik (Aristoteles), 2001, S. 30.
779 Aristoteles, aaO, Buch I, 1. Kap., S. 6, Nr. 9.

Politik ist zwar als Wissenschaft anerkannt. Da der Gegenstand der Politik aber nicht naturhaft vorgegeben sei, konnte über den Begriff von Politik in all seinen Facetten bislang keine Einigkeit erzielt werden.[780] Das Politikverständnis war zunächst vor allem geprägt durch die Begriffe Macht und Staatsherrschaft. Der *Brockhaus* definierte Ende des 19. Jahrhunderts, „Politik ist die Wissenschaft vom Staat, seiner Elemente und Bedingungen, seinen Zwecken, Kräften und Einrichtungen, seiner Thätigkeit und den Formen, in denen dieselbe sich vollzieht".[781] Politisch bedeute staatlich, so dass Staatswissenschaften und Politik terminologisch gleichzusetzen seien, meinte *Jellinek* im Jahr 1914.[782] Dabei wurden Staats- und Machtbegriff miteinander verknüpft, als sich alle Erscheinungsformen der Macht auf den Staat zurückführen lassen sollten.[783] Der politische Verband solle ein Herrschaftsverband dann und insoweit heißen, als sein Bestand und die Geltung seiner Ordnungen innerhalb eines geographischen Gebiets kontinuierlich durch Anwendung und Androhung physischen Zwangs seitens des Verwaltungsstabes garantiert werden, lautet die politische Theorie *Webers*.[784]

Inzwischen hat die Politikwissenschaft die Suche nach einem allgemein verbindlichen Politikbegriff offensichtlich aufgegeben.[785] Politik stelle sich nach *Lahrem/Weißbach* als wandelnde Realität dar, die in ihrem Erklärungswert von der Perspektive des jeweiligen Betrachters abhinge. Kennzeichen der Politikwissenschaften sei daher, dass sie ihre Problemstellung nicht aus sich selbst heraus gewinne, sondern auf die gesellschaftlichen Probleme reflektiere.[786] Aber auch wenn Politik sich nur mehrdimensional begreifen lässt,[787] so muss anerkannt werden, dass jede Begriffssuche immer eine Bezugnahme auf Macht enthalten wird. „Wer Politik treibt, erstrebt Macht: Macht entweder als Mittel im Dienste anderer oder Macht um ihrer selbst willen".[788] Und dabei sei der Wille zur Macht laut *Nietzsche* die Essenz der Welt.[789] Politische Wissenschaften sollten sich demnach als eine empirische Forschung verstehen, als das Studium von

---

780 Meyer, Was ist Politik?, 2000, S. 16 f.
781 Brockhaus, Conversations=Lexikon, Bd. 13, 13. Aufl. 1886, S. 129.
782 Jellinek, Allg. Staatslehre, 3. Aufl. 1914, S. 5.
783 Heidt, in: Neumann, Handbuch politische Theorien und Ideologien, Bd. I, 2. Aufl. 1998, 381 (384).
784 Weber, aaO, S. 29.
785 Berg-Schlosser/Stammen, Einf. in die Politikwissenschaften, 6. Aufl. 1995, S. 36.
786 Lahrem/Weißbach, Grenzen des Politischen, 2000, S. 62.
787 Stammen, in: Stammen/Clapam/Grieffenhagen u.a., Grundwissen Politik, 1997, S. 13.
788 Weber, aaO, S. 822.
789 Nietzsches Werke, erste Abt., Bd. VII, Jenseits von Gut und Böse, 1899, Nr. 186.

Machtbildung und Machtverteilung und ein politischer Akt als einer, der unter Machtgesichtspunkten ausgeführt werde.[790]
Letztlich gilt es für jedes Mitglied einer Gesellschaft, seine Interessen zu wahren. Interessen sind insoweit der Rohstoff der Politik.[791] Politik ist damit ein allgegenwärtiges Element menschlichen Lebens.[792] Diese Überlegung wird durch die Theorie von *Carl Schmitt* gestützt, als sich das Politische auf den Gegensatz von Freund und Feind unabhängig von der Existenz eines Staates verkürzen lasse.[793] Solche Freund-Feind-Konstellationen lassen sich tatsächlich in allen Lebensbereichen diagnostizieren.[794] Der Politikbegriff im Verständnis dieser Arbeit beschränkt sich jedoch auf den organisierten Versuch, (Gruppen-)Interessen durchzusetzen. Politik ist insofern dann die auf Lösung eines Interessenwiderstreites gerichtete Erwartungshaltung in Gemeinschaft lebender Menschen vermittelt durch demokratisch legitimierte Organisationen, politische Parteien oder sonstige Wählergruppierungen, eine Erwartungshaltung, die vorliegend bereits ihren Ausdruck in den Gesetzen zur alternativen Energieerzeugung gefunden hatte. Politik lässt sich vorliegend deshalb nicht auf die Mandatsträger in den Kommunalparlamenten beschränken. Bundestag und Nds. Landtag bildeten mit Erlass von StrEG/EEG und Aufstellung landesplanerischer Maßgaben einen mehrheitlichen Willen der Gesellschaft zur Energiepolitik ab. Das Land Niedersachsen beabsichtigte, über ministerielle Erlasse die Entscheidungspraxis der Baubehörden zu programmieren. Staatliche Beihilfen sollten den Ausbau der Windenergie zudem beschleunigen. Werden auf Bundes- und Landesebene lediglich die Institutionen benannt, so lässt sich die Politik im Landkreis Aurich jedenfalls ansatzweise personifizieren. Die Funktion des Nds. Finanzministers garantierte dem seit 1977 amtierenden Landrat des Landkreises Aurich einen konstant großen Einfluss auf alle wesentlichen Entscheidungen in der Region.

Dabei stehen Politiker permanent unter dem Druck der öffentlichen Meinung; schwammartig versuchen politische Vertreter, die Interessen ihrer vermeintlichen Wähler aufzusaugen und zur Durchsetzung zu verhelfen. Die öffentliche Meinung löst so in einer Welt moderner Kommunikationsmittel einen allgegenwärtigen Anpassungsdruck aus. Meinungsforschungsinstitute und Medien werden damit zu einer politischen Instanz; insoweit lässt sich eine basisdemokratische Tradition beobachten. Der Konformitätsdruck der öffentlichen Meinung

---

790 Dahl, Die politische Analyse, 1973, S. 16.
791 Meyer, aaO, S. 76.
792 Stammen, aaO, S. 14.
793 Vgl. Schmitt, Der Begriff des Politischen, 1932, S. 29.
794 Vgl. Sternberger, Drei Wurzeln der Politik, 1978, S. 21.

könne sich laut *Jäckel* in einem Maße steigern, dass er gesetzähnliche Macht gewinne.[795]

Rechtssetzung ist jedoch aufwändig und hinkt den gesellschaftlichen Veränderungen im Regelfall hinterher.[796] Offene Gesetzestexte eröffnen dem Rechtsanwender dann die erforderlichen Spielräume, um auf veränderte Anschauungen, neue gesellschaftliche Ansprüche oder die öffentliche Meinung reagieren zu können. Gesetzesinitiativen bedarf es dann nicht, wenn das vorhandene Recht hinreichend anpassungsfähig erscheint. Politischer Einfluss auf den Rechtsanwender einer öffentlichen Verwaltung kann dann bereits die politisch opportune Entscheidung bewirken.

b) Kommunalverwaltung

Lässt sich im staatlichen Verwaltungsaufbau verfassungsrechtlich zwischen exekutiver und legislativer Gewalt unterscheiden, so kann auf der gemeindlichen Ebene nur von der Kommunalverwaltung gesprochen werden.

In den Kommunen kontrollieren Stadt- und Gemeinderat sowie Kreistag die Verwaltungstätigkeit (§§ 40 Abs. 3 Satz 1 NGO, 36 Abs. 3 Satz 1 NLO); unmittelbarer politischer Einfluss ist hier gesetzlich gewollt. Die Vertretungskörperschaft wird auf Gemeinde- und Kreisebene laut *Hofmann/Muth/Theisen* regelmäßig als Kommunalparlament bezeichnet. Dieser umgangssprachliche Begriff habe durchaus seine Berechtigung, denn Satzungen und Rechtsverordnungen werden durch die kommunalen Vertretungskörperschaften erlassen. Rat und Kreistag besitzen zudem ein Budgetrecht, bilden Ausschüsse und kontrollieren die Verwaltungstätigkeit der Gebietskörperschaft. Trotz dieser Ähnlichkeiten seien kommunale Vertretungen keine Parlamente im staatsrechtlichen Sinne.[797] Ihre Aufgaben beschränken sich nicht auf die typischen Parlamentsaufgaben, sondern sind dadurch geprägt, dass sie Willensbildungs- und Kontrollorgan einer Kommune sind.[798] Diese Körperschaften sind keine „Staaten", denen ein Parlament zugeordnet wäre, sondern selbst Verwaltungsträger im Rahmen der Landesverwaltung.[799] Kommunale Vertretungen gehören also nicht der rechtssetzenden Gewalt an, sondern sind Teil der gemeindlichen Verwaltung.[800]

---

795 Jäckel, Ungeschriebene Gesetze, 1990, S. 25.
796 Voigt, aaO, S. 9.
797 Hierzu insgesamt Hofmann/Muth/Theisen, aaO, S. 325 ff.
798 OVGE Münster 31, 10 (13).
799 Hofmann/Muth/Theisen, aaO, S. 327.
800 Maurer, aaO, § 23, Rd. 2.

In Rat und Kreistag gewählte Bürger sind also zwar „Volksvertreter" im Sinne von Art. 28 Abs. 1 GG, jedoch keine Abgeordneten.[801] Kommunalparlamente lassen sich formal lediglich als Verwaltungsorgane einer Selbstverwaltungskörperschaft bezeichnen, denen kraft Satzungsgewalt legislative Befugnisse zukommen.[802] Kommunale Satzungen seien Rechtssetzungsakte selbstständiger in den Staat eingegliederter Verwaltungsträger mit Wirkung für die ihrer Hoheitsgewalt unterstehenden Personen.[803] Bauleitpläne sowie Raumordnungsprogramme sind damit letztlich Verwaltungsentscheidungen, denn die gesamte gemeindliche Tätigkeit ist der Exekutive zuzurechnen.[804] Es handele sich hierbei um eine gewisse Relativierung des Grundsatzes der Gewaltenteilung zur Berücksichtigung der unterschiedlichen Gegebenheiten in den Gemeinden.[805]

Diese staatsrechtliche Einordnung nimmt den Stadt- und Gemeinderäten sowie dem Kreistag nebst ihrer Ausschüsse jedoch nicht den Charakter politischer Gremien. Auch der von den Bürgern gewählte Landrat oder Bürgermeister bekleidet als Behördenleiter letztlich ein politisches Amt. In dieser integrativen Struktur verwirkliche sich vielmehr das Prinzip der kommunalen Selbstverwaltung im Verständnis des Art. 28 Abs. 2 GG: Die Bürger sollen die Angelegenheiten ihrer örtlichen Gemeinschaft selbst regeln und verwalten.[806]

Der Verwaltungsbegriff im Verständnis dieser Arbeit beschränkt sich auf die Anwendung gesetzten Rechts durch die Kreisbehörde als Bauaufsicht. Organe zur internen Willensbildung finden nur insoweit Berücksichtigung, als sie im Einzelfall verfahrensmäßig Einfluss auf Entscheidungen in Bausachen genommen haben. Letztlich ist Kommunalverwaltung in diesem Sinne die in einem Baudezernat mit der Bearbeitung von Anträgen auf Genehmigung zur Errichtung von Windenergieanlagen befassten Mitarbeiter.

c) Verhältnis zwischen Politik und Kreisverwaltung

Politik ist Teil kommunaler Verwaltungsträger, so dass eine Kreisverwaltung schon bereits im formellen Sinne nicht unpolitisch sein kann.[807]

---

801 Sandfuchs, Kommunalrecht Nds., 18. Aufl. 2005, S. 135.
802 BVerwG DVBl. 1993, 153 (154).
803 Weißhaar/Ihnen, Kommunalrecht Nds., 5. Aufl. 1998, S. 127.
804 Vgl. Sandfuchs, aaO, S. 191.
805 BVerwGE 6, 247 (251).
806 Maurer, aaO, § 23 Rd. 2.
807 Vgl. BVerwG DVBl. 1993, 153 (154).

aa) Allgemeines Verhältnis

Als Hauptorgan obliegen dem Kreistag insbesondere die kommunalpolitischen sowie grundsätzlichen Entscheidungen der gesamten Verwaltungstätigkeit.[808] Für einen definierten Aufgabenkreis kommt auch dem Kreisausschuss Entscheidungskompetenz zu, der im Übrigen die Beschlüsse des Kreistages vorbereitet. Damit bei der Entscheidungsfindung nicht zeitaufwändige Detaildiskussionen geführt werden müssen, kann der Kreistag überdies Fachausschüsse mit beratender Funktion bilden.[809]

Wesentliche Aufgabe des Kreistags und der Ausschüsse ist die Kontrolle der Verwaltungsarbeit.[810] So hat der Kreistag gemäß § 36 Abs. 3 Satz 1 NLO die Durchführung seiner Beschlüsse sowie den Ablauf der Verwaltungsangelegenheiten zu überwachen. Auf Verlangen von einem Viertel der Mitglieder des Kreistags, einer Fraktion oder einer Gruppe kann hierzu gemäß § 36 Abs. 3 Satz 4 NLO einzelnen Mitgliedern des Kreistages Akteneinsicht gewährt werden. Eines Kreistagsbeschlusses bedürfe es insoweit nicht,[811] da die Möglichkeit der Akteneinsicht stets ein Minderheitenrecht bleiben müsse.[812] Letztlich folgen die Aufgaben der Kommunalparlamente dem Leitbild des Art. 28 GG, wonach die örtliche Gemeinschaft ihr Schicksal selbst in die Hand nehmen und in eigener Verantwortung solidarisch gestalten soll.[813] Im politischen Sinne ist unter „Selbstverwaltung" die ehrenamtliche Mitwirkung der Bürger und Bürgerinnen an der Kommunalverwaltung zu verstehen.[814] Kommunalpolitische Betätigung ist nach der Nds. Kommunalverfassung auch für Mitarbeiter einer kommunalen Behörde nicht ausgeschlossen. Die Inkompatibilitätsregelung des § 35a NGO schließt grundsätzlich lediglich eine kommunalpolitische Mitwirkung beim eigenen Dienstherrn selbst aus.

bb) Verfahrensmäßiger Einfluss der Politik in Bausachen

Politik besitzt aber im Konkreten nur Einfluss, wenn nicht nur Recht, sondern auch die Verwaltungsorganisation hinreichend durchlässig ist. Dazu muss man sich zunächst das Zustandekommen einer Verwaltungsentscheidung über die Genehmigung von Windenergieanlagen vergegenwärtigen.

---

808 Sandfuchs, aaO, S. 135.
809 Sandfuchs, aaO, S. 138.
810 Waechter, Kommunalrecht, 3. Aufl. 1997, Rd. 19.
811 Thiele, aaO, S. 150.
812 Waechter, aaO, Rd. 291a.
813 BVerfGE 11, 266 (276).
814 Sandfuchs, aaO, S. 37.

(1) Zuständigkeit

Gemäß § 70 NBauO nehmen die Landkreise die Aufgaben der Bauaufsichtsbehörde in den kreisangehörigen (unselbstständigen) Gemeinden wahr.[815] Bis zum 01.06.1993 allerdings unterfielen Windenergieanlagen mit einer Leistungsstärke von 300 KW oder mehr gemäß §§ 4 Abs. 1, 3 Abs. 5 Nr. 1 BImSchG i.V.m. § 2 Abs. 1 Nr. 2 der 4. BImSchVO und Nr. 1.6 Spalte 2 des Anhangs zur 4. BImSchVO dem Immissionsschutzrecht. Mehrere Anlagen wurden dabei gemäß § 1 Abs. 3 der 4. BImSchVO als gemeinsame Anlage beurteilt, wenn sie in einem räumlich und betrieblichen Zusammenhang standen und ihre Einzelleistungen insgesamt eine Kapazität von 300 KW erreichten. Genehmigungen nach dem Immissionsschutzrecht wurden bis dahin durch die staatlichen Gewerbeaufsichtsämter als Immissionsschutzbehörden erteilt oder versagt.

Das Land Niedersachsen ließ demnach über die Genehmigung von Windenergieanlagen durch eigene Behörden entscheiden, wenn die Vorhaben einen bedeutenden Schwellenwert erreichten. Die Entscheidungen erfassten kraft Konzentrationswirkung gemäß § 13 BImSchG auch die Genehmigungsvoraussetzungen des Städtebau- und Bauordnungsrechts. Im Rahmen des Immissionsschutzverfahrens oblag es den Unteren Baubehörden in eigener Zuständigkeit die baurechtliche Zulässigkeit von Windenergieanlagen zu beurteilen. Insofern hatten die Bauaufsichtsbehörden gegenüber dem Gewerbeaufsichtsamt gemäß § 75 Abs. 1 NBauO die baurechtliche Genehmigungsfähigkeit des Vorhabens festzustellen, wenn es dem öffentlichen Baurecht entsprach.

Mit Änderung der 4. BImSchV vom 24. März 1993 wurden in Niedersachsen die Landkreise insgesamt für die Genehmigungsverfahren von Windenergieanlagen auf dem Gebiet der kreisangehörigen Gemeinden zuständig.

(2) Verfahrensablauf

Der Antrag auf Genehmigung eines Bauvorhabens wird bei den kreisangehörigen Gemeinde gestellt.[816] Häufig wird die Erteilung eines Bauvorbescheides beschränkt auf die städtebauliche Zulässigkeit beantragt. Gemäß § 71 NBauO kann

---

815 Selbstständige Gemeinden (= mehr als 30.000 Einwohner) nehmen in ihrem Gemeindegebiet die Aufgaben der Baugenehmigungsbehörde gem. § 12 Abs. 1 NGO eigenständig wahr; Gemeinden mit lediglich mehr als 20.000 Einwohnern können durch Beschluss der Landesregierung zu selbstständigen Gemeinden erklärt werden (§ 12 Abs. 2 NGO).

816 Die selbstständigen Gemeinden hatten über Bauanträge zur Errichtung von WEA selbst zu entscheiden; mit BImSch-pflicht ist insoweit seit 2005 regelmäßig allein der Landkreis zuständig.

zu Fragen des Bauvorhabens vor Einreichung der vollständigen Antragsunterlagen ein Vorbescheid beantragt werden. Damit besteht bereits frühzeitig die Möglichkeit, wesentliche Vorfragen zur Zulässigkeit eines Bauvorhabens verbindlich zu klären. Der Bauantrag zur Genehmigung der Errichtung einer Windenergieanlage ist nämlich im Übrigen mit weiteren erheblichen Planungskosten und Aufwand verbunden.

Die Gemeinde leitet den Bauantrag an den Landkreis weiter. Über die Zulässigkeit eines Vorhabens nach den §§ 31, 33, 34 und 35 BauGB wird gemäß § 36 BauGB im Einvernehmen mit der Gemeinde entschieden. Nach § 65 Abs. 2 NBauO werden die Unteren Bauaufsichtsbehörden im übertragenen Wirkungskreis tätig. Gemäß Art. 57 Abs. 4 NV können den Gemeinden und Landkreisen durch Gesetz staatliche Aufgaben zur Erfüllung nach Weisung übertragen werden. Trotz verfassungsrechtlich verbriefter Selbstverwaltungsgarantie handeln die Gemeinden hierbei als Teil der Landesverwaltung.[817] Der Staat nutzt die vorhandene Kommunalverwaltung und erspart sich so den Aufbau eigener Verwaltungen „vor Ort".[818]

Die Aufgaben der Bauaufsicht gelten als solche der Gefahrenabwehr.[819] Bis August 1996 bestimmte das Nds. Kommunalrecht die ausschließliche Zuständigkeit des Hauptverwaltungsbeamten für Maßnahmen auf dem Gebiet der Gefahrenabwehr. In Niedersachsen war der Oberkreisdirektor vormals Hauptverwaltungsbeamter (= Behörde) eines Landkreises. Der Landrat wurde als Ehrenbeamter vom Kreistag gewählt und nahm überwiegend im Sinne eines politischen Oberhauptes repräsentative Aufgaben wahr. Nach Einführung der Eingleisigkeit wird nunmehr der Landrat als Behördenleiter von den wahlberechtigten Bürgern eines Landkreises direkt in das Amt gewählt. Politische Gremien des Landkreises waren demnach bis zur Änderung der Zuständigkeitsregelung verfahrensmäßig nicht mit Genehmigungen von Windenergieanlagen befasst.

Aufgaben auf dem Gebiet der Gefahrenabwehr fallen seit 1996 nicht mehr in die ausschließliche Zuständigkeit des Hauptverwaltungsbeamten. Gemäß § 57 Abs. 1 Nr. 3 und 4 NLO ist nur ein konkret bezeichneter Teil der Aufgaben des übertragenen Wirkungskreises dem Hauptverwaltungsbeamten ausschließlich vorbehalten; so entscheidet der Landrat gemäß Abs. 1 Nr. 3 unter anderem ausschließlich über immissionsschutzrechtliche Genehmigungen. Den Landrat trifft insoweit lediglich die allgemeine Verpflichtung aus § 57 Abs. 4 NLO, Kreistag und Kreisausschuss über wichtige Angelegenheiten zu unterrichten. Deshalb muss der Hauptverwaltungsbeamte jedoch nicht jede Entscheidung außerhalb

---

817 BVerwG DVBl. 1996, 986 (987).
818 Sandfuchs, aaO, S. 55.
819 Große-Suchsdorf/Lindorf/Schmaltz/Wiechert, NBauO, 7. Aufl. 2002, Rd. 9 zu § 65.

der in § 57 Abs. 1 NLO genannten Aufgaben den politischen Gremien zur Entscheidung vorlegen. Der Landrat ist vielmehr insoweit nicht zur Beteiligung der Kreisorgane verpflichtet, als es sich um Geschäfte der laufenden Verwaltung handelt. Laufende Verwaltungsgeschäfte sind solche, die in mehr oder weniger regelmäßiger Wiederkehr vorkämen und nach Größe sowie Umfang der Verwaltungstätigkeit als auch Finanzkraft der Gemeinde von sachlich geringer Bedeutung seien.[820] Allerdings kann sich die Vertretungskörperschaft die Beschlussfassung gemäß § 36 Abs. 2 NLO hier vorbehalten.

Seit dem Jahr 2005 sind Genehmigungen von Windenergieanlagen wieder dem verfahrensmäßigen Einfluss der Kommunalpolitik regelmäßig entzogen. Mit der Verordnung zur Änderung der Verordnung über genehmigungspflichtige Anlagen werden nämlich Windfarmen mit Anlagen in einer Höhe von jeweils mehr als 35 m und Einzelanlagen von mehr als 50 m Höhe dem Immissionsschutzrecht unterstellt. Gemäß § 57 Abs. 1 Nr. 3 NLO sind Entscheidungen über immissionsschutzrechtliche Verfahren der ausschließlichen Kompetenz des Landrats zugewiesen.

cc) Verfahrensweise der Auricher Bauverwaltung

Erst die Änderung der 4. BImSchVO im März 1993 begründete für den Landkreis Aurich eine umfassende Zuständigkeit bei der Genehmigung von Windenergieanlagen. Die Auricher Bauverwaltung hatte allerdings bereits vor Änderung dieser Kompetenzregelung auch über die Zulassung von Windenergieanlagen mit einer grundsätzlichen Nennleistung von 300 KW abschließend entschieden. Auf Vorschlag des Landkreises wurde die Windenergieanlage nämlich minimal auf eine Nennleistung von 297 KW gedrosselt. Im Ergebnis nahm die Auricher Bauverwaltung hier dem staatlichen Gewerbeaufsichtsamt also insoweit die Arbeit und Entscheidung über die Zulässigkeit von Windenergieanlagen ab. Bei Anträgen auf Genehmigung zur Errichtung von mehr als einer Windenergieanlage mit einer Nennleistung von insgesamt mehr als 300 KW verlangte der Landkreis zur Klärung der Zuständigkeitsfrage die Vorlage eines Schaltplanes, aus dem die Selbstständigkeit jeder Einzelanlage hervorgehen sollte.

Im Verständnis von Arbeitsteilung und Arbeitsvereinigung hatte innerhalb des Baudezernats das Amt für Planung und Naturschutz die städtebauliche Zulässigkeit von Bauvorhaben zu prüfen.[821] Das Vorhaben wurde hier im Einzelfall mit dem Antragsteller umfassend erörtert. In solchen Baubesprechungen wurden Wege zur Umsetzung von Projekten erarbeitet, die rechtskonform aber auch

---

820 BGH DVBl. 1979, 514 (515).
821 Vgl. von Heppe/Becker, aaO, S.87.

wirtschaftlich für den Anlagenbetreiber vertretbar sein sollten.[822] Die Auricher Bauverwaltung bezog in diesen Fällen den Antragsteller in den Vorgang der Entscheidungsfindung mit ein. Eine Projekt- oder Arbeitsgruppe zum Thema „Windenergie" außerhalb der regulären Linienstruktur wurde nicht eingerichtet; regelmäßige Dienstbesprechungen sollten eine einheitliche Rechtsanwendung sicherstellen.[823] Das Bauverwaltungsamt übernahm die Entscheidung über die bauplanungsrechtliche Zulässigkeit und erteilte oder versagte nach Prüfung der bauordnungsrechtlichen Voraussetzungen die Baugenehmigung. Der Oberkreisdirektor behielt sich in keinem bekannten Fall die Entscheidung vor.

Politische Gremien wurden zu keiner Zeit mit der Entscheidung über die Genehmigung von Windenergieanlagen befasst. Mit Novellierung des § 57 NLO im August 1996 unterfallen Aufgaben der Bauaufsicht nicht mehr der ausschließlichen Zuständigkeit des Hauptverwaltungsbeamten. Trotzdem passierten Genehmigungsentscheidungen im Bereich der Windenergie keine Ausschüsse. Weder der mit hinzugewählten Vertretern verschiedener Interessenverbände (IHK, Handwerkskammer, Gewerkschaften) besetzte Wirtschafts- noch der Kreisausschuss ließen sich insoweit Genehmigungsentscheidungen zur Beschlussfassung vorlegen. Die Aufgaben der Bauaufsicht wurden beim Landkreis Aurich vielmehr als Geschäft der laufenden Verwaltung behandelt.

Aktuell erfolgt die Genehmigung von Windenergieanlagen im Regelfall nach Immissionsschutzrecht und ist damit gemäß § 57 Abs. 1 Nr 3 NLO wieder der alleinigen Zuständigkeit des Landrats überantwortet. Damit ließe sich jedoch nicht behaupten, die Verwaltungsentscheidungen zur Windenergie seien frei von politischen Bewertungen. Schließlich ist der Landrat als Wahlbeamter funktional aber auch in der Wahrnehmung der Bevölkerung ein Politiker.

d) Fazit

Ihre Einflussrechte lassen die Kommunalpolitik eng mit der Kreisverwaltung verbunden erscheinen; im Lichte des Gewaltenteilungsprinzips bilden Legislative und Exekutive auf kommunaler Ebene eine Einheit. Als Teil der vollziehenden Gewalt gilt demnach die Gesetzesbindung des Art. 20 Abs. 3 GG auch für die politischen Kreisorgane. Die politische Bewertung darf sich deshalb nicht über das Gesetz hinwegsetzen. In verfahrensrechtlicher Hinsicht bildet dabei die Kommunalordnung den Regelfall politischer Teilhabe am Prozess der Entscheidungsfindung ab. Jenseits dieser reglementierten Einflussnahme kann sich Verwaltung jedoch politischem Druck ausgesetzt sehen.

---

822 Vgl. Wimmer, aaO, S. 343.
823 Vgl. Lecheler, aaO, S. 149.

II. Reichweite politischen Drucks

Kommunalverwaltung kann im Einzelfall mit einer übermäßigen politischen Einflussnahme konfrontiert sein. Dabei nehmen offene Gesetzestexte dem Verwaltungsmitarbeiter die Möglichkeit, eine politisch opportune Entscheidung unter Hinweis auf einen eklatanten Rechtsbruch abzulehnen. Ein permanenter politischer Druck kann die Kommunalverwaltung sogar überlegen lassen, sich über die Gründung von Kapitalgesellschaften der politischen Einwirkung zumindest partiell zu entziehen. Vorab ist jedoch der Begriff des politischen Drucks im Sinne dieser Arbeit zu definieren.

1. Der Begriff des politischen Drucks

Für die Menschheit gibt es kein einfaches und eindeutiges Weltbild, sondern nur vielfältige Aspekte, die je nach dem Standort des Betrachters und je nach der Eigenart der Realitäten unterschiedliche Bilder von der Welt ermöglichen.[824] Bereits der Gesetzgeber stehe nach *Fleiner-Gerster* unter dem Eindruck einer bestimmten Wirklichkeit, die er zu gestalten habe. Auf Grundlage einer individuellen Interpretation der Wirklichkeit habe der Gesetzgeber aus realen Einzelfällen abstrakte Tatbestände zu entwickeln. Dabei sollte das so erarbeitete Gesetz idealerweise den Auslegungsvorgang des Rechtsanwenders weitestgehend vorwegnehmen.[825]

Die Rechtsauslegung wird sich jedoch deshalb nicht von dem individuellen Vorverständnis des Rechtsanwenders lösen lassen. Niemand kann gänzlich unparteiisch sein; seine Entscheidungen werden immer von einem spezifischen Vorverständnis geprägt sein. Herkunft, Bildung, persönlicher Werdegang, Weltanschauung des Rechtsanwenders beeinflussen insgesamt seine Willensbildung.[826] Bei Anwendung eines Gesetzes kommt dem eigenen Rechtsbewusstsein eine faktische Bedeutung zu.[827] Jeder Arbeitsvorgang eines Menschen außerhalb absoluter Maßgaben ist unauflösbar mit seiner Persönlichkeit verbunden; jedes menschliche Produkt ist dann graduelle Selbstverwirklichung. Persönlichkeitsbildende Einflüsse wirken pädagogisch und bleiben so für den Menschen aber

---

[824] Schrey, in: Universitas, 1962, 139 (147).
[825] Fleiner-Gerster, aaO, S. 159 ff.
[826] Rottleutner, Rechtswissenschaft als Sozialwissenschaft, 1973, S. 24 ff., 91 ff.; zitiert nach Solbach, Politischer Druck, 2002, S. 94; vgl. auch Fleiner-Gerster, aaO, S. 162 ff.
[827] Rehbinder, in: JZ 1982, 1 (2).

oftmals ein unbewusster Faktor. Druck im Sinne dieser Arbeit kommt jedoch von Außen und muss als solcher auch empfunden werden.[828] Politiker sind selbst häufig einer unmittelbaren Einflussnahme ausgesetzt. Die Methoden könnten dabei von Wahrnehmung freundschaftlicher, meist informeller Kontaktpflege oder Finanzhilfen gegenüber politischen Parteien bis zur Ausübung massiven Drucks reichen.[829] Fortlaufend sehen sich Politiker der Anforderung ausgesetzt, die Interessen ihrer potentiellen Wählerschicht wahrzunehmen. Ein öffentlich ausgetragener Interessenstreit polarisierender Wirkung weise dabei laut *Solbach* regelmäßig auf eine entsprechende politische Erwartungshaltung hin. Erhöhte Schärfe oder ein hoher emotionaler Gehalt der Diskussion würden insoweit politischen Druck signalisieren; Politik streite hier um Interpretationshoheit.[830]

Politischer Druck im Verständnis dieser Arbeit beschränkt sich aber nicht allein auf den Versuch persönlicher Einflussnahme von politischen Vertretern. Die einzelfallbezogene Entscheidung ist daher bereits dann konkreter Ausfluss politischen Drucks, wenn der Rechtsanwender entsprechend einer allgemein artikulierten Erwartungshaltung entscheidet. Der Verwaltungsmitarbeiter bleibt nämlich zugleich immer auch ein (politischer) Bürger einer Gemeinschaft. Der Rechtsanwender in der Kommunalverwaltung ist daher häufig mit seiner eigenen auf die Lösung eines Interessenkonfliktes gerichteten Erwartungshaltung konfrontiert. Politischer Druck kann deshalb auch dann Einfluss auf die Entscheidungsfindung besitzen, wenn der Rechtsanwender im Ergebnis nicht wider seiner eigenen Überzeugung urteilt oder anders: eine vom Rechtsanwender gebilligte Entscheidung schließt nicht bereits politischen Druck aus. Der Verwaltungsmitarbeiter entscheidet hier nicht aus bloßem Opportunismus, sondern nach Maßgabe einer persönlichen Einschätzung. Dieser Rechtsanwender beansprucht nicht allein Gesetze zu vollziehen, sondern erweitert seine Kompetenz um eine politische Dimension.

Letztlich aber beansprucht eine offene Gesellschaft auch die Durchlässigkeit sämtlicher staatlicher Instanzen. Die Verwaltung wird daher nicht unpolitisch sein dürfen. Intensität und Wirkungsgrad des politischen Einflusses bestimmen sich jedoch nach den konkreten Umständen und dem einschlägigen Recht.[831] Das Gesetz könnte nämlich den Entscheidungsspielraum für die Verwaltung soweit einengen, dass Politik die Hemmschwelle überwinden müsste, eine evident

---

828 Siehe hierzu insgesamt Solbach, aaO, S. 93 ff.
829 Mock, in: Schäffer, Theorie der Rechtssetzung, 1988, S. 133.
830 Solbach, aaO, S. 97 ff.
831 Zu den tatsächlichen Einflussfaktoren siehe Kap. G, S. 189 ff.

rechtswidrige Dezision zu fordern. Solche Gesetze würden den Rechtsanwender zumindest teilweise vor politischem Druck schützen können.

2. Das Problem der Rechtsanwendung

Das Idealbild einer Rechtsanwendung ist die subsumierende Deduktion der Entscheidung aus dem Gesetz.[832] Nach *Laband* habe der Rechtsanwender nicht seinen Willen, sondern denjenigen des objektiven Rechts zur Geltung zu bringen; „er schafft sich nicht den Obersatz, sondern er nimmt ihn hin als von einer über ihm stehenden Macht gegeben".[833] Rechtsanwender seien „nur der Mund, der die Worte des Gesetzes ausspricht, willenlose Wesen, die weder seine Schärfe, noch seine Strenge zu mildern vermögen", beschrieb *Montesquieu* im Jahr 1748.[834] Die historische Vorstellung, das juristische Denken lasse sich auf eine Subsumtionsautomatik reduzieren, wird allerdings heute wohl von niemandem mehr vertreten.

Zwar ist die Verwaltung an das Gesetz gebunden. Bei einem leichtfertigen Umgang mit der Subsumtionslehre könnte sich ansonsten nicht nur dem Belieben des Rechtsanwenders, sondern auch jedweden Einflüssen die Tür öffnen.[835] Der Idealfall wäre ein Schema, das präzise vorschreibt, welche Denkschritte in welcher Reihenfolge das „endgültig richtige" Ergebnis garantierten.[836] Die Gesamtheit der Rechtsnormen würde sich damit als ein geordnetes System darstellen, in welchem aus möglichst wenigen Rechtssätzen sich alle anderen formallogisch ableiten ließen.[837] Der Versuch einer Mathematisierung des Rechts muss allerdings bereits an einer nicht erfüllbaren Abstraktionsleistung bei der Erfassung tatsächlicher Sachverhalte scheitern.[838] Kaum ein Satz der natürlichen Sprache kann so klar formuliert werden, dass Zweifel und Interpretationsbedarf ausgeschlossen wären.[839] Zudem ist es utopisch, Lebenssachverhalte ausnahmslos zu erfassen, so dass sich ihre Beziehungen zueinander mit mathematischer Exaktheit bestimmen ließen.[840] Wenn Rechtsanwendung sich also im reinen Vorgang der Subsumtion erschöpfen soll, so müsste der Gesetzgeber unrealisti-

---

832 Kriele, aaO, S. 47.
833 Laband, Staatsrecht des Deutschen Reichs, II. Band, 5. Aufl. 1911, S. 178.
834 Montesquieu, Vom Geiste der Gesetze, Bd. 1, Ausgabe von Forsthoff, 1992, S. 225.
835 Kriele, aaO, S. 49.
836 Vgl. Sax, Das strafrechtliche „Analogieverbot", 1953, S. 48; Kriele, aaO, S. 49.
837 Wagner/Haag, Logik in der Rechtswissenschaft, 1970, S. 33.
838 Voigt, aaO, S. 26.
839 Vgl. Wittkämper, Theorie der Interdependenz, 1971, S. 35.
840 Voigt, aaO, S. 26.

scherweise für jeden nur denkbaren Rechtsfall den treffenden Obersatz eindeutig und unmissverständlich vorformulieren.[841] Das Recht im bloßen Verständnis von innerlich zusammenhaltenden Grundsätzen und Leitideen zu entschlüsseln, könne daher nach Auffassung des *BVerfG's* nur eine bloße Wunschvorstellung bleiben.[842] Rechtsanwendung wird daher immer Wertungen enthalten oder wie es *Röhl* ausdrückt, „die Lösungen sind nicht in den Begriffen bereits versteckt".[843]

Herkömmlicherweise solle die wahre Bedeutung einer Rechtsnorm dem Willen des Gesetzgebers entsprechen. Allerdings müsse bezweifelt werden, ob der Wille des Gesetzgebers überhaupt existiere, da Recht das Ergebnis eines komplexen Verfahrens sei, an dem viele Individuen beteiligt seien.[844] Niemand hängt heute noch der altliberalen Vorstellung nach, dass im Parlament vernünftige, sich am Wohl des ganzen Volkes und an der Gerechtigkeit orientierende Abgeordnete durch den Austausch sachlicher Argumente gegenseitig überzeugen und dass deshalb das als Ergebnis der Beratung beschlossene Gesetz das Optimum an Vernunft und Gerechtigkeit darstelle.[845] *Mock* weist insoweit zu Recht darauf hin, dass Rechtssetzung tatsächlich nicht allein in den Parlamenten im Rahmen eines rechtlich geordneten Verfahrens nach dem Dogma der Gewaltenteilung stattfinde. Der Akt der Gesetzgebung sei vielmehr ein Zusammenspiel von Staatsorganen und gesellschaftlich relevanten Legislativkräften, die kooperativ Prozesse vor und neben den rechtlich zuständigen Entscheidungsorganen gestalten würden.[846]

Ein bestehender Entscheidungsdruck zwingt überdies regelmäßig zu einer konkurrierenden und kompromissfähigen Gruppenbildung.[847] Juristische Auslegung müsste diesen Vorgang authentisch nachvollziehen. Man müsste die Möglichkeit in Rechnung stellen, dass eine Gruppe ihre Interessen im Ausgleich dafür zurückgestellt hat, dass eine andere bei einem anderen Gesetz das Entsprechende tat.[848] Rechtsauslegung würde damit zu einem surreal unzumutbaren Vorgang werden.

Das Parlament als Gesetzgeber bedeute daher nicht mehr und nicht weniger, als dass alle legislativen Entscheidungen grundsätzlich das Tor dieses Organs zu

---

841 Kriele, aaO, S. 47.
842 BVerfGE 2, 380 (403).
843 Röhl, aaO, S. 57.
844 Schwaighofer, in: Paulson/Walter, Untersuchungen zur Reinen Rechtslehre, 1986, S. 236.
845 Schmitt, Geistesgeschichtliche Lage des Parlamentarismus, 7. Aufl. 1991, S. 61 ff.
846 Mock, aaO, S. 127 f.
847 Roellecke in: Kaltenbrunner, Rückblick auf die Demokratie, 1977, 77 (86).
848 Kriele, aaO, S. 182.

passieren hätten.[849] Gesetzgebung werde insoweit zur bloßen Approbation von Regierungsvorlagen.[850] Parlamente hätten im Prozess der Gesetzgebung damit zwar das letzte, in der Regel jedoch nicht das entscheidende Wort. Im Normalfall würden die Regierungsparteien unter Beachtung der Wählerstimmung die Problemlagen selektieren und die Ministerialverwaltung mit der Ausarbeitung eines Gesetzesentwurfs betrauen.[851] Diese Ausrichtung der praktischen Politik an Meinungsbefragungen und Wählerforschung verstärkt den Eindruck vom Parlament als einen nur „symbolischen" Gesetzgeber.[852]

Dann aber könnte auch einem Gesetz lediglich ein Symbolwert zukommen. Nach *Fleiner-Gerster* schaffe Rechtsanwendung Rechtswirklichkeit.[853] Die Wirklichkeit wird zunehmend unübersichtlicher, eine Unsicherheit, die auf die Normen abfärbt.[854] Häufig entstehen daraus normative Leerformeln als Kapitulation vor der Wirklichkeit.[855] Der Gesetzgeber flüchte in unbestimmte Rechtsbegriffe,[856] verwende angesichts eines rasanten technischen Fortschritts technische Normbegriffe,[857] räume Ermessen ein[858] und überlasse es damit dem Rechtsanwender, das zu realisierende Recht erst noch zu finden.[859] „Er schreibt dann, die Bauten müssten sich in das Landschafts- und Ortsbild einfügen. Jedermann weiß zwar, was unter Landschafts- und Ortsbild im Kern zu verstehen ist. Niemand aber wird von sich behaupten können, er sei imstande, auch nur in groben Zügen den genauen Umfang dieses Begriffes festzuhalten".[860]

Der Gesetzgeber verwendet gerade deshalb unbestimmte Rechtsbegriffe, weil die künftigen Regelungsbedarfe sich im voraus nicht abschließend bestimmen lassen. So wird das Deutsche Baurecht zwar durch den Grundsatz der Baufreiheit geprägt. Baugenehmigungen stehen nicht im Ermessen. Unbestimmte Rechtsbegriffe formulieren öffentliche Belange aber derart weit, dass sich praktisch immer ein Ablehnungsgrund finden und die Entscheidung nach § 35 BauGB nur eingeschränkt gebunden erscheinen lässt.[861] Abs. 3 verzichtet gar

---

849 Mock, aaO, S. 129.
850 Gerlich, Funktionen des Parlaments, 1982, S. 94.
851 Mock, aaO, S. 134 f.
852 Vgl. Schäffer, in: Schäffer, aaO, S. 147, der insoweit von einer „symbolischen" Politik spricht.
853 Vgl. Fleiner-Gerster, aaO, S. 167.
854 Wittkämper, aaO, S. 39.
855 Jahrreiss, Mensch und Staat, 1957, S. 67.
856 Bachof, in: JZ 1966, 436 (441 ff.).
857 Wolff/Bachof/Stober, Verwaltungsrecht I, 10. Aufl. 1994, § 31 Rd. 12.
858 Wolff/Bachof/Stober, aaO, § 31 Rd. 31.
859 Henkel, Einführung in die Rechtsphilosophie, 2. Aufl. 1977, S. 477.
860 Fleiner-Gerster, aaO, S. 153.
861 Vgl. Brohm, aaO, Rd. 9 zu § 21.

auf eine enumerative Aufzählung relevanter Belange. Der Wortlaut des § 35 BauGB erhebt letztlich nicht den Anspruch auf eine zukunftssichere Präzision. Ein offener Tatbestand sollte vielmehr „Vorsorge für das Übermorgen" treffen.[862] Der Tatbestand des § 35 BauGB enthält schließlich ein Höchstmaß an Unberechenbarkeit, wenn er sogar an den kaum justiziablen Begriff des Schönen anknüpft.[863] Der geringe Bestimmtheitsgrad des § 35 Abs. 3 BauGB macht ihn für gesellschaftspolitische Stimmungen (anfällig) durchlässig. Abstrakt offene Regelungen übertragen dem Rechtsanwender die Verantwortung für eine situationsabhängige Auslegung von Gesetzen. Öffentliche Diskussionen über den Klimaschutz vermitteln dann dem Amtswalter das Gefühl, die Zukunft der Menschheit hänge von seinen Entscheidungen ab. Öffentlicher Widerstand gegen den Ausbau der Windenergie lassen ihn über die Lebensqualität der Menschen in der Region entscheiden. Folgenorientiert stellt er sich dieser Verantwortung. Persönliche Einschätzungen bestimmen insoweit den Begriffsinhalt. Wenn der Gesetzgeber also die Zulässigkeit von Bauwünschen im Außenbereich abhängig macht von der Eigenart, Vielfalt und Schönheit der Natur und Landschaft, dann billigt er damit letztlich Entscheidungen im unsicheren Raum. Der unbestimmte Gesetzestext fordert den Rechtsanwender insoweit förmlich auf, situationsgerecht zu sein.

Schlussendlich bleibt die Rechtsordnung unvollendet wie der Mensch. Und die Wirklichkeit ist mit ihren zu bewältigenden Interessenkonflikten unendlich. Häufig hinkt der Gesetzgeber dem sozialen Wandel nach.[864] Windenergie ist im Küstenraum binnen weniger Jahre zu einem Massenphänomen geworden. Die technische Entwicklung ließ die Anlagen innerhalb von zwei Jahrzehnten auf 198 m wachsen. Im Lichte des StrEG's genehmigte der Landkreis Aurich auf der Grundlage eines vermeintlich überholten Baurechts. Wenn der Gesetzgeber aber die Kontroversen nicht durch einen Rechtssetzungsakt abschneidet, dann muss der Rechtsanwender aus dem Gesichtspunkt der rechtspolitischen Argumentation bestimmen, welche Konsequenzen die generelle Entscheidung haben würde.[865] Der Gesetzgeber habe in diesen Fällen die Rechtssetzung an den Rechtsanwender delegiert, der sie aus Anlass des Einzelfalles vornehme.[866] Verwaltung hat dann wie der Gesetzgeber zu denken.[867] Rechtsauslegung beinhaltet dann aber auch Elemente freier Rechtsschöpfung.[868]

---

862 Jahrreiss, aaO, S. 44.
863 Über §§ 75 Abs. 1, 2 Abs. 10 NBauO kommt § 1 BNatSchG zur Anwendung.
864 Schwöbbermeyer, Rechtsgewinnung im gesetzlich ungeregelten Raum, 2003, S. 29.
865 Kriele, aaO, S. 202.
866 Jäckel, aaO, S. 169.
867 Meier-Hayoz, Richter als Gesetzgeber, 1951, S. 75 f.
868 vgl. Schwöbbermeyer, aaO, S. 28.

Der juristische Denkprozess beginne mit der Erzählung eines Lebenssachverhalts. Rechtserhebliche Tatsachen werden in abstrakte Formulierungen übersetzt; es werden Normhypothesen artikuliert. Der Rechtsanwender könne abschlägig entscheiden, wenn sich kein Gesetzestext entspechend der Normhypothese auslegen lasse oder aber er erwägt, ob der Wortlaut eine Lücke aufweist, welche der Gesetzgeber als von der Normhypothese einbezogen akzeptiert hätte.[869] Das legitimiere ihn nach *Esser* zu einer korrigierenden Interpretation nach den Maßstäben die dem Gesetzgeber noch unbekannten Sozialbefunde.[870] Insoweit habe der Rechtsanwender also Interessen zu berücksichtigen, die der Gesetzgeber übersehen habe;[871] mit seiner Entscheidung setze er dann eine zunächst gültige Norm.[872]

Das Urteil des *BVerwG's* aus Juni 1994 mahnte das Erfordernis einer gesetzgeberischen Entscheidung an; der Gesetzgeber hatte die widerstreitenden Interessen zu priorisieren. Der mit Baurechtsnovelle von 1998 versuchte Interessenausgleich misslang jedoch partiell; seit Juli 2005 steht nunmehr dem Träger der Bauleitplanung quasi das Instrument einer zeitlich befristeten Veränderungssperre zur Verfügung. Die bauplanungsrechtliche Geschichte der Windenergie verdeutlicht, dass Gesetzgebung nur ausnahmsweise Problemlagen voraussieht. Die wichtigsten Impulse für politische Entscheidungen ergeben sich nicht aus übergeordneten Interessen, sondern aus akuten Missständen.[873] Verwaltung besitzt daher eine zunehmende Eigenmacht.[874] Selbst dort, wo der Gesetzgeber Sonderbereiche (= Polizei- und Ordnungsrecht) durchnormiert hat, ist das Verwaltungshandeln nicht determiniert und auf die Verwirklichung eines vorgegebenen, fremden Willens beschränkt.[875] Der Beamte in der Amtsstube kann sich daher grundsätzlich nicht auf den Satz berufen, er führe nur Gesetze aus. Schutz vor politischem Druck kann die Verwaltung daher bis heute nicht von den Regelungen zum Bauen im Außenbereich erwarten.

Sloterdijk bemerkte insoweit zu Recht, dass der intelligente Bürokrat das Funktionieren von sozialen Handlungssystemen nur dann als garantiert ansehe, wenn gewisse grundlegende Maßgaben einfach hingenommen würden. Die Verwaltung verliere jedoch ihre Anpassungsfähigkeit, wenn diese allgemeinen Zielvorstellungen nicht von einzelnen Abweichlern in Frage gestellt und sogar

---

869   Siehe hierzu insgesamt Kriele, aaO, S. 162 ff.
870   Esser, Grundsatz und Norm, 4. Aufl. 1990, S. 243.
871   Vgl. Heck, in: AcP 1914, S. 227.
872   Kriele, aaO, S. 203.
873   Voigt, aaO, S. 191.
874   Vgl. Wimmer, aaO, S. 139.
875   Burgi, in: Ehlers/Erichsen, aaO, § 9 Rd. 2.

missachtet würden. Insofern sei ein gewisses Revoluzzertum für jedes sich entwickelnde System unerlässlich.[876]

3. Das Eigenverständnis der Verwaltungseinheit

Behörden seien nach *Voigt* durchaus bereit, den Sachwaltern bei der Bewältigung des Balanceaktes zwischen Gesetzestreue und Bürgernähe zunehmenden Freiraum einzuräumen. Schließlich ist der Sachwalter auch mit seiner persönlichen auf die Lösung eines Nutzungskonfliktes gerichteten Erwartungshaltung (= politischer Druck) konfrontiert. Voraussetzung für dieses Vertrauen sei jedoch das Gefühl für Recht und eine Loyalität gegenüber dem Dienstherrn. Der Verwaltungsbeschäftigte müsse die wirklichen Probleme der Menschen erfassen können,[877] um dem verwaltungspolitischen Anspruch nach mehr Bürgernähe entsprechen zu können.[878] Auch wenn der Dienstvorgesetzte über Entscheidungsvorbehalte oder regelmäßige Besprechungen hier organisatorisch die Beachtung allgemeiner Entscheidungsgrundsätze sicherzustellen versucht, resultiert aus der Freiheit des einzelnen Mitarbeiters immer auch ein gewisses Eigenleben.[879]

Verwaltung insgesamt verfügt zudem regelmäßig über eine Fachkenntnis und Detailkompetenz, die sie bereits dem Einfluss und der Kontrolle durch politische Gremien weitestgehend entzieht.[880] Behörden fördern zudem eigenverantwortliches Arbeiten in ihren Teileinheiten (= Ämter, Dezernate oder Fachbereiche). Mit der Budgetierung wurde nicht allein Finanzverantwortung übertragen. Allgemein soll mit der Übertragung von Querschnittsaufgaben (= Organisations-, Personal und Finanzverantwortung) auch der Indentifikationsgrad in den Fachämtern erhöht werden. Damit wird allerdings eine den Verwaltungseinheiten innewohnende Tendenz zur Verselbstständigung zusätzlich verstärkt. Ämter einer Kreisverwaltung fungieren nämlich im Rahmen des staatlichen Verwaltungsaufbaus als Untere Landesbehörden im übertragenen Wirkungskreis. Nicht selten verleitet schon die Verwendung des Behördenbegriffs zu einer verzerrten Eigenwahrnehmung. Mitarbeiter fühlen sich dann auch von ihrem eigentlichen Dienstherrn distanziert und in einer vermeintlich herausgehobenen Verantwortung auch kommunalpolitisch unabhängig.

---

876 Sloterdijk, Kritik der zynischen Vernunft, 1. Bd., 1983, S. 93.
877 Voigt, aaO, S. 116.
878 Oberndorfer, aaO, S. 440.
879 Vgl. Wolff, in: Treutner/Wolff/Bonß, Rechtsstaat und situative Verwaltung, 1978, S. 99 f.
880 Voigt, aaO, S. 11.

Ein autarkes Eigenverständnis erfordert jedoch eine erhöhte Integrationskraft der Behördenleitung, weil ihre Einheiten teilweise gewollt nach individueller Profilierung suchen. Ansonsten könnte nicht ausgeschlossen werden, dass verschiedene Verwaltungsteile vergleichbare Sachverhalte rechtlich differenziert bewerten. Die Steuerungsaufgabe wird zusätzlich erschwert, wenn einzelne Verwaltungsteile räumlich voneinander getrennt sind. So ließen die in der vormaligen Kreisstadt Norden ansässigen Bereiche des Baudezernates einen kritischen Selbstständigkeitsgrad erwarten. Der Hauptverwaltungsbeamte hat jedoch in jedem Fall eine einheitliche Rechtsanwendung zu garantieren, gleich ob die Eigenständigkeit eines Verwaltungsteils funktional oder lediglich räumlich begründet ist.

Es ist gesetzgeberisch gewollt, dass Kreisverwaltung und Kreispolitik eng miteinander verzahnt sind. Verfahrensregeln sollen den politischen Einfluss auf die Arbeit der Verwaltung sicherstellen. Andererseits steckt die Kommunalverfassung aber auch die Grenzen politischer Einwirkungen ab. Gesetz und Organisation beschreiben letztlich jedoch nur eine Idealvorstellung. Jenseits der geschriebenen Regeln kann sich Verwaltung politischem Druck ausgesetzt sehen. Im Folgenden soll daher analysiert werden, welche Einflussfaktoren mit welchem Gewicht tatsächlich die Entscheidungen der Auricher Bauverwaltung zur Windenergie bestimmt haben.

G. Welche Einflüsse bestimmten die Auricher Genehmigungspraxis?

Die Genehmigungspraxis des Landkreises Aurich zur Windenergie zeigte in den vergangenen anderthalb Jahrzehnten eine auffällige Gestaltungskraft. Dabei dürften multiple Einflussgrößen auf die Entscheidungsfindung eingewirkt haben.

I. Die politische Erwartungshaltung

Gesetzgebung beinhaltet nach *Oberndorfer* eine formale Strategie zur Durchsetzung politischer Konzepte.[881] So hatte der Bundesgesetzgeber mit Erlass des StrEG's im Jahr 1990 den mehrheitlichen Willen der Gesellschaft zur künftigen Energieerzeugung unmissverständlich formuliert: Klimaschutz durch den Ausbau regenerativer Energien. Und das Land Niedersachsen quantifizierte in seiner Landesplanung Anfang der 1990iger Jahre ehrgeizige Ausbaustufen.

Bereits 1991 ließ die Landesregierung verlautbaren, dass die heutige Energieerzeugung auf der Basis von Kernenergie und fossilen Energieträgern mit erheblichen Umwelteinwirkungen und -risiken verbunden sei. Dies mache grundlegende Umstrukturierungen und tiefe Eingriffe in die Energieversorgung erforderlich. Die Landesregierung unterstütze deshalb neben dem Energiesparen auch den verstärkten Einsatz der umweltschonenden regenerativern Energie, wie z.B. die Windkraft.[882]

Schließlich wollte der *Nds. Wirtschaftsminister Fischer* im Jahr 1992 erkannt haben, „Niedersachsen weise aufgrund seiner geographischen Lage und meteorologischen Gegebenheiten ein Windenergiepotential auf, welches mittelfristig durch Energiewirtschaft als relevante Erzeugungskapazitäten genutzt werden müsse".

Der Minister räumte ein, dass das von der Landesregierung angestrebte Planziel von 1.000 MW bis zum Jahr 2000 in einigen Regionen zu einer Anhäufung von Windkraftanlagen führen könne. Er sehe jedoch die Vorteile der Windkraftnutzung für Mensch und Natur überwiegen: Schonung der natürlichen Ressourcen, kein Absetzen gas- und staubförmiger Emissionen, keine Rest- und Abfallstoffe, die Chance zum Ausstieg aus der Kernenergie. Abhängig sei das

---

881 Oberndorfer, aaO, S. 418.
882 Runderlass des Nds. MI v. 03.07.1991 – 64.3–32 346/8 –, aaO, S. 924 f.

Erreichen dieses Ziels weniger von der Anlagentechnik, als vielmehr von baurechtlichen, natur- und landschaftsschutzrechtlichen Restriktionen und örtlichen Akzeptanzproblemen.[883]

Dem *Nds. Sozialminister Hiller* war es im Jahr 1993 sogar gleich, wo die ersehnten Windmühlen stehen, Hauptsache sie kommen.[884] „Der Wind werde dort geerntet, wo er bläst", verkündete das *Nds. Sozialministerium* im selben Jahr.[885]

Ein weiteres Plädoyer für die Windkraft unter Hintenanstellung öffentlicher Belange enthält ein Rundschreiben der *Nds. Umweltministerin Griefahn*[886] aus dem Jahr 1994, wonach das Programm für eine kernenergiefreie Elektrizitätsversorgung in Niedersachsen davon ausginge, 1.300 MW elektrischer Leistung bis zum Jahr 2005 in Windkraft zu installieren. Künftig solle zudem der Windenergie in der Abwägung mit dem Belang „Schutz des Landschaftsbildes" generell der Vorrang eingeräumt werden.[887]

Das Land Niedersachsen promovierte Windenergie aber nicht nur mittels landesplanerische Maßgaben, Richtlinien zur Rechtsanwendung oder politische Aussagen über Erneuerbare Energien, sondern auch mit Geld. So berichteten die *Ostfriesischen Nachrichten* im Jahr 1994, dass Niedersachsen mit rund 6,3 Mio. DM den Aufbau eines Windparks in der Gemeinde Dornum gefördert habe.[888]

Die energiepolitische Grundauffassung Niedersachsens brachte das LROP von 1994 auf den Punkt. Landesplanerisch wurde festgelegt, dass die Energieversorgung auf eine ökologisch und ökonomisch vertretbare, kernenergiefreie Produktion von Elektrizität umgestellt werden solle. Es seien insbesondere regenerierbare Energieträger einzusetzen. Dabei sei die Möglichkeit der Windenergie voll auszuschöpfen.[889]

In dieser Zeit des politischen Bekenntnisses zur Windenergie besaß Ostfriesland in Person des Auricher Landrats Hinrich Swieter als Finanzminister von 1990 bis 1996 einen unmittelbaren Einfluss auf die Politik der Nds. Landesregierung. Der spätere Finanzminister kündigte schon im Jahr 1987 die Genehmigungspraxis des Landkreises Aurich auf dem Gebiet der Windenergie an. Bei

---

883 OZ, Ausgabe v. 30.04.1992.
884 ON, Ausgabe v. 24.06.1993.
885 OZ, Ausgabe v. 24.11.1993.
886 ON, Ausgabe v. 16.08.1993, „In Niedersachsen soll mehr Windenergie gewonnen werden: auf allen 6.000 Hochspannungsmasten sollen Windkraftanlagen installiert werden. Diesen Plan verfolgt Nds. Umweltministerin Griefahn. Um zu verhindern, dass durch neue Anlagen mehr Fläche verbraucht werde, könnten die Strommasten eine Doppelfunktion übernehmen".
887 Rundschreiben der Nds. Umweltministerin v. 25.10.1994, S. 3.
888 ON, Ausgabe v. 16.08.1994.
889 LROP Nds, 1994, Teil I, S. 14, 18.

Inbetriebnahme des ersten Windparks Niedersachsens vor mehr als 20 Jahren prophezeite Swieter, dass die Entwicklungschancen der Windenergie nicht durch engstirnige Verhinderungsbehörden gefährdet werden würden. „Hier sei in Sachen Windmachen vom Reden zur Realisierung ein entscheidender Schritt gemacht worden. Wichtig sei es, ähnliche zukunftsweisende Projekte schnell und unbürokratisch in die Tat umzusetzen."[890]

Der Landkreis Aurich ist untrennbar mit dem Namen Hinrich Swieter verbunden. Angesichts der mächtigen Norder SPD konnte es nicht überraschen, dass Swieter als Landrat des Landkreises Norden nach der Gebietsreform im Jahr 1977 Landrat des Großkreises Aurich wurde.[891] In seiner Partei sei kaum jemand an Swieter vorbeigekommen. Er führte den SPD-Unterbezirk, einen Ortsverein und saß im Bezirksvorstand Weser-Ems. Wenn ein Genosse etwas werden wollte, musste er mit „Hinni" reden. Senkte er den Daumen, sei das schlecht gewesen, stellt die *Ostfriesen-Zeitung* im Jahr 2002 fest.[892] Swieter konnte äußerst konsequent, ja knallhart sein, wenn er etwas durchsetzen wollte, heißt es über ihn in einem Nachruf der *Ostfriesischen Nachrichten*.[893] Und die *Ostfriesen-Zeitung* sah Swieter als durchsetzungsstarken Machtmenschen, der als Mitglied des Landtags, Finanzminister Niedersachsens, Vorsitzender des Verwaltungsrats der Nds. Lottostiftung, Vorstandsmitglied des Nds. Landkreistags, Mitglied im Kuratorium der Bundesstiftung Umwelt, Vorsitzender des Tourismusverbandes Nordsee, Vorsitzender des Aufsichtsrats der NordL/B sowie der Bremer Landesbank, Vorsitzender des Verwaltungsrats der Sparkasse Aurich/Norden und schließlich als ehrenamtlicher Landrat über viele Jahre eine Ämterfülle besaß, die großen politischen Einfluss im Landkreis Aurich garantieren sollte.[894]

In der ausgeprägten Machtpersönlichkeit des im Jahr 2002 verstorbenen Landrats konnte schließlich auch das Ideal von einer Linienstruktur in der Auricher Kreisverwaltung seine relative Grenze finden. Regelmäßige so genannte Informationsrunden mit den Dezernenten sollten einen kontinuierlichen Einfluss auf die Verwaltungsarbeit sicherstellen. Der mit überwiegend repräsentativen Kompetenzen ausgestattete Landrat versuchte so, unmittelbar auf Verwaltungsabläufe in der Kreisbehörde einzuwirken.

Angesichts der politischen Machtverhältnisse könnten demnach die bis zum Jahr 1994 auf dem Auricher Kreisgebiet installierten Windenergieanlagen insbe-

---

890 ON, Ausgabe v. 03.12.1987.
891 ON, Ausgabe v. 20.07.2002.
892 OZ, Ausgabe v. 20.07.2002.
893 ON, Ausgabe v. 20.07.2002.
894 OZ, Ausgabe v. 24.07.2002.

sondere der Erreichung eines landespolitischen Plansolls gedient haben. Die Entscheidungspraxis des Landkreises wäre dann lediglich Ausdruck einer unreflektierten Loyalität zur Nds. Landespolitik gewesen.

Das höchstrichterliche Urteil zur Windenergie im Jahr 1994 wirkte demgegenüber als Zäsur. Der Gesetzgeber entschied sich 1998 für eine Privilegierung von Windenergieanlagen im Außenbereich, stellte dieses Vorrecht zugleich aber wieder zur partiellen Disposition der Träger von Bauleit- und Regionalplanung. § 35 Abs. 1 Nr. 7 in Verbindung mit Abs. 3 Satz 3 BauGB a. F. spiegelt insoweit die politische Kontroverse. Der Landkreis vollzog diesen Kompromiss nach und hielt die Gemeinden an, über eine Konzentrationsplanung bis zum 31.12.1998 die Privilegierung von Windenergieanlagen im Außenbereich einzuschränken.

Die grundpositive Einstellung der Nds. Landesregierung zur Windenergie änderte sich jedoch trotz Zunahme von Nutzungskonflikten nicht. Im Jahr 1998 erklärte der *Nds. Umweltminister Jüttner*, Windenergie fördere Klimaschutz, schaffe Arbeitsplätze und erhöhe Exportchancen. Diejenigen, die Windkraft gegen Naturschutz ausspielen wollten, ignorierten die prinzipiellen Vorteile der regenerativen Energien: Windenergie sei emissionsfrei und verursache keinen Atommüll.[895] Die Auricher Kreisverwaltung reflektierte hingegen die bislang mit der Windenergie gemachten Erfahrungen und gelangte insoweit zu einem differenzierten Bild.

Der Bundesgesetzgeber hatte mit der Baurechtsnovelle von 1998 die Regelungen des § 35 BauGB auf die energiepolitische Neuausrichtung angepasst. Diese Novellierung änderte aber nicht bloß die Rechtslage, sondern beinhaltete zugleich eine politische Gewichtung der widerstreitenden Interessen. Schließlich wurde mit der Konzentrationsklausel die Position kommunaler Planungsträger ausdrücklich gestärkt. Der Landkreis Aurich plädierte gegenüber den Gemeinden eindringlich dafür, von diesem Steuerungsinstrument Gebrauch zu machen. Die Privilegierung von Windenergieanlagen sollte in ihrem konkreten Umfang allein vom Willen der kommunalen Planungsträger bestimmt werden. Damit aber setzte sich die Auricher Bauverwaltung gerade nicht in Widerspruch zu den energiepolitischen Grundaussagen der Nds. Landesregierung. Das Land Niedersachsen hatte nämlich über sein LROP von 1998 selbst im Verständnis des § 35 Abs. 3 Satz 3 BauGB den Trägern der Regionalplanung die Möglichkeit eingeräumt, Vorranggebiete für Windenergienutzung mit externer Ausschlusswirkung festzulegen. Die Entscheidungsträger auf allen Ebenen wollten daher offensichtlich einen weiteren ungesteuerten Ausbau der Windenergie unterbinden; ein Dissens lässt sich insoweit nicht behaupten.

---

895 ON, Ausgabe v. 07.08.1998.

Im Ergebnis begründeten die Entscheidungen der Auricher Kreisverwaltung zur Windenergie auch keinen relevanten kreispolitischen Konflikt. Faktisch spiegelte deren Genehmigungspraxis nämlich die jeweilige politische Stimmung wider. Für die Kreisorgane bestand deshalb im Regelfall auch kein Grund, die Entscheidungen über die Zulässigkeit von Windenergieanlagen an sich zu ziehen. Dies gilt vor allem für die Zeitspanne bis Mitte der 1990iger Jahre, als man der Windenergie fast euphorisch begegnete. Aber mit wachsender Anlagendichte wurde die neue Energieform kritischer gesehen. Trotzdem behielt sich der Kreisausschuss zu keinem Zeitpunkt die Entscheidung über die Genehmigung von Windenergieanlagen vor. Selbst eine regelmäßige Information über den Sachstand wurde nicht eingefordert.

Im Allgemeinen beansprucht Politik aber auch keine kategorische Oberhoheit. Politisch brisante Konfliktlagen werden im Einzelfall sogar bewusst auf die Verwaltung abgewälzt. Entscheidungen über Bauanträge werden außerdem zu Recht als bloß juristische Fragestellung anerkannt, welche grundsätzlich einer politischen Wertung unzugänglich sind. In den Kreisgremien lassen sich die Mandatsträger daher normalerweise nicht auf eine rechtliche Auseinandersetzung über die Auslegung von Baurecht mit der Verwaltung ein. Bauangelegenheiten sind deswegen in den Landkreisen normalerweise auch keinem Fachausschuss zugewiesen. Politik vertraut hier auf die administrative Fachkompetenz. Im Ergebnis werden Rechtsfragen zum Baurecht in der Regel als Aufgaben des übertragenen Wirkungskreises politisch abgeschrieben.

Im Übrigen respektierte die Auricher Bauverwaltung grundsätzlich die gemeindlichen Flächennutzungspläne. Im Regelfall gab es deshalb keinen Disput, der an den Kreisausschuss hätte herangetragen werden können. So wurde der Kreisausschuss von der oben beschriebenen Einvernehmensersetzung lediglich in Kenntnis gesetzt. Eine öffentliche Diskussion wurde letztlich nur über die Frage geführt, inwieweit die 37 Bauvorbescheide Berücksichtigung in der Regionalplanung finden müssten. Im Ergebnis besaß diese Fragestellung jedoch keine Relevanz; die Regionalplanung von 2004 wurde abgebrochen.

Letztlich entwickelte die Windenergie aus Sicht der Auricher Bauverwaltung also keinen politischen Streitfall; man bewegte sich im Wesentlichen auf einer Linie mit den jeweils aktuellen bundes-, landes- und kreispolitischen Grundaussagen zur Windenergie. Die Entscheidungspraxis des Landkreises Aurich könnte daher als bloßer Ausdruck von politischem Opportunismus wahrgenommen werden. Auch dort, wo die Kreisverwaltung aktiv, dynamisch, selbstbestimmt wirkte, wäre sie möglicherweise allein dem Motto gefolgt: „Schlage nichts vor, was keine Aussicht hat, höheren Orts akzeptiert zu werden".[896]

---

896 Oberndorfer, aaO, S. 425.

II. Sachpolitische Beweggründe

Im Jahr 1995 verkündete der Leiter des Amtes für Planung und Naturschutz in einer Sitzung des Wirtschaftsausschusses, dass die Windenergie schon zwei Drittel des hiesigen Strombedarfs abdecke. Damit trage man zu einer Entlastung der Atmosphäre in einer Größenordnung von 400.000 t Kohlenstoff bei.[897] Der 1996 in Kraft getretene Regionalplan des Landkreises Aurich lässt hingegen eine dezidierte Auseinandersetzung mit klimaschützenden Aspekten vermissen. Das politische Manifest zur regionalen Energieerzeugung belässt es insoweit bei einer detaillierten Definition des Begriffs „regenerative Energiequelle". Das allgemeine Interesse an einer umweltverträglichen Energieversorgung dürfte also nicht allein auf die Verwaltungsentscheidung eingewirkt haben.

1. Landwirtschaft

Der Landkreis Aurich gehört zum ländlichen Raum Niedersachsens. Im Vergleich zum Bundesgebiet (= 3,2 %) und zum Land Niedersachsen (= 5 %) ist im Landkreis Aurich Ende der 1980iger Jahre der Anteil der Erwerbstätigen in der Landwirtschaft mit 8 % noch besonders hoch.[898] Die Landwirtschaft in dieser Zeit ist überwiegend kleinteilig strukturiert. Viele Betriebe besaßen eine kaum wettbewerbsfähige Flächenstruktur. Unzureichende Einkommen führten bei Generationswechsel zur Betriebsaufgabe. Ein schon vor Jahren einsetzender Strukturwandel beschleunigte sich noch einmal durch veränderte agrarpolitische Rahmenbedingungen. Der Anpassungsdruck auf die landwirtschaftlichen Betriebe steigt kontinuierlich. Das idyllische Bild vom bäuerlichen Familienbetrieb weicht einem streng betriebswirtschaftlich ausgerichteten Unternehmen. Konkurrenzfähige Betriebe müssen über Flächenzuschnitte verfügen, die eine ökonomische Bewirtschaftung zulassen. Die Zukunftsfähigkeit ostfriesischer Landwirtschaft wurde frühzeitig mit der Betriebsgrößenstruktur verknüpft. Unter Bezugnahme auf Untersuchungen des Jahres 1987 heißt es im RROP des Landkreises Aurich aus dem Jahr 1992, „in den Bereichen, in denen der Anteil entwicklungsfähiger landwirtschaftlicher Haupterwerbsbetriebe relativ gering ist und nicht entwicklungsfähige Betriebe aus wirtschaftlichen Gründen aufgeben müssen, besteht die Möglichkeit, die allgemeine Betriebsgrößenstruktur zu verbessern".[899] Tatsächlich verbesserte sich die Betriebsgrößenstruktur dramatisch.

---

897 OZ, Ausgabe v. 16.03.1995.
898 RROP-Entwurf, 2004, S. 129.
899 RROP 1992, S. 15.

Die Zahl der landwirtschaftlichen Betriebe nahm innerhalb der letzten zwanzig Jahre um die Hälfte ab, ohne dass sich der Umfang landwirtschaftlich genutzter Fläche signifikant verringert hätte.[900] Der Anteil der Erwerbstätigen im Wirtschaftsbereich „Landwirtschaft" sank bis zum Jahr 2002 auf noch 2,8 %.[901] Damit hatte sich eine Entwicklung verwirklicht, der man mit dem RROP aus dem Jahr 1992 noch entgegensteuern wollte. Eine Verbesserung der Größenstrukturen „erscheint aus betriebswirtschaftlichen Gründen wünschenswert, setzt aber voraus, daß ausreichend außerlandwirtschaftliche Arbeitsplätze zur Verfügung stehen. Da nicht abzusehen ist, daß die aus der Landwirtschaft freiwerdenden Arbeitskräfte ersatzweise einen Arbeitsplatz in der gewerblichen Wirtschaft oder anderen Betrieben erhalten, ist aus sozial- und wirtschaftspolitischen Gründen dieser Entwicklung durch geeignete Maßnahmen zur Sicherung der Existenz der Klein- und Nebenerwerbsbetriebe zu begegnen".[902] Da man Massentierhaltung wegen ihrer Auswirkungen auf Natur und Landschaft als problematisch einstufte,[903] wurde die Erzeugung von Windenergie durch Landwirte ausdrücklich unterstützt.[904] Die Nutzung der Windenergie wurde als realistische Möglichkeit erkannt, die landwirtschaftlichen Strukturen im Landkreis Aurich trotz wettbewerbsnachteiliger Nutzflächengrößen und europäischer Agrarpolitik stabil zu halten. „Windenergie-Boom: Landwirte wittern ihre Chance", titelte die *Ostfriesen-Zeitung* denn auch im Jahr 1991. Es seien vor allem Landwirte, die ihre Chance erkennen, wegen der Marktsteuerung stark eingeschränkte Verdienstmöglichkeiten durch Betrieb einer Windenergie zu verbessern.[905]

Für den Landwirt stellte sich der Betrieb einer Windenergieanlage auch ohne Einsatz von Eigenkapital wegen der garantierten Abnahme zu festgeschriebenen Entgelten als sichere Investition dar. Im Jahr 1999 konnte der Betreiber einer 1,5 MW Windenergieanlage in einem windhöffigen Gebiet der Ostfriesischen Marsch mit einem Ertrag von jährlich 0,5 Mio. DM rechnen. Bei einer Gesamtinvestition von 3,5 Mio. DM für den Kauf der Anlage, Anschlusskosten, Finanzierungsaufwand und sonstige Ausgaben konnte der Betreiber ab dem 13. Jahr mit einem Überschuss von 0,43 Mio. DM pro Jahr rechnen. Das entspricht einem monatlichen Zusatzeinkommen von mehr als 35.000 DM (vor Steuern).[906] Überwand der Landwirt also die Hemmschwelle, zur Finanzierung einer Windenergieanlage Millionenkredite aufzunehmen, so waren die Geschäftsrisiken an-

---

900 RROP-Entwurf, 2004, S. 129.
901 RROP-Entwurf, 2004, S. 129.
902 RROP 1992, S. 15.
903 RROP 1992, S. 16.
904 RROP 1992, S. 20.
905 OZ, Ausgabe v. 21.03.1991.
906 Vgl. hierzu insgesamt Hasse, aaO, S. 35 f.

gesichts der gesetzlichen Förderung Erneuerbarer Energien überschaubar. Die Windverhältnisse eines Gebietes lassen sich schließlich mit großer Sicherheit über eine Auskunft beim Deutschen Wetterdienst prognostizieren. Überdies wurde regelmäßig die Dienstleistung eines vollumfänglichen Wartungsservices durch den Anlagenhersteller angeboten. Der Windmüller hatte mit der Installation der Windenergieanlage die wesentliche Arbeit getan. Aber schon die bloße Verpachtung eines Anlagenstandorts bot sich dem Landwirt als verlässliche Einnahmequelle an. Lediglich drei verpachtete Standorte erbrachten im Jahr 1999 bei marktüblichen Pachtzinsen eine Einnahme von 75.000 DM per anno, was einem monatlichen Einkommen von etwa 6.250 DM (vor Steuern) entsprach.[907] Die Gegenleistung des Verpächters ist zudem minimal, da die in Anspruch genommene Fläche einer regelmäßig landwirtschaftlichen Nutzung nicht entzogen ist. Windenergie konnte demnach tatsächlich zu einer Stabilisierung der Landwirtschaft beitragen. Das RROP von 1992 enthielt insoweit keine wirklichkeitsfremden Planaussagen.

Das besondere Interesse an der Landwirtschaft wirft jedoch Fragen auf. An sich besaß die Agrarpolitik im Landkreis Aurich traditionell wenig Durchsetzungskraft. Die seit Bildung des Landkreises Aurich im Jahr 1977 sozialdemokratische (absolute) Mehrheit im Auricher Kreistag[908] verstand sich nicht unbedingt als Interessenvertretung der Landwirtschaft. Die kapitalistische Wirtschaftsweise im küstennahen Marschgebiet habe den Landwirt als Gutsbesitzer erscheinen lassen, der seine Landarbeiter auf den Feldern für sich arbeiten ließ. Ursache für die Entstehung bäuerlicher Großbetriebe sei die von den Bodenverhältnissen begünstigte und relativ früh zur Anwendung gekommene kapitalistische Wirtschaftsweise mit ihrer auf den größeren Markt zugeschnittenen Erzeugung gewesen. Diese Wirtschaftsweise begründe die eigenartige soziale Verfassung namentlich in der Krummhörn, wo infolge Aufsaugung der kleineren Betriebe eine geringe Anzahl selbstständiger Landwirte einer zahlreichen Arbeiterschaft gegenüberstehe.[909] Eine dünne Schicht reicher Bauern gebot über ein Heer von besitzlosen Landarbeitern, beschreibt *GEO* im Jahr 1978 die historischen Verhältnisse. „Das war das größte Sklavenland hier. Einzig, daß wir nicht geschlagen wurden".[910] *Janssen* versucht, einer Diskreditierung seines Berufsstandes entgegenzuwirken: „Von Außen und aus parteipolitischen Gründen ist immer wieder mit negativen Beispielen, die es überall gibt, gegen das normaler-

---

907 Hasse, aaO, S. 37.
908 Die absolute Mehrheit der SPD ging bei den Kommunalwahlen vom 10.09.06 nach 29 Jahren verloren.
909 Hierzu insgesamt Haack-Lübbers, Der Landkreis Norden, 1951, S. 96 f.
910 Geschlossene Gesellschaft, in: GEO, aaO, S. 29.

weise harmonische Verhältnis zwischen Bauern und Landarbeitern polemisiert worden".[911] Das verzerrte Bild des reichen Großbauern ist aber über Generationen in der Bevölkerung tief verwurzelt und scheint über Jahrzehnte hinweg eine auch politische Dimension erlangt zu haben. „Wir als SPD haben Fehler gemacht", gestand der Bürgermeister der Krummhörn ein. „Keiner habe ahnen können, was die Windenergie für Probleme mit sich bringe, welches Ausmaß sie in der Krummhörn erreiche. Noch kurz vor dem endgültigen Verbot sei die Verwaltung mit Anträgen überschwemmt worden. Wir haben den Reichtum der Krummhörner Bauern unterschätzt".[912]

Zusätzliches Einkommen aus der Windenergie sollte demnach dazu beitragen, die Produktionsnachteile kleinteiliger Betriebsstrukturen auszugleichen. Der Landkreis intendierte offensichtlich, so den Prozess einer fortschreitenden Industrialisierung der Agrarwirtschaft aufzuhalten. Die oben beschriebenen Krummhörner Verhältnisse sollten sich offensichtlich im Kreisgebiet nicht weiter verfestigen. Die These lautete: Dezentrale Energieerzeugung erhält eine dezentrale Produktion landwirtschaftlicher Güter. Windenergieanlagen erlangten insoweit für den Landkreis Aurich eine mehrdimensionale politische Bedeutung. Die Kreisverwaltung folgte dieser im RROP von 1992 formulierten kommunalpolitischen Planaussage und sprach Landwirten pauschal ein privilegiertes Baurecht zur Errichtung von Windenergieanlagen im Außenbereich zu. Das Urteil des *BVerwG's* von Juni 1994 veranlasste den Landkreis Aurich denn auch insoweit nicht, erteilte Baugenehmigungen aufzuheben. Tatsächlich beließ man damit Landwirten eine wesentliche Säule ihrer wirtschaftlichen Existenz. Gerade die Annahme einer Privilegierung nach § 35 Abs. 1 Nr. 1 BauGB könnte sich demnach unmittelbar auf eine artikulierte Erwartungshaltung der Kreispolitik gegenüber der Kreisverwaltung zurückführen lassen. Die Genehmigungen nach Abs. 1 Nr. 1 würden sich damit als bloße Umsetzung eines fremdbestimmten Organisationsziels darstellen.

2. Industrie, Arbeitsplätze, Gewerbesteuern (= Wirtschaftskraft)

Nicht allein die Landwirtschaft weist wegen ihrer Kleinteiligkeit erhebliche Wettbewerbsnachteile auf. Der Landkreis Aurich muss vielmehr insgesamt als strukturschwach bezeichnet werden. Aus seiner Randlage resultiert eine unzureichend ausgebildete Verkehrsinfrastruktur. Die Kreisstadt Aurich verfügt nicht über einen Bahnanschluss für den Personenschienenverkehr und liegt etwa

---

911 Janssen, Bauern in Krummhörn, 2001, S. 64.
912 EZ, Ausgabe v. 24.04.1996.

30 km abseits des Autobahnnetzes. Der Bremer Flughafen ist 120 km entfernt der Nächstgelegene. Die schlechte verkehrliche Anbindung mindert die Attraktivität des Landkreises als Wirtschaftsstandort erheblich. Aurich gehört als überwiegend Ziel II Gebiet zur regionalen Förderkulisse der Europäischen Union. Die Regionen der EU sind fördertechnisch entsprechend ihrer Wirtschaftskraft in Zielgebiete aufgeteilt. Der jeweiligen Kategorie stehen Strukturfonds mit unterschiedlich hohen Fördersätzen zur Verfügung. Die Fördermittel konnten zum Aufbau gewerblicher oder touristischer Infrastruktur aber auch zur einzelbetrieblichen Förderung eingesetzt werden. Der Landkreis Aurich gilt in Niedersachsen als einer der erfolgreichsten Regionen beim Einwerben solcher Transferleistungen. In den 1980iger Jahren verzeichnete das Kreisgebiet eine Arbeitslosenquote von deutlich über 20 %.[913] Auch wenn die Zahl der sozialversicherten Beschäftigten im Landkreis Aurich in den letzten anderthalb Jahrzehnten deutlich gestiegen ist, bewege sich die Zahl der Arbeitslosen seit 1993 im Mittel bis zu 3 Prozentpunkte über dem Bundesdurchschnitt und sei in konjunkturell schwachen Jahreszeiten bis auf 6 % darüber angestiegen, ließ sich im RROP-Entwurf von 2004 lesen.[914]

Dieser Aufwärtstrend ist sicherlich auf eine Vielzahl von Investitionen in touristische Infrastruktur zurückführen. Der Landkreis Aurich hat sich als Ferienregion etabliert. Auf den Inseln prägt der Tourismus das wirtschaftliche und gesellschaftliche Leben. In der Küstenregion konzentriert sich die touristische Aktivität auf das Nordseebad Norddeich sowie auf die Küstenbadeorte Dornum und Krummhörn. Mit mehr als 8 Mio. Übernachtungen jährlich bildet der Landkreis Aurich einen touristischen Schwerpunkt im Land Niedersachsen. Im strukturschwachen Raum stellt der Tourismus einen Wirtschaftsschwerpunkt dar. Der Tourismus bewirkt im Kreisgebiet ein Gesamtumsatzvolumen von über 700 Mio. €; etwa jeder 4. Arbeitsplatz ist zumindest indirekt vom Tourismusgeschäft abhängig.[915]

Auf die wirtschaftliche Entwicklung der Region dürfte aber vor allem die Windenergiebranche entscheidend eingewirkt haben. Die überdurchschnittliche Schaffung von Arbeitsplätzen in den 1990iger Jahren verläuft parallel zum Ausbau der Windenergie in Ostfriesland. Windräder symbolisierten nicht nur ein neues Energiezeitalter, sondern auch wirtschaftlichen Aufschwung. Dies ist vor allem auf den Umstand zurückzuführen, dass mit der Firma Enercon ein Hersteller von Windenergieanlagen in der Stadt Aurich ihren Sitz hat, die heute zu den Marktführern in der Welt gehört.

---

913 RROP-Entwurf, 2004, S. 130.
914 RROP-Entwurf, 2004, S. 130.
915 Siehe hierzu insgesamt RROP-Entwurf, 2004, S. 135.

1985 gelang Enercon die Konstruktion der ersten marktfähigen Windenergieanlage mit einer Nennleistung von 55 KW. Der Prototyp der folgenden Anlagengeneration, die 300 KW leistungsstarke E–32, wurde von der Energieversorgung Weser-Ems (EWE) im Jahr 1989 direkt vom Reißbrett gekauft.[916] Drei Jahre später beschrieb der Firmenchef von Enercon das Wachstumspotential seines Unternehmens auf seine Weise: „Das kleine Automobilwerk in Emden, das können sie vergessen. Die Hallen werden wir bald dringender brauchen".[917] Mittlerweile baut das Unternehmen Windenergieanlagen mit einer Gesamthöhe von 198 m und einer Nennleistung von über 6 MW. Allein am Standort Aurich werden über 2.500 Mitarbeiter beschäftigt. Die Anlagenproduktion sichert zudem Arbeitsplätze in verschiedenen Zuliefererbetrieben. Nach Auskunft des *IHK für Ostfriesland und Papenburg* entsprachen die von der Firma Enercon im Jahr 2003 in Ostfriesland vergebenen Aufträge an Zulieferer einem Umsatzvolumen von 118 Mio. € (= Stadt Emden 3,54 Mio. €, Landkreis Leer 31,86 Mio. €, Landkreis Wittmund 2,36 Mio. €, Landkreis Aurich 80,24 Mio. €).[918]

Ihre Innovationskraft hat Enercon zum regionalen Wirtschaftsmotor werden lassen. Das Unternehmen arbeitet an neuartigen Formen der Energiespeicherung, konstruiert Schiffe und PKW mit innovativem Antrieb, entwickelt Anlagen zur Meerwasserentsalzung und plant aktuell eine Eisengießerei, die zu den modernsten in der Welt gehören dürfte. Die geplante Eisengießerei wird mehr als 150 Arbeitsplätze schaffen und sollte Ostfriesland weiter als einen Innovationsstandort etablieren. Im Übrigen entwickelt die E.ON-Netz gegenwärtig in Zusammenarbeit mit der EWE sowie den Landkreisen Aurich und Leer eine Erdkabeltrasse zur Ableitung von windenergetisch erzeugtem Strom. Mit einer Länge von über 70 km und einer Kapazität von mehr als 2.000 MW ist dieses Projekt in der Welt einmalig.

Plötzlich also verfügte der strukturschwache Landkreis Aurich über zwei Standortvorteile: Wind und Enercon. Das RROP von 1992 enthält denn auch eine unmissverständliche Aufforderung: „Gerade in unserer Region bietet sich die Errichtung von Windenergieanlagen an".[919]

Auch die Kommunen können davon unmittelbar profitieren. Das Steuergeheimnis verbietet eine detaillierte Darstellung der Gewerbesteuern, die in den letzten Jahren durch die Firma Enercon geleistet worden sind. Daher wird in dieser Arbeit lediglich die allgemeine Entwicklung des Gewerbesteueraufkommens bei der Stadt Aurich dargestellt. Die Gewerbesteuereinnahme der Stadt Aurich

---

916 Dazu insgesamt Franken, aaO, S. 179.
917 ON, Ausabe v. 16.07.1993.
918 Bundesverband WindEnergie e.V., Mehr Geld für Kommunen, Okt. 2006, S. 2.
919 RROP, 1992, S. 20.

entwickelte sich zwischen 1996 und 2006 von 10,3 auf über 52 Mio. €.[920] Die Gemeinde Krummhörn ließ sogar prüfen, ob die Möglichkeit bestehe, eine Steuer für Windkraftanlagen einzuführen.[921] Die Kommunen suchten nach Wegen am Aufschwung der Windenergie teilzuhaben. So beabsichtigte die Gemeinde Ihlow, „in den genannten Gebieten ortsansässige Betreibergesellschaften zu gründen, damit die Steuern hierbleiben".[922] Gewerbesteuern dienten als Argument für die Windenergie. „Die Firma habe sich verpflichtet, ihren Betriebssitz in die Krummhörn zu verlegen. Wir rechnen dadurch natürlich mittelfristig auch mit Gewerbesteueraufkommen", argumentierte der stellvertretende Gemeindedirektor.[923] Die *Ostfriesen-Zeitung* bringt es im Jahr 1996 auf den Punkt: „Der Wind bläst die Kassen voll".[924]

Die Windenergie schafft Mehrwerte, die zu einer Belebung verschiedenster Wirtschaftzweige führt. Jedes Einkommen wird auch in großen Teilen in der Region ausgegeben. Der Konsum von Gütern und die Inanspruchnahme von Dienstleistungen Privater oder Behörden schaffen wieder Arbeitsplätze und stärken die Wirtschaftskraft. Diese positiven Sekundäreffekte im Handel und Gewerbe kommen dem ganzen Raum zugute; jeder Arbeitsplatz schafft weitere.

Die Erfolgsgeschichte der Windenergie im Landkreis Aurich lässt sich jedoch nicht mit wissenschaftlicher Genauigkeit auf die Entscheidungspraxis der Auricher Bauverwaltung zurückführen. Genehmigungen von Windenergieanlagen durch den Landkreis Aurich schafften jedoch unstreitig für Enercon einen Absatzmarkt in der Region. Zugleich diente das Auricher Kreisgebiet damit seit Ende der 1980iger Jahre faktisch als gigantisches Testfeld für eine innovative Technologie. Für ein Unternehmen, welches für regenerative Energieerzeugung steht, mögen solche Rahmenbedingungen maßgebliche Standortfaktoren bilden. Die Genehmigungspraxis des Landkreises Aurich bis Mitte der 1990iger Jahre könnte deshalb auf eine wirtschaftspolitische Strategie hinweisen.

In der Folge wirkte die Auricher Bauverwaltung jedoch ein wenig wie *Goethes* Zauberlehrling. Die Windenergie hatte eine nicht mehr kontrollierbare Eigendynamik entwickelt. Eine Vielzahl unkoordiniert errichteter Windenergieanlagen hatte binnen weniger Jahre in weiten Teilen zu einer intensiven Überprägung der Landschaft geführt. Vor allem für den Küstenraum wurde die Belastungsgrenze als überschritten empfunden. Die anfängliche Euphorie wich allgemeiner Skepsis. „Wenn wir jede Anlage genehmigen, riskieren wir, daß

---

920 ON, Ausgabe v. 13.10.2006.
921 OZ, Ausgabe v. 17.03.1992.
922 ON, Ausgabe v. 16.11.1993.
923 EZ, Ausgabe v. 12.01.1995.
924 OZ, Ausgabe v. 01.03.1996.

langfristig die Gemeinden mit Windanlagen vollaufen", gab der Baudezernent im Mai 1994 zu bedenken.[925]

Einige Monate später ließ der Landkreis die Auswirkungen von Windenergieanlagen auf das Landschaftsbild gutachterlich untersuchen. Dieses Gutachten sollte den Trägern der Flächennutzungsplanung als Leitlinie dienen. Die Windenergie müsse danach künftig auf die Grenzen einer Sonderbaufläche festgelegt sein; jeder weitere Ausbau der Windenergie dürfe nur noch kontrolliert erfolgen. Diese politische Grundauffassung fand jedoch bei den Betreibern von Windenergieanlagen wenig Akzeptanz. In den windhöffigen Regionen wurden daher Flächennutzungspläne häufig mit Erfolg einer inzidenten Überprüfung durch die Verwaltungsgerichte zugeführt. In bundesweiten Seminaren wurden Rechtsanwälte darin geschult, solche Flächennutzungspläne erfolgreich anzufechten. Kommunen sahen sich dadurch in ihrer Planungshoheit verletzt. Gerade im Küstenraum hatte man über Jahre eine Verdichtung von Windenergieanlagen hinnehmen müssen. Und nun erzwangen Investoren darüber hinaus Standorte für Anlagen und ignorierten die politische Negativstimmung in der Bevölkerung. Dabei erscheint die Investitionsfreudigkeit der Gegenwart jedoch als Spiegelbild einer vergangenen baubehördlichen Genehmigungsfreude. Die Entscheidungspraxis der Auricher Kreisverwaltung ließ nämlich einen finanzstarken Wirtschaftszweig in der Region entstehen, der auch zukünftig in die Windenergie investieren wollte. Windenergie begründete damit eine eigentümliche Wechselwirkung.[926] Dem wirtschaftlichen Erfolg der Einen folgte allerdings der Protest der Anderen. Bürgerinitiativen gegen Windenergie gründeten sich. Im April 1997 berichteten die *Ostfriesischen Nachrichten* sogar von einem Bundesverband Landschaftsschutz (BLS).[927] Der SPD-Ortsverband Dornum rief im Jahr 2006 überdies zu einem ostfriesischlandweiten Protest gegen Windenergie auf.[928] Mit dem Ruf nach mehr Bürgernähe lässt sich eine solche Interessenkollision jedenfalls nicht auflösen. Die Verwaltung hat hier letztlich zu entscheiden, welchem Bürgerinteresse im Einzelfall Vorrang einzuräumen ist.[929]

Einer unwirksamen Konzentrationsplanung begegnete die Bauaufsicht des Landkreises Aurich mit dem Konditionalprogramm des § 35 Abs. 3 BauGB. Hatte die Genehmigungsfreude des Landkreises Windenergie im Kreisgebiet auf Kosten eines enormen Flächenverbrauchs rasch zu einem Wachstumsmarkt wer-

---

925   OZ, Ausgabe v. 10.05.1994.
926   Vgl. Oberndorfer, aaO, S. 407.
927   ON, Ausgabe v. 17.04.1997.
928   ON, Ausgabe v. 08.05.2006; der Wähler honorierte das Engagement gegen Windenergie in diesem Fall jedoch nicht. Die SPD verlor bei der Kommunalwahl im Jahr 2006 über 10% und damit die absolute Mehrheit im Dornumer Rat.
929   Vgl. Oberndorfer, aaO, S. 440.

den lassen, so kämpfte man nun mit gleicher Intensität um den Erhalt des traditionellen Landschaftsbildes. Der Landkreis Aurich begründete abschlägige Bescheide sogar unter Bezugnahme auf einen gerichtlich als fehlerhaft beurteilten Flächennutzungsplan. Mit Verbissenheit schien die Untere Bauaufsichtsbehörde die gemeindliche Planungshoheit behaupten und die Bürgerproteste unter Aufgabe wirtschaftspolitischer Interessen durchsetzen zu wollen; in dieser Zeit des Positionswechsels tragen ihre Entscheidungen denn auch fast emotionale Züge.

III. Emotionale Faktoren

Entweder passt man sich den Problemen an oder löst sie. Ostfriesen-Witze, überdurchschnittliche Arbeitslosenquoten, Fördergebiet der Europäischen Union und überschuldete Kommunen charakterisieren eine Region, die sich nicht unbedingt als Standort für technologische Innovationen anbietet. Mit der Windenergie begann sich jedoch das Image Ostfrieslands zu wandeln.

Innovative Technologien beinhalten für jeden Entscheidungsträger eine Herausforderung und Profilierungschance. Für die Auricher Kreisbehörde dürfte dabei jedoch auf die Arbeits- und Entscheidungsabläufe vor allem ihre besondere Verwaltungsstruktur mit einer relevanten Außenstelle in der Stadt Norden von erheblichem Einfluss gewesen sein.

Der Landkreis Aurich ist das Ergebnis der Kreisreform von 1977. Mit Gebietsänderungsvertrag vom 11. Juli 1977 wurden die Landkreise Norden/Aurich aufgelöst und der Landkreis Aurich gebildet. Sitz des neu gebildeten Landkreises ist gemäß § 1 des Gebietsänderungsvertrages die Stadt Aurich. Dieser Gebietsänderungsvertrag aus dem Jahr 1977 markierte den Endpunkt einer heftigen äußerst emotional geführten Auseinandersetzung. Mitarbeiter aus dem Bauverwaltungsamt des Landkreises Norden wurden wegen ihres Protestes gegen die Kreisreform und des Ausrollens von Transparenten im Nds. Landtag strafrechtlich verfolgt. Für die damals wirtschaftsstarke Stadt Norden war es kaum zu verwinden, den Kreissitz an die damals wirtschaftsschwache Stadt Aurich zu verlieren. Den Verlust des Kreissitzes wertete man als Verlust von Wirtschaftskraft. In der Präambel zum Gebietsänderungsvertages heißt es daher, „gleichzeitig fühlen sich die Vertragspartner verpflichtet, den Gebietskörperschaften, die durch den Verlust von öffentlichen Arbeitsplätzen eine erhebliche wirtschaftliche Schwächung erleiden, wozu insbesondere die Stadt Norden zählt, jede nur mögliche wirtschaftliche Hilfe angedeihen zu lassen". Als Kompromiss sieht der Gebietsänderungsvertrag unter § 10 die Festschreibung einer Kreisaußenstelle in der Stadt Norden vor. Gemäß § 11 dieses Vertrages sind danach Aufgaben, die wegen erheblichen Publikumsverkehrs dezentral erfüllt werden können, in der

Außenstelle Norden wahrzunehmen. In der Kreisaußenstelle waren bis zum Jahr 2005 unter anderem das Amt für Planung und Naturschutz sowie der wesentliche Teil des Bauamtes angesiedelt. Dem Baudezernenten wurde zudem die Funktion eines Außenstellenleiters übertragen.[930] Der Gebietsänderungsvertrag bewahrte Norden vor dem kompletten Verlust des Kreissitzes. Die räumliche Trennung ließ in der Kreisaußenstelle nahezu zwangsläufig ein gewisses Eigenleben entwickeln. So wurden nach der Zusammenlegung des Bauamtes am Standort in Aurich im Jahr 2005 Unterschiede in Arbeitsweise und Entscheidungspraxis auffällig. Selbst die Bauakten besaßen eine unterschiedliche Systematik des Aktenzeichens. Partiell ließ die Auricher Kreisverwaltung Parallelstrukturen erkennen.[931] Vor allem schien jedoch der spezifische Verwaltungsaufbau eine ungewöhnliche Motivation zu begründen. Im Verständnis einer ehemaligen Kreisstadt besaß die Außenstelle einen starken Drang nach Selbstständigkeit; man bemühte sich um ein eigenes Gepräge. Es baute sich förmlich ein Profilierungsdruck auf. Bloßer Gesetzesvollzug allein vermochte diesen Anspruch nicht zu erfüllen. Der Leiter des Amtes für Planung und Naturschutz brachte es in einem SAT 1-Interview im Zusammenhang mit dem Ausbau der Windenergie auf den Punkt: „Wir wollen etwas schaffen".[932] Ein solcher Gestaltungswille lässt sich allerdings kaum mit der Vorstellung vereinbaren, Verwaltung stelle im Sinne *Taylors* ein festes Ordnungssystem programmierter Arbeitsabläufe dar.[933] Und so konnte sich in den Entscheidungen zur Windenergie auch der Selbsterhaltungswille einer ehemaligen Kreisstadt verwirklichen.

Mit der Anlagendichte wuchs jedoch auch Misstrauen. Jeder wollte von der Windenergie profitieren. Strukturschwach gehört das Land Niedersachsen traditionell zu den so genannten Nehmerländern im bundesdeutschen Finanzausgleich.

Das windhöffige Bundesland entdeckte plötzlich sein Wirtschaftspotential. Windenergie sollte insgesamt zur Profilierung Niedersachsens beitragen. In einer bundesweiten Anzeigenkampagne des Landes Niedersachsen ist ein Laubfrosch

---

930 Die Regelungen zur Außenstelle wurden allerdings von der Bezirksregierung Weser-Ems nicht gemäß § 14 Abs. 2 NLO genehmigt. Politisch fühlte sich der Kreistag jedoch über mehrere Legislaturperioden hinweg auch insoweit an den Gebietsänderungsvertrag gebunden, weshalb der Landkreis Aurich bis heute in der Stadt Norden eine relevante Außenstelle unterhält. Die Bauverwaltung ist allerdings seit Februar 2006 vollumfänglich in der Stadt Aurich konzentriert.
931 Vgl. Püttner, aaO, S. 155.
932 Interview mit dem heutigen Leiter des Amtes für Bauordnung, Planung und Naturschutz, Dipl.-Ing. Hermann Hollwedel.
933 Taylor, aaO, S. 38 ff.

unter vier Windenergieanlagen abgebildet. „Das Lauteste in unserem Windpark ist das Quaken der Frösche", ist darunter zu lesen. Ziel der Kampagne war es nicht, für Windenergie zu werben; Windenergie sollte das „Nullimage" des Landes Niedersachsen aufwerten.[934]

Und die Gemeinden argumentierten bei Darstellung von Sonderbauflächen für Windenergie mit fiskalischen Interessen. In der Samtgemeinde Brookmerland wurde öffentlich gegen eine Standortalternative argumentiert, dass wegen der dort herrschenden Windverhältnisse das Gebiet nicht rentabel genug sei. „Gewerbesteuereinnahmen seien da kaum zu erwarten".[935] Allein die Städte Aurich und Norden berücksichtigten jedoch in ihrer Abwägung das Kriterium der Windhöffigkeit.[936]

Berichte über Geldgeschenke an die Gemeinden nährten das Misstrauen zusätzlich. So berichtete die *Ostfriesen-Zeitung* im Jahr 1996 darüber, dass verschiedene Gemeinden eines Nachbarlandkreises 6.000 DM für jede installierte Windenergieanlage erhalten sollten.[937]

Mit Argwohn wurde jede gemeindliche Planungsentscheidung zur Windenergie beobachtet. Der folgende Ausschnitt eines Zeitungsartikels des *Ostfriesischen Kuriers* aus dem Jahr 1998 vermittelt einen Eindruck von der damaligen Atmosphäre. „Der Rat muß morgen den Einstieg ins baurechtliche Verfahren finden: Denn: Wird der Flächennutzungsplan 1998 nicht verabschiedet, ... kann jeder Interessierte den Bau von Windmühlen beantragen, weil nur noch die Einhaltung geltender Bau(ordnungs)vorschriften erforderlich ist. Wildwuchs will Nordens Baudezernent mit Macht verhindern. Vor diesem Hintergrund strebt der Dezernent einen unverzüglichen Beschluß des Rates an. Dem Bauamt liegen Anträge von 59 Antragstellern für 135 Anlagen vor. Unter den 59 Antragstellern befinden sich auch Mitglieder des Rates. Zum gegenwärtigen Zeitpunkt können sie, obwohl sie direkt betroffen sind, quasi über ihren eigenen Antrag zu befinden haben, durchaus noch mitbestimmen. Rein rechtlich gebe es zur Zeit keine Einwände, sagte der Stadtdirektor, der aber darauf hinweist, daß es der politischen Hygiene wegen sinnvoll sei, wenn sich die Betroffenen nicht aktiv an der Abstimmung beteiligen würden. In vielen Anträgen treten zudem Betreibergesellschaften auf. Welche Personen sich dahinter verbergen, ist der Verwaltung nach eigenen Angaben unklar. Wie sehr die Behörde bedrängt wird, zeigt ein konkretes Angebot, das der Verwaltungsspitze vorliegt: Ein Antragsteller hat Gewerbesteuer-Mehreinnahmen und eine großzügige, einmalige, zweckgebun-

---

934 OZ, Ausgabe v. 03.05.1997.
935 OK, Ausgabe v. 10.04.1997.
936 F-plan 2000–2010, Stadt Aurich, 2001, F-plan, Stadt Norden, 1998.
937 OZ, Ausgabe v. 11.10.1996

dene Spende in Aussicht gestellt, wenn die Standortsuche für Windenergieanlagen in seinem Sinne ausfalle. Angebote dieser Art sollen keine Einzelfälle sein".[938]
Die Umweltverbände äußerten ihren Unmut öffentlich. Mitglieder verschiedener Naturschutzverbände warfen der Landesregierung vor, ohne Rücksicht auf den Vogelschutz die Interessen der Windkraftbetreiber zu unterstützen. Windparks seien sogar auf ausgewiesenen Rastgebieten für Zugvögel genehmigt worden.[939] Dies ergebe sich aus Datenmaterial, welches schon bei Genehmigung der Anlagen vorgelegen habe.[940] Der Landesregierung wurde ein bedingungsloser Ausbau der Windenergie vorgeworfen. Als Machwerk ohne Wert wurde eine Karte des Nds. Umweltministeriums bezeichnet, in der Ausschlussgebiete für Brut- und Rastvögel dargestellt werden. Die vorliegende Kartierung gehe völlig an der Realität vorbei und sei aus naturschutzfachlicher Sicht nicht zu akzeptieren. Nicht einmal die bereits bestehenden Natur- und Landschaftsschutzgebiete hätten Berücksichtigung gefunden.[941] Der *NABU* unterstellte eine unheilige Allianz von Nds. Umweltministerium und Nds. Energie-Agentur.[942]

Die Landesregierung geriet unter Druck. Im Jahr 1996 musste man Versäumnisse und Fehler einräumen. Einige Windräder stünden an Stellen, die laut einer Vogelschutzkarte des Umweltministeriums eigentlich von der Windenergienutzung frei bleiben sollten. Diese Erkenntnisse seien bei der Planung von Windparks schlicht missachtet worden.[943] Überdies seien Umweltverbände nicht an Genehmigungsverfahren beteiligt worden.[944] Die öffentliche Diskussion um die Windenergie konnte in der Bevölkerung nur Zweifel über die Integrität der öffentlichen Stellen aufkommen lassen.

Zudem erwies sich die Konzentrationsklausel des § 35 Abs. 3 Satz 3 BauGB in der Praxis zum Teil als untauglich. Trotz Planungsvorbehalts konnten Windenergieanlagen gegen den Willen der kommunalen Vertretungskörperschaften erzwungen werden. Jede erstrittene Anlage ließ damit den öffentlichen Protest anwachsen. Die Gründe für diesen Widerstand lassen sich nicht abschließend benennen. In Klagen der Bevölkerung werde auf die gesundheitsgefährdenden, nicht hörbaren niederfrequenten Schwingungen, die enormen Störungen durch die Dauerbelästigung bei Tag und Nacht und die entsprechenden körperlichen

---

938 OK, Ausgabe v. 25.03.1998.
939 Hannoversche Allgemeine Zeitung (HAZ), Ausgabe v. 05.01.1995.
940 OZ, Ausgabe v. 20.04.1995.
941 Anzeiger für Harlingerland, Ausgabe v. 05.10.1994.
942 OZ, Ausgabe v. 20.01.1995.
943 OZ, Ausgabe v. 23.02.1996.
944 OZ, Ausgabe v. 20.04.1995.

wie psychischen Beschwerden hingewiesen.[945] Jedoch dürften auch die bekannt hohen Erträge aus Windenergienutzung Neid und Widerstand ausgelöst haben. „Einige wenige Investoren verdienen auf Kosten ihrer Mitbürger das dicke Geld", zitierte der *Anzeiger für Harlingerland* im Jahr 1995.[946] Ganze Dorfgemeinschaften sind zerstritten: Einige Bewohner profitieren, indem sie in neue Anlagen investieren oder ihre Wiesen teuer verpachten, andere aber klagen über die Belästigungen.[947] „Einstige Freunde grüßen sich jetzt nur noch mit der Faust".[948] Der Protest artikulierte sich Mitte der 1990iger Jahre zunehmend organisiert. Die Auseinandersetzung emotionalisierte sich; den Investoren wurde Habgier auf Kosten der Bevölkerung und der gemeindlichen Selbstbestimmung vorgeworfen. „Windenergie – Lizenz zum Gelddrucken?" fragten die *Ostfriesischen Nachrichten* im Mai 1995.[949]

Argwohn äußerte sich allerdings auch auf Seiten der Windenergiebranche. Jeder Versagungsgrund wurde misstrauisch hinterfragt. Der öffentliche Belang des Landschaftsbildes wurde wegen seines subjektiven Einschlags kategorisch abgelehnt. Und der Tourismus wurde angesichts aktueller Umfragen als lediglich vorgeschobenes Gegenargument erachtet. „Wer für saubere Energie sorge, der sei auch sauber".[950] Ein Nutzungskonflikt zwischen Windenergie und Tourismus ist allerdings auch schwer nachzuvollziehen, wenn bis heute Tourismusprospekte Abbildungen von Windenergieanlagen zum Teil auf dem Deckblatt enthalten. Jede neue Erkenntnis über die Störunempfindlichkeit spezifischer Vogelarten stellte zudem die Glaubwürdigkeit des gesamten Vogelschutzes als relevanten Belang in Frage.

Schließlich begann die Firma Enercon Zweifel am Wirtschaftsstandort „Aurich" zu äußern. Die *IHK für Ostfriesland und Papenburg* hatte nämlich den Ausbau der Windenergie auf der Grundlage des StrEG's als wirtschaftsfeindlich kritisiert. Die Position der *IHK* zur Windenergie blieb nicht ohne Folgen. Enercon errichtete in Magdeburg ein Zweigwerk. Der Firmeninhaber ließ seine Beweggründe nicht im Verborgenen. Ein Großteil der Arbeitsplätze, welche sein Unternehmen jetzt in Magdeburg schaffen werde, hätte er auch den Ostfriesen anbieten können. Aber hier habe er einfach nicht die Unterstützung gefunden, die ein zukunftsorientiertes Unternehmen brauche. Die verantwortlichen Leute bei der Industrie- und Handelskammer hätten ihm immer wieder Steine in den Weg gelegt und Stimmung gegen Enercon gemacht. „Daß er sich nun für den

---

945 Thora, in: Halama/Kühl/Klein/Weiss, aaO, S. 122.
946 Anzeiger für Harlingerland, Ausgabe v. 17.10.1995.
947 Die Welt, Ausgabe v. 15.08.1995.
948 Focus, Der Kampf gegen die Windmühlen, 11/1995, S. 104 f.
949 ON, Ausgabe v. 20.05.1995.
950 ON, Ausgabe v. 02.01.1995.

Standort in Magdeburg entschieden habe, sei auch eine Quittung für diesen Gegenwind".[951]

Es machte sich ein Klima allseitigen Misstrauens breit. Die Auricher Bauverwaltung wiederum empfand die inzidenten Klagen gegen die gemeindlichen Konzentrationsplanungen als einseitige Aufkündigung früherer Entscheidungspartnerschaften. Schließlich beurteilte das Verwaltungsgericht die vom Landkreis gegen Honorar erarbeiteten Flächennutzungspläne häufig als abwägungsfehlerhaft. Als Auftragnehmer hatte sich der Landkreis dafür gegenüber den Kommunen zu rechtfertigen und erlitt mit jeder Niederlage vor dem Verwaltungsgericht einen gewissen Autoritätsverlust. Die juristischen Auseinandersetzungen zur Zulässigkeit von Windenergieanlagen drohten sich deshalb zu verselbstständigen.

IV. Schlussfolgerung

Der Wind hatte sich in den letzten anderthalb Jahrzehnten mehrfach gedreht. Zunächst wurde Windenergie diskreditiert. Das Growian-Projekt wurde als pädagogisches Modell begriffen, um Kernkraftgegner zum wahren Glauben bekehren zu können.[952] Dann löste das StrEG einen Windkraftboom aus. Ab Mitte der 1990iger Jahre zeigte sich im Landkreis Aurich ein Bild der Zerrissenheit: einerseits stritten mit Windenergieanlagen überschwemmte Küstengemeinden um den Erhalt ihrer Planungshoheit und auf der anderen Seite warben Kommunen mit fiskalischen Argumenten für eine Förderung der Windenergie auf ihrem Gemeindegebiet. Eine Verwaltungsorganisation kann sich letztlich aber auch nicht auf starre Organisationsbedingungen verlassen.[953]

„Wir haben Genehmigungen mit der Schippe gegeben", beurteilt der heutige Leiter des Amtes für Bauordnung, Planung und Naturschutz die Entscheidungspraxis des Landkreises bis Mitte der 1990iger Jahre selbstkritisch. Der Wortlaut des § 35 Abs. 1 BauGB sei derart offen formuliert gewesen, dass sich für jeden Einzelfall der richtige Privilegierungstatbestand hätte finden lassen. Ein solches Verständnis von Rechtsanwendung mag den Leser überraschen und zugleich irritieren. Diese Verwaltungskultur lässt sich jedoch nicht aus nur einer Perspektive verstehen.

Das Baudezernat des Landkreises Aurich zeigte beim Thema „Windenergie" insgesamt keine Angst vor Verantwortung. Dort, wo das Immissionsschutzrecht

---

951 Anzeiger für Harlingerland, Ausgabe v. 28.01.1998.
952 Tacke, aaO, S. 143.
953 Vgl. Thieme, Verwaltungslehre, aaO, Rd. 222.

zunächst eine Aufgabe der unmittelbaren Landesverwaltung begründete, bestimmte der Landkreis im Einvernehmen mit den Antragstellern durch minimale Drosselung der Windenergieanlagen die Kompetenzverteilung zwischen staatlicher und kommunaler Verwaltungsebene. Mit dem Ansichziehen von Zuständigkeit demonstrierte die Auricher Bauverwaltung letztlich, dass man sich auch bei Wahrnehmung von Aufgaben des übertragenen Wirkungskreises als eigenständiger Verwaltungsträger außerhalb der Landesverwaltung und nicht bloß als deren verlängerter Arm verstehen wollte.

Aber auch nach Innen besaß das Baudezernat einen Selbstständigkeitsgrad, der teilweise Zweifel an dem Bild einer Einheitsbehörde aufkommen ließ. In der Regel identifizierten sich die in Norden ansässigen Mitarbeiter mit der Kreisaußenstelle in der ehemaligen Kreisstadt. Der ehemalige Baudezernent war zwar nicht als Beamter auf Zeit gewählt und stand insoweit als Regellaufbahnbeamter in keinem herausgehobenen Verhältnis zum Kreistag. Die Funktion des Außenstellenleiters verlieh dem Baudezernenten jedoch teilweise das Ansehen des örtlichen Oberkreisdirektors. Eine strikte Ein-Linienorganisation, bei der vom Hauptverwaltungsbeamten sämtliche Befugnisse bis zu den Verwaltungseinheiten führen,[954] lässt sich unter diesen Voraussetzungen nur schwer umsetzen. Schließlich führte die Geschichte des Landkreises Aurich zu einem dezentralen Behördenaufbau mit standortgebundener Verwaltungskultur und einer kritischen Kontrollspanne.[955]

Das Auricher Baudezernat bewies generell eine auffällige Gestaltungskraft. „Wir wollen etwas schaffen",[956] könnte für die Bauverwaltung des Landkreises Aurich als allgemeines Verwaltungsziel formuliert worden sein. Dabei begründete vor allem die Windenergie Tatendrang, rückte die neue Energie mit Erlass des StrEG's doch in den Fokus des politischen Interesses. Das beschriebene Näheverhältnis zur Nds. Landesregierung könnte insoweit vermuten lassen, dass jede zugelassene Windenergieanlage der Erfüllung einer landespolitischen Zielvorgabe dienen sollte. Im Zusammenhang mit der Windenergie wollte die Leitungsebene des Baudezernates aber nicht allein politisch opportun verhalten, sondern agierte tatsächlich selbst im politischen Raum. Der energiewirtschaftspolitische Richtungswechsel wurde offenbar reflektiert, als eigener übernommen und umgesetzt. Entgegen *Thieme* lassen sich demzufolge individuell-psychische Implikationen nicht ausblenden.[957] Bloße Produktionsfaktoren stellen nämlich

---

954 Vgl. Thieme, Verwaltungslehre, aaO, Rd. 243.
955 Vgl. Thieme, Verwaltungslehre, aaO, Rd. 222.
956 Ausspruch vom Leiter des Amtes für Planung und Naturschutz in einem Fernsehinterview im Zusammenhang mit dem Ausbau der Windenergie.
957 Vgl. Wenger, aaO, S. 74.

keine politischen Überlegungen an.[958] Verwaltungsentscheidungen werden mit der soziologisch ausgerichteten Verwaltungstheorie vielmehr bei einem subjektiv geprägten Bild von der Umwelt getroffen.[959]

Dabei konnte sich die Bauverwaltung auch nicht durch die Kreispolitik als fremdbestimmt empfinden. Der Auricher Kreistag hatte sich zwar mit seinem Satzungsbeschluss am 20. März 1992 zum RROP eindeutig für eine Förderung der Windenergie ausgesprochen; auf dem Gebiet der regenerativen Energieerzeugung wollte man sich in einer Vorreiterrolle begreifen. Die Genehmigungsfreudigkeit der Bauverwaltung könnte sich daher auf dieses politische Bekenntnis zur Windenergie berufen. Die Überfrachtung des Regionalplans mit politischen Aussagen darf jedoch nicht darüber hinwegtäuschen, dass der Satzungsinhalt vom Planungsamt erarbeitet und nach Beratungen in den Fraktionen sowie Fachausschüssen dem Kreistag zur Beschlussfassung vorgelegt worden ist. Politische Gremien wurden demnach lediglich beteiligt; eine Arbeitsgruppe unter Einbeziehung politischer Vertreter wurde nicht eingerichtet.[960] Der Kreistagsbeschluss dürfte deshalb im Wesentlichen, wie es *Treutner* ausdrückt, nur noch der formellen Einkleidung einer von der Exekutiven bereits getroffenen Entscheidung gedient haben.[961]

Die steuernde Vorarbeit der Bauverwaltung zum Ausbau der Windenergie traf letztlich sogar eine Vorfestlegung für die Landesplanung.[962] Die im Regionalplan von 1992 für die Windenergie genannte Ausbaustufe wurde vom Land Niedersachsen im LROP von 1994 übernommen; die Landesplanung passte sich insoweit der Regionalplanung an. Provokant könnte man also sagen, dass die Auricher Bauverwaltung sich insgesamt ein Stück weit ihr eigenes Programm geschrieben und sich damit den politischen Überbau für ihre Entscheidungspraxis geschaffen hatte.

Die Auricher Bauverwaltung wollte Windenergieanlagen so schnell und so viele wie möglich errichtet sehen. Unausgesprochen befand man sich in Allianz mit der Nds. Landesregierung zur Förderung der Windenergie. Dieser Grundkonsens erstreckte sich schließlich auch auf die Bundespolitik. Über alle Fraktionen hinweg hatte nämlich der Bundestag das StrEG verabschiedet. Der Bundesgesetzgeber unterließ es zunächst lediglich, explizit die neue Energiepolitik auch bauplanungsrechtlich nachzuvollziehen. So konnte der Eindruck entstehen, die Unteren Bauaufsichtsbehörden hätten unter Missachtung von Bundesrecht

---

958 Siepmann/Siepmann, aaO, S. 28.
959 Vgl. Siepmann/Siepmann, aaO, S. 30.
960 Vgl. Lecheler, aaO, S. 149.
961 Treutner, aaO, S. 34.
962 Interview mit dem damaligen stv. Amtsleiter Dipl-Ing Hermann Hollwedel.

Windenergieanlagen genehmigt. Tatsächlich mussten die Baubehörden einen vermeintlichen Widerspruch zwischen energie- und baugesetzlichen Regelungen bewältigen.[963]
Allerdings lassen sich die Gründe für einen zügigen Ausbau der Windenergie nur zum Teil aus dem Regionalplan von 1992 herleiten. Die Zukunftsfähigkeit einer kleinteiligen Landwirtschaft wird in der Regionalplanung ausdrücklich benannt. Windenergie sollte kleine Betriebe vor Übernahme schützen. Darüber hinaus zeigte man sich gegenüber auswärtigen Investoren skeptisch; sonstige Wirtschaftsinteressen bleiben unerwähnt. Stärkung der Wirtschaftskraft, Arbeitsplätze Gewerbesteuern werden daher angesichts der bisherigen Erfolgsgeschichte heute gerne als damalige Zielsetzungen behauptet. Tatsächlich blieb die Motivlage insoweit aber diffus unpräzise.

Stolz resümierte der Auricher Wirtschaftsdezernent im Jahr 1995, Windenergie habe in der Region bislang ein Investitionsvolumen von 144 Mio. DM ausgelöst.[964] Die Genehmigungspraxis des Landkreises Aurich lässt sich deshalb aber nicht einfach als wirtschaftslenkende Maßnahme identifizieren. Zwar wurden Überlegungen angestellt, über besondere technische Festsetzungen in den Flächennutzungsplänen auswärtige Hersteller von Windenergieanlagen auszuschließen. Dies sollte jedoch der einzige systematische Ansatz bleiben, welcher im Zusammenhang mit der Windenergie eindeutig wirtschaftspolitische Interessen offenbarte. Letztlich waren die Entscheidungen des Landkreises zur Windenergie nicht konzeptionell hinterlegt. Regionales Wirtschaftswachstum und Klimaschutz wurden vielmehr in der unverbindlichen Pauschalität politischer Aussagen öffentlich bekundet. Eine spezifische Strategie zur Entwicklung eines wirtschaftsschwachen Raumes ist jedenfalls nicht erkennbar. Für die Auricher Kreisverwaltung dürfte die Windenergie Anfang der 1990iger Jahre daher lediglich eine auch wirtschaftliche Dimension besessen haben. Man investierte ein bisschen traditionelle Landschaft, je nach Blickwinkel ein Stück Lebensqualität sowie gemeindliche Planungshoheit und ließ sich von den Wirkungen der gesetzten Impulse überraschen.

Es fehlte aber insgesamt an einer vertiefenden Auseinandersetzung mit den Potentialen der Windenergie.

Objektiv genügten die Entscheidungen der Auricher Bauverwaltung damit verschiedenen Rationalitäten. Ihre Genehmigungspraxis konnte grundsätzlich auf einen politischen Konsens verweisen und erscheint in der Rückschau durch eine gesamtwirtschaftlich positive Bilanz als gerechtfertigt.[965] Subjektiv dürften

---

963 Zumindest nach Auffassung des OVG's Lüneburg und BVerwG's.
964 OZ, Ausgabe v. 16.03.1995.
965 Vgl. Schauer, aaO, S. 322/323.

den Ausbau der Windenergie im Auricher Kreisgebiet jedoch vor allem triviale Gründe forciert haben.

Norden hatte im Jahr 1977 den Kreissitz verloren. Der Gebietsänderungsvertrag beließ der ehemaligen Kreisstadt lediglich eine rudimentäre Kreisverwaltung. Die Kreisaußenstelle in Norden sah sich damit dem permanenten Druck ausgesetzt, ihre Daseinsberechtigung zu belegen. Fast drohte zwischen den Verwaltungsstandorten in Aurich und Norden ein Wettstreit darüber zu entbrennen, welche Verwaltung die Bessere sei. Windenergie bot insoweit die Gelegenheit, das überkommene Bild von einer auf bloßen Gesetzesvollzug beschränkten Verwaltung zu korrigieren. Die Zahl installierter Windenergieanlagen wurde unausgesprochen zu einem Parameter für erfolgreiche Verwaltungsarbeit. Das quantitative Element bestimmte hier maßgeblich die Verwaltungspraxis; das im RROP von 1992 benannte Plansoll sollte zügig erreicht werden. Die bedarfsgerechte Rechtsauslegung des § 35 BauGB a. F. dürfte sich vor allem an dieser abstrakten Zielvorgabe orientiert haben. Konsequenterweise wurde die Zielerreichung denn auch öffentlich vermarktet. Die zahlreichen Zitate in dieser wissenschaftlichen Abhandlung belegen eine insoweit offensive Pressearbeit. In Erwartung einer positiven Resonanz sollten die Entscheidungen zur Windenergie damit auch der Selbstdarstellung einer umfassend kompetenten Verwaltungseinheit dienen.

Als die Windenergie hingegen im Küstenraum zum dominierenden Landschaftsmerkmal geworden war, änderte der Landkreis Aurich seine Entscheidungspraxis.

Diesmal wurde allerdings der bei einer gerechten Auslegung des § 35 BauGB zu berücksichtigende Bedarf ermittelt und auch explizit benannt. Der Landkreis Aurich ließ nämlich die Auswirkungen der Windenergieanlagen auf das Landschaftsbild bewerten und erklärte die Ergebnisse dieses Gutachtens für die Entscheidungen nach § 35 BauGB als verbindlich.

Die Verwaltungskultur wurde deshalb jedoch keiner umfassend gründlichen Revision unterzogen. Sollte zunächst die Landschaft mit einem dichten Netz Strom erzeugender Windenergieanlagen überzogen werden, so sollte es künftig nicht eine Anlage außerhalb dargestellter Konzentrationszonen geben dürfen. Der Landkreis dürfte dabei aber nicht bloß den öffentlich geäußerten Unmut von Teilen der Bevölkerung aufgenommen haben. Die aus Protest gegen Windenergie entstandenen Zusammenschlüsse von Personen erreichten schließlich auch keine repräsentative Bedeutung. Der Widerstand beschränkte sich stattdessen regelmäßig auf die unmittelbar von Windpark-Projekten betroffenen Anlieger. Eine grundsätzliche Ablehnung ließ sich in Ostfriesland hingegen nicht organisieren. Vielmehr blieb die Windenergie ein Demonstrationsobjekt für eine leistungs- aber auch durchsetzungsstarke Verwaltung, die sich nicht einfach politischem Druck beugt, sondern selbst Politik macht. Für die Auricher Bauverwaltung hatte sich nur die Windrichtung geändert.

Seither hat sich lediglich die Fahrtrichtung der in Norden und Umkreis wohnhaften Mitarbeiter des Baudezernates zu ihrem Arbeitsplatz geändert. Die dezentrale Verwaltungsstruktur ließ einen Verwaltungstyp entstehen, der sich durch eine ungewöhnliche Autarkie auszeichnete. Insgesamt besaß dieses Eigenleben nicht nur Vorteile. Die räumliche Trennung wesentlicher Verwaltungseinheiten lässt nämlich unter Berücksichtigung der Geschichte des Landkreises Aurich die Kontrollspanne und den Integrationsaufwand der Verwaltungsspitze kritisch erscheinen. Letztlich wurden im Jahr 2005 das Bauamt sowie das Amt für Planung und Naturschutz am Standort in Aurich zusammengelegt.

H. Gesamtwürdigung

Windenergie ist seit den 1980iger Jahren ein kontrovers diskutiertes Thema. Klimaschutz, Arbeitsplätze, Horizontverschmutzung, Atommüll, Umweltschutz, Erderwärmung, Krieg um Öl markieren eine bis heute polarisierende Auseinandersetzung. Und zwischendrin vollziehen die Baubehörden Gesetze und entscheiden über die Zulässigkeit von Windenergieanlagen.

I. Fazit

Im Lichtschein eines neuen Energierechts verzichtete die Auricher Bauverwaltung bei der Genehmigung von Windenergieanlagen zunächst auf eine dezidierte Auseinandersetzung mit den Genehmigungsvoraussetzungen des § 35 BauGB. Die mit der Windenergie verbundenen Chancen sollten nicht wegen eines unzeitgemäßen Baurechts verloren gehen. Und tatsächlich bot Windenergie die Chance, vielfältige Interessen zu bedienen.

Die neue Energiepolitik versprach ostfriesischen Landwirten ein existenzsicherndes Zusatzeinkommen, ostfriesischen Kommunen Gewerbesteuern, ostfriesischen Anlagenherstellern Absatz, Ostfriesen Arbeitsplätze und einer innovationsarmen Region ein neues Image. Letztlich folgte die Genehmigungsfreude des Landkreises Aurich aber auch einer allgemeinen politischen Erwartungshaltung. Der Bund verlieh Windenergie mit dem StREG Marktfähigkeit, das Land Niedersachsen positionierte sich mit seiner Landesplanung eindeutig für die neue Energieform und der Landkreis Aurich wollte in Windenergieanlagen gar ein positives Wiedererkennungs- und Alleinstellungsmerkmal erkennen. Hunderte von Windkonvertern entlang der ostfriesischen Nordseeküste sind deshalb jedoch nicht allein Folge dieser politischen Zielvorgaben. Windenergie bot vor allem die Möglichkeit zur Herausbildung eines eigenen Verwaltungstyps. Jede errichtete Windenergieanlage sollte zum Symbol einer leistungsstarken Verwaltung werden. Nach höchstrichterlicher Auffassung wurden so auf dem Gebiet des Landkreises Aurich auf Jahrzehnte baurechtswidrig Fakten geschaffen. Der Vorwurf eines Nachbarlandkreises, man selbst habe die Landschaft freigehalten, während der Landkreis Aurich das Recht gebogen habe, geht dabei allerdings von einem grundlegenden Missverständnis aus.[966]

Die Baubehörden waren nämlich zur Zulässigkeit von Windenergieanlagen im Außenbereich mit einem diffusen Meinungsbild konfrontiert. De facto gab es insoweit keine Kategorie richtig oder falsch. Vielmehr ließen sich für die Zulassung als auch Ablehnung von Windenergieanlagen jeweils seriöse Auffassungen zitieren. Erst mit der Baurechtsnovelle von 1998 privilegierte der Gesetzgeber Windenergieanlagen ausdrücklich als Außenbereichsvorhaben. Ohne eine explizite Dezision wurden so auf dem Gebiet des Landkreises Aurich auf Jahrzehnte Fakten geschaffen.

Faktisch wurde jedoch damit die Problemlösung auf die administrative Ebene verlagert. Die Exekutive existiert allerdings nicht als einheitliche Entscheidungsinstanz. Verwaltung fächere sich laut *Sontheimer* vielmehr vertikal, horizontal, föderal und damit für den Bürger oft unübersichtlich auf. Das Hauptproblem der deutschen Verwaltung liege deshalb aus Sicht des Bürgers in der Unübersichtlichkeit und Kompetenzunsicherheit ihrer Gliederung.[967] Geben Rechtsprechung, Literatur und staatliche Aufsichtsbehörden keine einheitlichen Auslegungsregeln vor, dann kann sich Verwaltung je nach Eigenverständnis allein gelassen oder in ihrer Entscheidung frei fühlen. Rechtsanwendung wird damit aber zu einer partiell persönlichen Entscheidung. Überlässt eine Gesellschaft aber der Verwaltungsebene die gesetzgeberische Letztentscheidung, dann muss sie sich ihre Entscheidungen auch zurechnen lassen. Gerade die Windenergie ist ein exponiertes Beispiel dafür, dass sich die Verantwortungsgrenzen zwischen den Staatsgewalten verschieben können, wenn neue Phänomene auf eine veraltete Gesetzeslage treffen. Eine solche situative Verwaltung lasse eine Differenzierung zwischen legislativer und exekutiver Gewalt zunehmend unschärfer werden.[968] Die Windenergie konnte sich so in verhältnismäßig kurzer Zeit als Energiealternative durchsetzen, weil einige Baubehörden ein überholtes Baurecht aktualisierten.

Mit der Gesetzesnovelle von 1998 wurde die vom Landkreis Aurich angenommene Privilegierung von Windenergieanlagen im Außenbereich Rechtslage. Den Umfang des Vorrechts stellte der Gesetzgeber wiederum in das Ermessen der kommunalen Planungsträger. Die Unklarheiten schienen damit ausgeräumt. Eine Vielzahl von Streitverfahren belegt jedoch, dass die Gesetzesänderung von

---

966 Interview mit dem Leiter des Amtes für Bauordnung, Planung und Narutrschutz, Hermann Hollwedel.
967 Sontheimer, Das politische System der BRD, 2. Aufl. 1971, S. 169.
968 Treutner, aaO, S. 34.

1998 tatsächlich bestehende Rechtsunsicherheiten nicht vollumfänglich beseitigt haben konnte.

Im Landkreis Aurich machten zwar sämtliche Festlandsgemeinden vom Planungsvorbehalt des § 35 Abs. 3 Satz 3 BauGB Gebrauch. Da aber die Konzentrationsplanungen häufig wegen Abwägungsfehlern als städtebauliches Steuerungsinstrument ausfielen, drohte mit einem weiteren massiven Ausbau der Windenergie eine gänzliche Überprägung des Küstenraums. Ein solcher Flächenverbrauch hätte teilweise den kommunalen Planungsraum faktisch auf Null reduzieren können. Mangels einer wirksamen Bauleitplanung erlangte daher das Konditionalprogramm des § 35 Abs. 3 Satz 1 BauGB zugleich Bedeutung für eine geordnete städtebauliche Entwicklung. Namentlich über den Erhalt eines traditionellen Landschaftsbildes versuchte die Auricher Bauverwaltung, widerstreitende Nutzungsansprüche zu koordinieren. Dabei unterstellte man, dass die Nutzungsräume für die Windenergie sich mit nahezu mathematischer Genauigkeit ermitteln lassen. Die gutachterlichen Aussagen zu den Auswirkungen von Windenergieanlagen auf das Landschaftsbild traten an die Stelle unwirksamer Flächennutzungspläne. Im Verhältnis zu den gemeindlichen Konzentrationsplanungen wurde das Gutachten von *Wöbse* fast wie eine die Planungshoheit sichernde Rückfallebene begriffen. Dieses Gutachten vermochte letztlich aber auch nicht, das Schöne einer Landschaft von der Individualität des Betrachters zu lösen.

Allerdings verlangen die Belange des Vogel- oder Denkmalschutzes vom Rechtsanwender nicht weniger eine Entscheidung im unsicheren Raum. Auch die Regelungen zum Denkmalschutz erfordern nämlich eine Entscheidung über Ästhetik und sind damit einer allgemeinen Aussage entzogen. Demgegenüber erscheint der Vogelschutz zwar einer wissenschaftlichen Beweisführung zugänglich. Angesichts bis heute bestehender Erkenntnisdefizite lässt sich jedoch die Verwaltungsentscheidung auch insoweit nicht als berechenbar ansehen.

Letztlich wird eine Rechtsgemeinschaft aber immer Entscheidungsspielräume akzeptieren müssen. Die Rechtsordnung wird nämlich die Entscheidungsfindung nicht soweit vorbestimmen können, dass Rechtsanwendung uneingeschränkt kalkulierbar wird. Kein Gesetz kann schließlich jede Eventualiät vorausdenken. Die Forderung von *Rupp*, wonach sich alle Handlungen der Verwaltung auf ein Gesetz zurückführen lassen müssen, erscheint angesichts dessen als (s)eine bloße Wunschvorstellung.[969]

Eine absolut konditionierte Verwaltung sei jedoch auch nicht wünschenswert. Angesichts einer wachsenden Geschwindigkeit gesellschaftlicher Modernisierung würde eine strikte „Wenn-Dann-Konditionierung" nämlich an den Be-

---

969 Vgl. Rupp, Grundfragen der heutigen Verwaltungsrechtslehre, 1965, S. 135.

dürfnissen einer Gesellschaft vorbeigehen. Gesetze treffen daher regelmäßig Vorsorge für das Unvorhersehbare. Arbeite der Gesetzgeber jedoch lediglich mit der Definition von Zielen,[970] so verschwimmen damit die Grenzen zwischen juristischer und sozialwissenschaftlicher Entscheidung.[971] Schließlich verlangen bloße Zielformulierungen von dem Rechtsanwender auch eine Bewertung, ob die Entscheidung auch zweckmäßig ist.[972] Solch bedeutungsoffene Gesetzestexte versetzen die Verwaltung in die Lage, das Recht auf neue Problemlagen anzupassen.[973] Die Behörde hat hier die gesetzliche Regelung weiterzudenken.[974] Verwaltung hat dann auch legislative Verantwortung zu tragen.

Die dem Recht immanenten Lücken fungieren als Einfallstore für außertatbestandliche Einflüsse.[975] Eine Verwaltung hat über seine Organisation den Entscheidungsweg und damit die Einflussfaktoren festzulegen. Dabei ist in den Gemeinden die politische Einwirkung über die kommunale Selbstverwaltungsgarantie gesetzlich gewollt. Keine Organisation vermag jedoch, die Individualität des Einzelnen auszuschalten. Jedes geschriebene Organigramm einer Verwaltungseinheit hat realiter Mitarbeiter, welche gegen die idealisierten Kommunkations-, Arbeits- und Entscheidungsabläufe verstoßen werden. Der Faktor „Mensch" wird für eine Verwaltungsorganisation immer eine unberechenbare Einflussgröße bleiben.

Die Entscheidungen zur Windenergie im Landkreis Aurich zeigen allerdings, dass auch die aus der Genese einer Gebietskörperschaft resultierende Mentalität einen maßgeblichen Einfluss auf die Entscheidungspraxis einer Verwaltungseinheit besitzen kann. Die Kreisreform von 1977 löste zwar die politischen Grenzen zweier Landkreise auf. Mit dem Gebietsänderungsvertrag wurde jedoch das Fundament für eine geteilte Verwaltungsstruktur gelegt. In der Folgezeit etablierte jeder Behördenstandort Nuancen einer eigenen Lebensart. Für das Baudezernat sollte die Windenergie dabei unausgesprochen zum Demonstrationsobjekt für einen jeder Anforderung gewachsenen Verwaltungstyp werden. Und so avancierte zunächst die Zahl errichteter Windenergieanlagen zur Bestimmungsgröße für eine erfolgreiche Verwaltung. Als der Küstenraum mit Windenergieanlagen „überzulaufen" drohte, vollzog die Auricher Bauverwaltung einen Positionswechsel. Nun sollte die Verhinderung von unplanmäßigen Windkonvertern Leistungsstärke dokumentieren.

---

970 Insgesamt hierzu Voigt, aaO, S. 104 f.
971 Vgl. Thieme, Entscheidungen in der öffentlichen Verwaltung, aaO, S. 31 ff.
972 Vgl. Püttner, aaO, S. 324.
973 Vgl. Voigt, aaO, S. 11.
974 Vgl. Lecheler, aaO, S. 47.
975 Vgl. Schuppert, aaO, S. 756 f.

Den Außenstehenden mag es befremden, Verwaltung eine Mentalität zuzuschreiben. Schließlich belegt der Ruf nach mehr Bürgernähe und Bürgerfreundlichkeit auch, dass die Bevölkerung Verwaltung häufig immer noch als einen Apparat unpersönlicher Sachwalter[976] empfindet. Tatsächlich aber ist jede Gruppe von Menschen ein Sozialgefüge mit einer individuellen Kultur. Die öffentliche Verwaltung mit ihren Teilbereichen bilden insoweit keine Ausnahme. Letztlich beansprucht eine offene Gesellschaft aber auch eine durchlässige Verwaltung. Kommunale Selbstverwaltung verwirklicht sich deshalb nicht allein über den politischen Mandatsträger. Vielmehr wird über die Mitarbeiter auch eine regionsspezifische Mentalität in die Behörde transportiert. Gesetze und Organisation können daher die Verwaltungsarbeit nur mit Einschränkungen antizipieren. Unabänderliches ist hinzunehmen. Eigenmacht, Eigenleben und Eigendynamik eines Behördenteils lässt dann zwar die Einheitlichkeit der Verwaltung kritisch werden. Aber schon *Sloterdijk* erachtete ein gewisses Revoluzzertum für die Funktionsfähigkeit einer Verwaltung als unerlässlich.[977] Regionales Wirtschaftswachstum durch Windenergie mag dafür ein Positivbeispiel darstellen.

Kommt es aber zu eklatanten Fehlentwicklungen, dann wird die Öffentlichkeit zu Recht nach der Gesamtverantwortung der Verwaltungsspitze fragen. Nicht nur die Organisationsaufgabe wird damit zu einer schwierigen Kunst.[978] Für den Verwaltungschef wird der Balanceakt zwischen Vertrauen und Kontrolle vielmehr zu einer alltäglichen Herausforderung.

II. Ausblick

Verwaltung wird sich letztlich nur selten hinter dem Gesetzbuch verstecken können. Legislative Verantwortung wird zunehmend selbst im Bereich der Ordnungsverwaltung auf die exekutive Ebene delegiert. Damit aber relativiert sich laut *Voigt* Berechenbarkeit als Legitimationskriterium weiter, wenn Rechtsnormen unter dem Gesichtspunkt ihrer Eignung für eine konkrete Problemlösung jederzeit in Frage gestellt werden. Werde das Recht durch einzelfallorientierte Auslegung den Erfordernissen der Zweckmäßigkeit angepasst, verliere es insgesamt an legitimierender Kraft.[979] Die von einer Rechtsgemeinschaft eingeforderte Anpassungsleistung führt nämlich im Regelfall bereits dazu, dass die gesetzte Rechtsordnung auch anerkannt wird; der Gesetzgeber bestimme insofern kraft

---

976 Vgl. Siepmann/Siepmann, aaO, S. 28.
977 Sloterdijk, aaO, S. 93.
978 Lecheler, aaO, S. 152.
979 Voigt, aaO, S. 13.

seiner Autorität auch die vorherrschenden Anschauungen der Rechtsethik.[980] Da der Gesetzgeber jedoch oft nur punktuell den Einzelfall regeln könne,[981] führt eine situative Verwaltung[982] somit zu einem Kompetenzverlust des Parlaments. Diese Entwicklung könnte sich angesichts der Forderung nach mehr Einzelfallgerechtigkeit in der Zukunft noch verstärken. Schließlich wird das gegenwärtige Leitbild öffentlicher Verwaltung nicht selten auf drei Begriffe reduziert: bürgernah, unbürokratisch,[983] wirtschaftsfreundlich, d.h. investitionsfördernd durch Beschleunigung, Flexibilisierung und Vereinfachung;[984] Verwaltung wird zum Dienstleister für den Bürger. Sollte das einschlägige Gesetz jedoch eine entsprechende Normhypothese[985] nicht abdecken, dann kann die Verwaltung diesen Anspruch nur durch eine Entscheidung contra legem erfüllen. Als Rechtfertigung werde insoweit häufig auf einen bestehenden Erwartungsdruck durch die Öffentlichkeit verwiesen.[986]

Erfordern offene Gesetzestexte zumindest formal noch eine Subsumtion, so könnte eine Deregulierung dazu führen, dass Genehmigungsvorbehalte entfallen. Immerhin sei die Vielfalt garantierter Rechtsschutzmöglichkeiten und Kontrolldichte laut *Battis* Alleinstellungsmerkmal Deutschlands. Der Rechtsstaat entwickelte sich zum Rechtsschutzstaat und übernahm gerade im Baurecht immer mehr Aufgaben; die Fülle öffentlicher Aufgaben sei nicht mehr finanzierbar. Der Wegfall von Staatsaufgaben diene dann nicht nur dem Interesse des Vorhabensträgers, sondern auch dem Abbau von öffentlichen Schulden.[987]

Das gesetzte Recht verliert überdies an Bedeutung, wenn administrative Entscheidungen lediglich Verhandlungsergebnisse abbilden. So würden unter dem Begriff „informales Verfahren" im zunehmenden Maße „im Schatten des Rechts" unverbindliche Gespräche mit dem Adressaten einer Verwaltungsentscheidung geführt werden.[988] Konsensuales Verwaltungshandeln könne insoweit zur Beschleunigung, Flexibilität und Revisionsoffenheit staatlicher Verfahren beitragen.[989] Für eine solche Verwaltungspraxis dürfte jedoch auch mitursächlich sein, dass die meisten Verwaltungsangehörigen häufig nur etwa ein Drittel

---

980 Vgl. Jellinek, aaO, S. 342 f.
981 Schulze-Fielitz, Theorie und Praxis parlamentarischer Gesetzgebung, 1988, S. 136.
982 Der Begriff „situative Verwaltung" ist dem Buchtitel „Rechtsstaat und situative Verwaltung" von Treutner, Wolff, Bonß, aaO, entliehen.
983 Eine unbürokratische Bürokratie!?
984 Battis, Öffentl. Baurecht und Raumordnungsrecht, 4. Aufl. 1999, S. 10.
985 Zum Begriff siehe Kriele, aaO, S. 163.
986 Voigt, aaO, S. 113.
987 Battis, aaO, S. 10.
988 Mnookin/Kornhauser, in: The Yale Journal, 1979, 950 (968).
989 Battis, aaO, S. 11.

aller einschlägigen Rechtsvorschriften kennen.[990] Verwaltung neigt daher im zunehmenden Maße zu einer „pragmatischen Vorschriftenreduktion" durch Einigung mit dem Adressaten eines Bescheides.[991] Misslingt der Handel, so könne sich die Verwaltung auf die Position der „legalen Autorität" zurückziehen. Motiv dürfte dabei sicherlich auch sein, das Prozessrisiko zu mindern.[992]

Letztlich wird eine Gesellschaft auf die Leistungsfähigkeit und vor allem Integrität der Mitarbeiter einer Verwaltung vertrauen müssen. Der Mensch sei jedoch eine Vielheit von Willen zur Macht, resümierte *Nietzsche*.[993] Verwaltung wird daher mit individueller Intensität nach Eigenmacht streben und lässt sich deshalb nicht auf bloß exekutive Befugnisse reduzieren. Der Amtswalter ist nicht nur Hüter der Gesetze. Fortlaufend wird der Anspruch nach einer bürgernahen Verwaltung artikuliert. Der Bürger erwartet eine vor allem einzelfallgerechte Entscheidung verständlich begründet. Das Verständnis von einer Verwaltung als reine Dienstleistungsbehörde markiert insofern das Ende staatlicher Obrigkeit.

Diese Entwicklung sollte in Niedersachsen mit der Auflösung der Bezirksregierungen im Jahr 2004 zusätzlich beschleunigt werden. Der Abschaffung einer staatlichen Mittelinstanz folgte jedoch keine konsequente Verlagerung staatlicher Aufgaben auf die kommunalen Verwaltungsebenen. Allerdings besitzt Niedersachsen auch eine ausgeprägt kleinteilige Gebietsstruktur. Schlug eine im Jahr 1964 eingesetzte Kommission eine Reduzierung auf 28 Landkreise und vier kreisfreie Städte vor,[994] weist Niedersachsen aktuell 38 Landkreise und 9 kreisfreie Städte auf. Bislang jedoch vermochte keine nachfolgende Nds. Landesregierung, sich im Interesse einer optimierten Verwaltungsstruktur zu einer umfassenden Gebietsreform durchzuringen. Eine konsequente Delegation staatlicher Aufgaben wäre ohne eine weitere Gebietsreform deshalb nicht nur unwirtschaftlich, sondern zudem ineffizient.

Mit der Bezirksregierung wurde aber nicht nur eine staatliche Mittelinstanz, sondern auch eine Verwaltungsebene ohne eine unmittelbare demokratische Legitimation abgeschafft. Das Fehlen eines parlamentarischen Unterbaus war für das Land Niedersachsen auch nicht immer ohne Risiko. Der *Nds. Sozialminister Hiller* scheute sich im Jahr 1993 nicht, öffentlich mit der Bezirksregierung Weser-Ems einen Disput zu Grundsatzfragen der Windenergie auszutragen. Die Bezirksregierung verneinte die Privilegierung von Windenergieanlagen im Außen-

---

990 Damkowski, in: VerwArch 1984, 219 (224).
991 Voigt, aaO, S. 110
992 Hierzu insgesamt Voigt, aaO, S. 156 ff.
993 Nietzsche, Kritische Gesamtausgabe, achte Abt., Bd. I, 1974, S. 21.
994 Weber-Kommission, 1969, Rz. 683, 729.

bereich und anerkannte damit einen Planungsvorbehalt zugunsten gemeindlicher Bauleitplanung. „Ich gehe davon aus", sprach der *Nds. Sozialminister*, „daß die Bezirksregierung Weser-Ems meine Auffassung zur Windenergienutzung nunmehr beachten wird". Hiller forderte vehement einen zügigen Ausbau der Windenergie. Und die Staatssekretärin *Gantz-Rathmann* mahnte „den sehr geehrten Herrn Regierungspräsidenten Dr. Bode, die positive Entwicklung als solche zu begreifen". „Die Ausnahme werde zur Regel", entgegnete eine Dezernentin der Bezirksregierung, „Ideologie triumphiere über den Rechtsverstand".[995]

Es wäre wohl verfehlt, mit dieser öffentlichen Auseinandersetzung belegen zu wollen, dass nur eine politisch weitestgehend unabhängige Verwaltungsinstanz in der Rechtsanwendung ein höheres Maß an Zuverlässigkeit verspreche. Denn zur Bürokratisierung gehöre generell eine innewohnende Tendenz zur Abschottung gegenüber störenden Umweltansprüchen.[996] *Exner* bewertet die bürokratische Organisation sogar als jeder anderen überlegen.[997] Untersteht Verwaltung aber politischer Kontrolle bleibt sie trotz ihrer fachlichen Überlegenheit im relativen Sinne politisch (und unwirtschaftlich ineffizient ?).

Die Aussage eines Kommunalpolitikers gegenüber dem Verfasser: „Wenn wir immer wirtschaftlich handeln würden, bräuchten wir keine Politik mehr", mag angesichts des aktuellen Schuldenstandes niedersächsischer Kommunen zynisch wirken.[998]

Außerdem scheint Kreispolitik bei den Bürgern nur auf geringes Interesse zu stoßen. Isolierte Landratswahlen lassen nämlich befürchten, dass auch selbstständige Kreistagswahlen eine deutlich unterdurchschnittliche Wahlbeteiligung besäßen. Die Wahlbeteiligung von Direktwahlen, die nicht mit Bundestags-, Europa-, Landtags-, und Kommunalwahlen stattfanden, haben nur selten die Marke von 40 % überschritten. Die Landratswahlen in den Landkreisen Verden (= 30,1 %) und Cuxhaven (= 30,6 %) dokumentieren ein erschreckendes Desinteresse und lassen für den fiktiven Fall einer isolierten Kreistagswahl eine entsprechend niedrige Wahlbeteiligung befürchten. Angesichts dessen lässt sich hier nur eingeschränkt von einer demokratischen Legitimierung sprechen. Tatsächlich gab es deshalb Stimmen, die statt einer Auflösung der Bezirksregierungen für die Abschaffung der Landkreise plädierten. Niemand wagte jedoch, solche Ansätze öffentlich zu diskutieren.

Allerdings muss offen bleiben, ob politisch unabhängige Verwaltungsbehörden weniger zu einer politischen Rechtsanwendung neigen. Eine strikte

---

995 ON, Ausgabe v. 24.06.1993.
996 Wolff, in: Treutner/Wolff/Bonß, aaO, S. 172.
997 Exner, Recht und öffentliche Meinung, 1990, S. 28.
998 Vgl. Nds. Landesamt für Statistik, NLS-Online: Tabelle K9600141.

Trennung von Politik und Verwaltung kann jedenfalls nicht per se eine formal verstandene Gesetzestreue garantieren. Schließlich sind die Entscheidungen der Auricher Bauverwaltung zur Windenergie bis Anfang des 21. Jahrhunderts auch das Resultat einer politischen Auslegung des § 35 BauGB.

Schlussbemerkung

Machtstreben und Egoismus scheinen unüberwindbar. An der Feststellung von *Hobbes*, die ganze Menschheit zeige ein ständiges und rastloses Verlangen nach Macht und wieder Macht, das erst mit dem Tod ende, lässt sich bis heute nicht zweifeln.[999] Allerdings bemerkte er auch, dass der Mensch die vernünftige Einsicht besitze, durch das selbstbeschränkte Leben in einem Gemeinwesen Vorsorge für seine Selbsterhaltung zu leisten.[1000] Das Leben ist deshalb ein allgegenwärtiger Interessenkonflikt nach den Regeln, die sich eine Gesellschaft gibt. *Montesquieu* glaubte insoweit zwar, „um die Schlechtigkeit des Menschen zu bestrafen, müssen sie (die Gesetze) selbst vollkommene Gerechtigkeit verkörpern".[1001] Das Gesetz kann aber nicht einsichtiger sein als der Gesetzgeber.[1002] Rechtssetzung gleicht deshalb lediglich einer bedingt erfolgreichen Selbstzähmung.[1003] Eine Gesellschaft muss daher akzeptieren, dass sich der Mensch in seiner Grundstruktur gegen pädagogische Einflüsse resistent zeigt. Das Leugnen der menschlichen Natur kann vielmehr zum Nährboden für extremistische Ideen werden.

Letztlich gilt es, das Beste daraus zu machen.

---

999 Hobbes, Leviathan (Ausgabe Klenner), 1996, S. 81.
1000 Hobbes, aaO, S. 141.
1001 Montesquieu, aaO, S. 369.
1002 Esser, aaO, S. 257.
1003 Friedlein, Geschichte der Philosophie, 13. Aufl. 1980, S. 131.

Literaturverzeichnis

I. Juristische Fachliteratur

Bartlsperger, Richard, Raumplanung zum Außenbereich, Berlin 2003 (zit.: Bartlsperger, Raumplanung zum Außenbereich, 2003)
–/Schmidt, Walter, Organisatorische Einwirkungen auf die Verwaltung, VVDStRL Heft 33, Berlin 1975 (zit.: Bearbeiter, in: Bartlesperger/Schmidt, VVDStRL 33, 1975)
Battis, Ulrich, Öffentliches Baurecht und Raumordnungsrecht, 4. Aufl. Stuttgart – Berlin – Köln 1999 (zit.: Battis, Öffentl. Baurecht und Raumordnungsrecht, 4. Aufl. 1999)
Becker, Ulrich/Thieme, Werner, Handbuch der Verwaltung, Köln – Berlin – Bonn – München 1978 (zit.: Bearbeiter, in: Becker/Thieme, Handbuch der Verwaltung, 1978)
Berkemann, Jörg, Windenergie (planvolle Konzentration – aktuelle Probleme – BauGB 2004), Hannover 2004 (zit.: Berkemann, Windenergie, 2004)
Bosetzky, Horst/Heinrich, Peter, Mensch und Organisation, Köln – Stuttgart – Berlin – Hannover – Kiel – Mainz – München 1980 (zit.: Bosetzky/Heinrich, Mensch und Organisation, 1980)
Böhret, Carl, in: König, Klaus/von Oertzen, Hans Joachim/Wagener, Frido, Öffentliche Verwaltung in der Bundesrepublik Deutschland, 1. Aufl. Baden-Baden, 1981 (zit.: Böhret, in: König/von Oertzen/Wagener, Öffentliche Verwaltung in der BRD, 1981)
Brohm, Winfried, Öffentliches Baurecht, 3. Aufl. München 2002 (zit.: Brohm, Öffentl. Baurecht, 3. Aufl. 2002)
Bull, Peter/Mehde, Veith, Allgemeines Verwaltungsrecht mit Verwaltungslehre, 7. Aufl. Hamburg 2005 (zit.: Bull/Mehde, Allg. Verwaltungsrecht, 7. Aufl. 2005)
Büdenbender, Ulrich/von Heinegg, Wolff/Rosin, Peter, Energierecht I, Recht der Energieanlagen, Berlin – New York 1999 (zit.: Büdenbender/von Heinegg/Rosin, Energierecht I, 1999)
Dagtoglou, Prodromos, Kollegialorgane und Kollegialakte der Verwaltung, Stuttgart 1960 (zit.: Dagtoglou, Kollegialorgane und Kollegialakte der Verwaltung, 1960)

Dammann, Klaus, Stäbe, Intendatur- und Dacheinheiten, verwaltungswissenschaftliche Abhandlungen 4, Köln – Berlin – Bonn – München 1969 (zit.: Dammann, Stäbe, Intendatur- und Dacheinheiten, 1969)

Durner, Wolfgang, Konflikte räumlicher Planung, Tübingen 2004 (zit.: Durner, Konflikte räumlicher Planung, 2004)

Erichsen, Hans Uwe/Ehlers, Dirk, Allgemeines Verwaltungsrecht, 13. Aufl. Berlin 2006 (zit.: Bearbeiter, in: Erichsen/Ehlers, Allg. Verwaltungsrecht, 13. Aufl. 2006)

Esser, Josef, Grundsatz und Norm in der richterlichen Fortbildung des Privatrechts, 4. Aufl. Tübingen 1990 (zit.: Esser, Grundsatz und Norm, 4. Aufl. 1990)

Exner, Bernhard, Recht und öffentliche Meinung, Mainz 1990 (zit.: Exner, Recht und öffentliche Meinung, 1990)

Faber, Heiko, Die Macht der Gemeinden, Juristische Studiengesellschaft Hannover, Heft 8, Bielefeld 1982 (zit.: Faber, Die Macht der Gemeinden, 1982)

Fleiner, Fritz, Institutionen des deutschen Verwaltungsrechts, 8 Aufl. Tübingen 1928 (zit.: Fleiner, Institutionen des deutschen Verwaltungsrechts, 8. Aufl. 1928)

Fleiner-Gerster, Thomas, Wie soll man Gesetze schreiben?, Bern – Stuttgart 1985 (zit.: Fleiner-Gerster, Wie soll man Gesetze schreiben?, 1985)

Forsthoff, Ernst, Verwaltungsrecht, Band I, Allgemeiner Teil, 10. Aufl. München 1973 (zit.: Forsthoff, Verwaltungsrecht, 10. Aufl. 1973)

Halama, Günter/Kühl, Claus/Klein, Elmar/Weiss, Jost P., Windkraft, Planung – Nutzen und Umweltfragen, 1. Aufl. Hilchenbach 1997 (zit.: Bearbeiter, in: Halama/Kühl/Klein/Weiss, Windkraft, Planung – Nutzen und Umweltfragen, 1. Aufl. 1997)

Henkel, Heinrich, Einführung in die Rechtsphilosophie, 2. Aufl. München 1977 (zit.: Henkel, Rechtsphilosophie, 2. Aufl. 1977)

Heppe, Hans von/Becker, Ulrich, Zweckvorstellung und Organisationsformen, in: Marx, Fritz Morstein, Verwaltung, Berlin 1965 (zit.: Heppe von/Becker, in: Marx, Verwaltung, 1965)

Hofmann, Harald/Muth, Michael/Theisen, Rolf-Dieter, Kommunalrecht in Nordrhein-Westfalen, 6. Aufl. Witten 1992 (zit.: Hofmann/Muth/Theisen, Kommunalrecht NRW, 6. Aufl. 1992)

Hoppe, Werner/Grotefels, Susan, Öffentliches Baurecht, München 1995 (zit.: Hoppe/Grotefels, Öffentliches Baurecht, 1995)

–/Bönker, Christian/Grotefels, Susan, Öffentliches Baurecht, 3. Aufl. München 2003 (zit.: Bearbeiter, in: Hoppe/Bönker/Grotfels, Öffentl. Baurecht, 3. Aufl. 2003)

Hoppe, Werner/Kauch, Petra, Raumordnungsziele nach Privatisierung öffentlicher Aufgaben, Kolloquium des Zentralinstituts für Raumplanung am 13. März 1996 in Münster, in: Beiträge zum Siedlungs- und Wohnungswesens und zur Raumplanung, Bd. 172, Münster 1996 (zit.: Bearbeiter, in: Hoppe/Kauch, Beiträge zum Siedlungs- und Wohnungswesens und zur Raumplanung, 1996)

Jahreiss, Hermann, Mensch und Staat, Köln – Berlin 1957 (zit.: Jahreiss, Mensch und Staat, 1957)

Jarass, Hans D., Wirtschaftsverwaltungsrecht mit Wirtschaftsverfassungsrecht, 3. Aufl. Neuwied – Kriftel – Berlin 1997 (zit.: Jarass, Wirtschaftsverwaltungsrecht, 3. Aufl. 1997)

Jäckel, Anne, Ungeschriebene Gesetze, Mannheim 1990 (zit.: Jäckel, Ungeschriebene Gesetze, 1990)

Jellinek, Georg, Allgemeine Staatslehre, 3. Aufl. Berlin 1914 (zit.: Jellinek, Allg. Staatslehre, 3. Aufl. 1914)

Joerger, Gernot/Geppert, Manfred, Grundzüge der Verwaltungslehre, Band 1, 3. Aufl. Stuttgart – Berlin – Köln – Mainz 1983 (zit.: Joerger/Geppert, Grundzüge der Verwaltungslehre, Bd. 1, 3. Aufl. 1983)

–, Grundzüge der Verwaltungslehre, Band 2, 4. Aufl. Stuttgart – Berlin – Köln – Mainz 1996 (zit. Joerger/Geppert, Grundzüge der Verwaltungslehre, Bd. 2, 4. Aufl. 1996)

Koch, Hans-Joachim/Hendler, Reinhard, Baurecht, Raumordnungs- und Landesplanungsrecht, 4. Aufl. Stuttgart – München – Hannover – Berlin – Weimar – Dresden, 2004 (zit.: Koch/Hendler, Baurecht, Raumordnungs- und Landesplanungsrecht, 4. Aufl. 2004)

Koitek, Simone Maria, Windenergieanlagen in der Raumordnung, Frankfurt am Main 2005 (zit.: Koitek, Windenergieanlagen in der Raumordnung, 2005)

Krause, Christian L., Zur planerischen Sicherung des Landschaftsbildes und zur Berücksichtigung der Landschaftsbildqualitäten im Eingriffsfall, Berlin 1985 (zit.: Krause, Zur planerischen Sicherung des Landschaftsbildes, 1985)

Kriele, Martin, Theorie der Rechtsgewinnung, 2. Aufl. Berlin 1967 (zit.: Kriele, Theorie der Rechtsgewinnung, 2. Aufl. 1967)

Laband, Paul, Das Staatsrecht des Deutschen Reiches, II. Band, 5. Aufl. Tübingen 1911 (zit.: Laband, Staatsrecht des Deutschen Reiches, II. Band, 5. Aufl. 1911)

Lauxmann, Frieder, Die kranke Hierarchie, Stuttgart 1971 (zit.: Lauxmann, Die kranke Hierarchie, 1971)

Lecheler, Helmut, Verwaltungslehre, Stuttgart – München – Hannover 1988 (zit.: Lecheler, Verwaltungslehre, 1988)

Mattern, Karl-Heinz/Reinfried, Hubert, Allgemeine Verwaltungslehre, 4. Aufl. Berlin 1994 (zit.: Bearbeiter, in: Mattern/Reinfried, Allg. Verwaltungslehre, 4. Aufl. 1994)

Maurer, Hartmut. Allgemeines Verwaltungsrecht, 7. Aufl. München 1990 (zit.: Maurer, Allg. Verwaltungsrecht, 7. Aufl. 1990)

Mayer, Otto, Deutsches Verwaltungsrecht I, 3. Aufl. München – Leipzig 1924 (zit.: Mayer, Deutsches Verwaltungsrecht I, 3. Aufl. 1924)

Meier-Hayoz, Arthur, Der Richter als Gesetzgeber, Zürich 1951 (zit.: Meier-Hayoz, Richter als Gesetzgeber, 1951)

Meyer, Poul, Die Verwaltungsorganisation, Göttingen 1962 (zit.: Meyer, Die Verwaltungorgansiation, 1962)

Montesquieu, Charles de, Vom Geiste der Gesetze, Band 1 und 2, 1748, übersetzt und herausgegeben von Ernst Forsthoff, Tübingen 1992 (zit.: Montesquieu, Vom Geiste der Gesetze, Bd., Ausgabe von Forsthoff, 1992)

Münch, Ingo von, Besonderes Verwaltungsrecht, Bad Homburg – Berlin – Zürich 1969 (Bearbeiter, in: von Münch, Bes. Verwaltungsrecht, 1969)

Ogiermann, Eva Maria, Rechtsfragen der Errichtung von Windenergieanlagen, Köln – Berlin – Bonn – München 1992 (zit.: Ogiermann, Rechtsfragen zu Windenergieanlagen, 1992)

Öhlinger, Theo, Das Problem des verwaltungsrechtlichen Vertrages, Salzburg 1974 (zit.: Öhlinger, Das Problem des verwaltungsrechtlichen Vertrages, 1974)

Paßlick, Hermann, Die Ziele der Raumordnung und Landesplanung, Münster 1986 (zit.: Paßlick, Die Ziele der Raumordnung und Landesplanung, 1986)

Püttner, Günter, Verwaltungslehre, 2. Aufl. München 1989 (zit.: Püttner, Verwaltungslehre, 2. Aufl. 1989)

Quambusch, Erwin, Windkraftanlagen als Rechtsproblem, Butjadingen-Stollhamm 2004 (zit.: Quambusch, Windkraftanlagen als Rechtsproblem, 2004)

Rabe, Klaus/Heintz, Detlef, Bau- und Planungsrecht, 5. Aufl. Stuttgart 2002 (zit.: Rabe/Heintz, Bau- und Planungsrecht, 5. Aufl. 2002)

Röhl, Klaus F., Allgemeine Rechtslehre, Köln – Berlin – Bonn – München 1994 (zit.: Röhl, Allg. Rechtslehre, 1994)

Rottleutner, Hubert, Rechtswissenschaften als Sozialwissenschaft, Frankfurt am Main 1973 (zit.: Rottleutner, Rechtswissenschaften als Sozialwissenschaften, 1973)

Rupp, Hans-Heinrich, Grundfragen der heutigen Verwaltungsrechtslehre, Tübingen 1965 (zit.: Rupp, Grundfragen der heutigen Verwaltungsrechtslehre, 1965)

Sandfuchs, Klaus, Allgemeines Niedersächsisches Kommunalrecht, 18. Aufl. Hannover 2005 (zit.: Sandfuchs, Kommunalrecht Nds., 18 Aufl. 2005)

Sax, Walter, Das strafrechtliche „Analogieverbot", Göttingen 1953 (zit.: Sax, Das strafrechtliche „Analogieverbot", 1953)

Schäffer, Heinz, Theorie der Rechtssetzung, Wien 1988 (zit.: Bearbeiter, in: Schäffer, Theorie der Rechtssetzung, 1988)

Schönfelder, Hermann, Rat und Verwaltung im kommunalen Spannungsfeld, 2. Aufl. Köln – Stuttgart – Berlin – Hannover – Kiel – Mainz – München 1979 (zit.: Schönfelder, Rat und Verwaltung im kommunalen Spannungsfeld, 2. Aufl. 1979)

Schink, Alexander, Naturschutz- und Landschaftspflegerecht Nordrhein-Westfalen, 1. Aufl. Köln – Stuttgart – Berlin – Hannover – Kiel – München 1989 (zit.: Schink, Naturschutz- und Landschaftspflegerecht, 1. Aufl. 1989)

Schmidt, Ingo, Wirkung von Raumordnungszielen auf die Zulässigkeit privilegierter Außenbereichsvorhaben, Münster 1997 (zit.: Schmidt, Wirkung von Raumordnungszielen auf Außenbereichsvorhaben, 1997)

Schmidt-Assmann, Eberhard, Besonderes Verwaltungsrecht, 12. Aufl. Berlin 2003 (zit.: Bearbeiter, in: Schmidt-Assmann, Bes. Verwaltungsrecht, 12. Aufl. 2003)

Schulze-Fielitz, Helmuth, Theorie und Praxis parlamentarischer Gesetzgebung, Berlin 1988 (zit.: Schulze-Fielitz, Theorie und Praxis parlamentarischer Gesetzgebung, 1988)

Schuppert, Gunnar Folke, Verwaltungswissenschaften, 1. Aufl. Baden-Baden 2000 (zit.: Schuppert, Verwaltungswissenschaften, 1. Aufl. 2000)

Schwaighofer, Christoph, Kelsen zum Problem der Rechtsanwendung, in: Paulson, Stanley L./Walter, Robert, Untersuchungen zur Reinen Rechtslehre, 1986, S. 232–251. (zit.: Schwaighöfer, in: Paulson/Walter, Untersuchungen zur Reinen Rechtslehre, 1986)

Schwöbbermeyer, Friedrich-Wilhelm, Rechtsgewinnung im gesetzlich ungeregeltem Raum, Frankfurt am Main – Berlin – Bern – Bruxelles – New York – Oxford – Wien 2003 (zit.: Schwöbbermeyer, Rechtsgewinnung im gesetzlich ungeregelten Raum, 2003)

Siepmann, Heinrich/Siepmann, Ursula, Verwaltungsorganisation, 3. Aufl. Köln – Stuttgart – Berlin – Hannover – Kiel – Mainz – München 1987 (zit.: Siepmann/Siepmann, Verwaltungsorganisation, 3. Aufl. 1987)

Simon, Herbert A., Das Verwaltungshandeln, Stuttgart 1955 (zit.: Simon, Das Verwaltungshandeln, 1955)

–, Entscheidungsverhalten in Organisationen, Landsberg am Lech, 3. Aufl. 1981 (zit.: Simon, Entscheidungsverhalten in Organisationen, 3. Aufl. 1981)

Solbach, Markus, Politischer Druck und richterliche Argumentation, Frankfurt am Main – Berlin – Bern – Bruxelles – New York – Oxford – Wien 2002 (zit.: Solbach, Politischer Druck, 2002)

Spieker, Magarete, Raumordnung und Private, Berlin 1999 (zit.: Spieker, Raumordnung und Private, 1999)
Steneken, Christian, Planung und Genehmigung von Windkraftanlagen, Frankfurt am Main 2000 (zit.: Steneken, Genehmigung von Windkraftanlagen, 2000)
Stein, Ekkehard, Staatsrecht, 11. Aufl. Tübingen 1988 (zit.: Stein, Staatsrecht, 11. Aufl. 1988)
Steinberg, Rudolf/Britz, Gabriele, Der Energielieferer- und erzeugungsmarkt nach nationalem und europäischem Recht, 1. Aufl. Baden-Baden 1995 (zit.: Steinberg/Britz, Energielieferer- und erzeugungsmarkt, 1. Aufl. 1995)
Stern, Klaus, Das Staatsrecht der Bundesrepublik Deutschland, Bd. 2, München 1980 (zit.: Stern, Das Staatsrecht der BRD, Bd. 2, 1980)
Stüer, Bernhard, Handbuch des Bau- und Fachplanungsrechts, 2. Aufl. München 1998 (zit.: Stüer, Handbuch des Bau- und Fachplanungsrechts, 2. Aufl. 1998)
Thiel, Fr./Gelzer, Konrad, Baurechtssammlung, Bd. 40, Rechtsprechung 1983, Düsseldorf 1984 (zit.: Thiel/Gelzer, BRS, Bd. 40, Rspr. 1983)
–, Baurechtssammlung, Bd. 58, Rechtsprechung 1996, Düsseldorf 1996 (zit.: Thiel/Gelzer, BRS, Bd 58, Rspr. 1996)
Thieme, Werner, Verwaltungslehre, 4. Aufl. Köln – Berlin – Bonn – München 1984 (zit.: Thieme, Verwaltungslehre, 4. Aufl. 1984)
–, Entscheidungen in der öffentlichen Verwaltung, Köln – Berlin – Bonn – München 1981 (zit.: Thieme, Entscheidungen in der öffentlichen Verwaltung, 1981)
Treutner, Erhard/Wolff, Stephan/Bonß, Wolfgang, Rechtsstaat und situative Verwaltung, Frankfurt – New York 1978 (zit.: Bearbeiter, in: Treutner/Wolff/Bonß, Rechtsstaat und situative Verwaltung, 1978)
Voigt, Rüdiger, Politik und Recht, Bochum 1990 (zit.: Voigt, Politik und Recht, 1990)
Wagner, Heinz/Haag, Karl, Die moderne Logik in der Rechtswissenschaft, Bad Homburg – Berlin – Zürich 1970 (zit.: Wagner/Haag, Logik in der Rechtswissenschaft, 1970)
Waechter, Kay, Kommunalrecht, 3. Aufl. Köln – Berlin – Bonn – München 1997 (zit.: Waechter, Kommunalrecht, 3. Aufl. 1997)
Weißhaar, Erwin/Ihnen, Hans-Jürgen, Kommunalrecht Niedersachsen, 5. Aufl. Hamburg 1998 (Weißhaar/Ihnen, Kommunalrecht Nds., 5. Aufl. 1998)
Wenger, Karl/Brünner, Christian/Oberndorfer, Peter, Grundriss der Verwaltungslehre, Wien – Köln 1983 (zit.: Bearbeiter, in: Wenger/Brünner/Oberndorfer, Grundriss der Verwaltungslehre, 1983)
Weyreuther, Felix, Bauen im Außenbereich, Köln 1979, (zit.: Weyreuther, Bauen im Außenbereich, 1979)

Wimmer, Norbert, Dynamische Verwaltungslehre, 1. Aufl. Wien – New York 2004 (zit.: Wimmer, Dynamische Verwaltungslehre, 1. Aufl. 2004)

Wittkämper, Gerhard W., Theorie der Interdependenz, Köln – Berlin – Bonn – München 1971 (zit.: Wittkämper, Theorie der Interdependenz, 1971)

Wolff, Hans Julius/Bachof, Otto/Stober, Rolf, Verwaltungsrecht I, 10. Aufl. München 1994 (zit.: Wolff/Bachof/Stober, Verwaltungsrecht I, 10. Aufl. 1994)

II. Kommentare

Altrock, Martin/Oschmann, Volker/Theobald, Christian, EEG – Erneuerbare Energiegesetz Kommentar, 2. Aufl. München 2008 (zit.: Altrock/Oschmann/Theobald, EEG Komm., 2. Aufl. 2008)

Battis, Ulrich/Krautzberger, Michael/Löhr, Rolf-Peter, BauGB Kommentar, 10. Aufl. München 2007 (zit.: Bearbeiter, in: Battis/Krautzberger/Löhr, BauGB, 10. Aufl. 2007)

Bielenberg, Walter/Runkel, Wilfried/Spannowsky, Willy/Reitzig, Frank/Schmitz, Holger, Raumordnungs- und Landesplanungsrecht des Bundes und der Länder, Bd. 2, Loseblattsammlung Berlin 2004 (zit.: Bearbeiter, in: Bielenberg/Runkel/Spannowsky/Reitzig/Schmitz, Raumordnung des Bundes und der Länder, Bd. 2, 2004)

Blum, Peter/Agena, Carl-August/Franke, Jürgen, Niedersächsisches Naturschutzgesetz (NNatG), Loseblattsammlung Stand: Wiesbaden August 2004 (zit.: Blum/Agena/Franke, Nds. Naturschutzgesetz, Stand: August 2004)

Brügelmann, Hermann (Hrsg), BauGB, Bd. 2, Loseblattsammlung Stuttgart – Berlin – Köln, Stand: 2005 (zit.: Bearbeiter, in: Brügelmann, BauGB, Bd. 2, 2005)

Dyong, Hartmut/Arenz, Willi/Dallhammer, Wolf-Dieter/Bäumler, Rolf/Hendler, Reinhard, Raumordnung in Bund und Ländern Band 1, 4. Aufl. Stuttgart 2008 (zit.: Bearbeiter, in: Dyong/Arenz/Dallhammer/Bäumler/Hendler, Raumordnung in Bund und Ländern, Bd. 1, 4. Aufl. 2008)

Danner, Wolfgang/Theobald, Christian, Energierecht, Bd. 2, München, Stand: 2008 (zit.: Bearbeiter, in: Danner/Theobald, Energierecht, Bd. 2, Stand: 2008)

Ernst, Werner/Zinkahn, Willy/Bielenberg, Walter/Krautzberger, Werner, BauGB Kommentar, Band 1, München, Stand: September 2007 (zit.: Bearbeiter, in: Ernst/Zinkahn/Bielenberg, BauGB, Bd. 1, Stand: Sept. 2007)

Gahlen, Hans Georg/Schönstein, Horst-Dieter, Denkmalrecht Nordrhein-Westfalen, Köln – Berlin – Hannover – Kiel – Mainz – München 1981 (zit.: Gahlen, Denkmalrecht NRW, 1981)

Große-Suchsdorf, Ulrich/Lindorf, Dietger/Schmaltz, Hans Karsten/Wiechert, Reinald, Niedersächsische Bauordnung, 8. Aufl. Hannover 2006 (zit.: Große/ Suchsdorf/Lindorf/Schmaltz/Wiechert, NBauO, 8. Aufl. 2006)

–, Niedersächsische Bauordnung, 7. Aufl. Hannover 2002 (zit.: Große-Suchsdorf/Lindorf/Schmaltz/Wiechert, NBauO, 7. Aufl. 2002)

Kopp, Ferdinand O./Ramsauer, Ulrich, VwVfG, 8. Aufl. München 2003 (zit.: Ramsauer/Kopp, VwVfG , 8. Aufl. 2003)

Louis, Hans Walter, Niedersächsisches Naturschutzgesetz, 1. Teil, Braunschweig 1990 (zit.: Louis, NNatG, 1. Teil, 1990)

–, Bundesnaturschutzgesetz, Kommentar der §§ 1 – 19f, 2. Aufl. Braunschweig 2000 (Louis, BNatschG, §§ 1 – 19f, 2. Aufl. 2000)

Münch, Ingo von, Kommentar zum GG, Bd. 1, 2. Aufl. München 1983 (zit.: Bearbeiter, in: v. Münch, GG, 2. Aufl. 1983)

Maunz, Theodor/Dürig, Günter, GG Kommentar, München, Stand: Dezember 2007 (zit.: Bearbeiter, in: Maunz/Dürig, GG, Stand: Dezember 2007)

Memmesheimer, Paul Artur/Upmeier, Dieter/Schönstein, Horst Dieter, Denkmalrecht NRW, 2. Aufl. Köln 1989 (zit.: Bearbeiter, in: Memmesheimer/Upmeier/Schönstein, Denkmalrecht NRW, 2. Aufl. 1989)

Reshöft, Jan/Steiner, Sascha/Dreher, Jörg, EEG-Handkommentar, 2. Aufl. Baden-Baden 2005 (zit.: Bearbeiter, in: Reshöft/Steiner/Dreher, EEG, 2. Aufl. 2005)

Salje, Peter, EEG Kommentar, 4. Aufl. Köln – München. 2007 (zit.: Salje, EEG Komm., 4. Aufl. 2007)

Schmaltz, Hans Karsten/Wiechert, Reinald, Nds. Denkmalschutzgesetz, Hannover 1998 (zit.: Schmalz/Wiechert, Nds. Denkmalschutzgesetz, 1998)

Schrödter, Hans, Kommentar zum BauGB, 7. Aufl. München 2006 (zit.: Bearbeiter, in: Schrödter, BauGB, 7. Aufl. 2006)

Thiele, Robert, Nds. Gemeindeordnung, 7. Aufl. Hannover 2004 (zit.: Thiele, Nds. Gemeindeordnung, 7. Aufl. 2004)

–, Nds. Gemeindeordnung, 3. Aufl. Hannover 1992 (zit.: Thiele, Nds. Gemeindeordnung, 3. Aufl. 1992)

III. Festschriften

Battis, Ulrich, Rechtsfragen der Nutzung regenerativer Energien, in. Festschrift für Fritz Fabricius, Beiträge zum Berg- und Energierecht, Stuttgart – München – Hannover 1989, 319–334 (zit.: Battis, in: Festschrift Fabricius, 1989)
Festschrift für H. J. Wolff zum 75. Geburtstag, Fortschritte des Verwaltungsrechts, München 1973 (zit.: Bearbeiter, in: Festschrift Wolff, 1973)

IV. Sonstige Fachliteratur

Alt, Franz/Claus, Jürgen/Scheer, Hermann, Windiger Protest, Bochum 1998 (zit.: Bearbeiter, in: Alt/Claus/Scheer, Windiger Protest, 1998)
Aristoteles, Politik in acht Büchern nach Immanuell Bekker ins Deutsche übertragen von Adolf Stahr, Leizig 1839 (zit.: Aristotels, Politk (Ausgabe Bekker), Buch I, 1839, 1. Kap., S., Nr.)
Baker, Lindsay BY T., A Field Guide to American Windmills, Oklahoma 1985 (zit.: Baker, A Field to American Windmills, 1985)
Betz, Albert, Wind-Energie, Leipzig 1926 (zit.: Betz, Wind-Energie, 1926)
Berg-Schlosser, Dirk/Stammen, Theo, Einführung in die Politikwissenschaften, 6. Aufl. München 1995 (zit.: Berg-Schlosser/Stammen, Einf. in die Politikwissenschaften, 6. Aufl. 1995)
Bloem, Hermann/Bloem, Joachim, Von Mühle zu Mühle, Aurich 1990 (zit.: Bloem/Bloem, Von Mühle zu Mühle, 1990)
Dahl, Robert A., Die politische Analyse, München 1973 (zit.: Dahl, Die politische Analyse, 1973)
Debeir, Jean-Claude/Deleage, Jean-Paul/Hernery, Daniel, Prometheus auf der Titanic, Geschichte der Energiesysteme, Frankfurt – New York – Paris 1989 (zit.: Debeir/Deleage/Hernery, Geschichte der Energiesysteme, 1989)
Deibel, Daniela, Zum Begriff des Politischen bei Platon, in: Lietzmann, Hans J./Nitsche, Peter, Klassische Politik, Opladen 2000, 23 ff. (zit.: Deibel, zum Begriff des Politischen bei Platon, in: Lietzmann/Nitsche, Klassische Politik, 2000)
Fayol, Henri, Allgemeine und industrielle Verwaltung, Übersetzung von Karl Reineke, München und Berlin 1929 (zit.: Fayol, Allg. und industrielle Verwaltung, 1929)
Fellmann Ferdinand, Lebensphilosophie, Reinbek bei Hamburg 1993 (zit.: Fellmann, Lebensphilosophie, 1993)
Franken, Michael, Rauher Wind, Aachen 1998 (zit.: Bearbeiter, in: Franken, Rauher Wind, 1998)

Friedlein, Curt, Geschichte der Philosophie, 13. Aufl. Hannover 1980 (zit.: Friedlein, Geschichte der Philosophie, 13. Aufl. 1980)

Gerlich, Peter, Funktionen des Parlaments, in: Fischer, Heinz, Das politische System Österreichs, Wien 1982, S. 77–110 (zit.: Gerlich, Funktionen des Parlaments, 1982)

Grüske, Karl-Dieter/Lohmeyer, Jürgen, Außerökonomische Faktoren und Beschäftigung, Gütersloh 1990 (zit.: Grüske/Lohmeyer, Außerökonomische Faktoren und Beschäftigung, 1990)

Haack-Lübbers, Anne, Der Landkreis Norden, Bremen 1951 (zit.: Haack-Lübbers, Der Landkreis Norden, 1951)

Hasse, Jürgen, Bildstörung, Oldenburg 1999 (zit.: Hasse, Bildstörung, 1999)

Heidt, Elisabeth, Staatstheorien: Politische Herrschaft und bürgerliche Gesellschaft, in: Neumann, Franz, Handbuch Politische Theorien und Ideologien, Band I, 2. Aufl. Opladen 1998, 381 ff. (zit.: Heidt, in: Neumann, Handbuch Politische Theorien und Ideologien, Bd. 1, 2. Aufl. 1998)

Heymann, Matthias, Die Geschichte der Windenergienutzung, Frankfurt am Main – New York 1995 (zit.: Heymann, Geschichte der Windenergienutzung, 1995)

Hobbes, Thomas, Leviathan, Originalausgabe London 1651, Deutsche Ausgabe von Hermann Klenner (aus dem Englischen übertragen von Jutta Schlösser), Hamburg 1996 (zit.: Hobbes, Leviathan (Ausgabe von Klenner), 1996)

Höffe, Otfried, Politik (Aristoteles), Berlin 2001 (zit.: Höffe, Politik (Aristoteles), 2001)

Horch, Petra/Keller,Verena, Windkraftanlagen und Vögel – ein Konflikt?, Sempach 2005 (zit.: Horch/Keller, WKA und Vögel – ein Konflikt?, 2005)

Hötger, Hermann/Thomsen, Kai-Michael/Köster, Heike, Auswirkungen regenerativer Energiegewinnung auf die biologische Vielfalt am Beispiel der Vögel und der Fledermäuse, Endbericht Stand: Dezember 2004, Bonn – Bad Godesberg 2005 (zit.: Hötger/Thomsen/Köster, Auswirkungen regenerativer Energiegewinnung, 2005)

Janssen, Burchard, Die Bauern in der Krummhörn, Leer 2001 (zit.: Janssen, Bauern in Krummhörn, 2001)

Kitschelt, Herbert, Politik und Windenergie, Frankfurt – New York 1983 (zit.: Kitschelt, Politik und Windenergie, 1983)

Köhler, Babette/Preiß, Anke, Erfassung und Bewertung des Landschaftsbildes – Informationsdienst Naturschutz Niedersachsen, Hildesheim 2000 (zit.: Köhler/Preiß, Bewertung des Landschaftsbildes, 2000)

Lahrem, Stephan/Weißbach, Olaf, Grenzen des Politischen, Stuttgart – Weimar 2000 (zit.: Lahrem/Weißbach, Grenzen des Politischen, 2000)

Lucas, Nigel, Western European Energy Politics, Oxford 1985 (zit.: Lucas, Western European Energy Politics, 1985)

Lütke, Friedrich, Deutsche Sozial- und Wirtschaftsgeschichte, 2. Aufl. Berlin – Göttingen – Heidelberg 1960 (zit.: Lütke, Deutsche Sozial- und Wirtschaftsgeschichte, 2. Aufl. 1960)

Mager, Johannes, Mühlenflügel und Wasserrad, 1. Aufl. Leipzig 1987 (Mager, Mühlenflügel und Wasserrad, 1. Aufl. 1987)

Mayo, Elton, The social problems of an industriell civiliation, 1. Aufl. Boston 1945 (Mayo, The social problems of an industriell civilisation, 1. Aufl. 1945)

Meissner, Rudolf, Lebensqualität und Regionalbewusstsein, in: Heinritz, Günter/Klnitz, Hans-Jürgen/Sperling, Walter/Wolf, Klaus, Objektive Lebensbedingungen und subjektive Raumbewertung im Kreis Leer (Ostfriesland) – Berichte zur deutschen Landeskunde, Trier 1986, 227 ff. (zit.: Meissner, in: Berichte zur deutschen Landeskunde, 1986)

Melter, Johannes/Schreiber, Matthias, Wichtige Brut- und Rastvogelgebiete in Niedersachsen, Goslar 2000 (zit.: Schreiber/Melter, Wichtige Brut- und Rastvogelgebiete in Nds., 2000)

Meyer, Thomas, Was ist Politik?, Opladen 2000 (Meyer, Was ist Politik?, 2000)

Nietzsche, Friedrich, Kritische Gesamtausgabe, Achte Abteilung, Band I, Berlin – New York, 1974 (zit.: Nietzsche, Kritische Gesamtausgabe, achte Abt., Bd. I, 1974)

Nietzsches Werke, Erste Abteilung, Band VII, Jenseits von Gut und Böse – Zur Genealogie der Moral, Leipzig, 1899 (Nietzsches Werke, erste Abt., Bd. VII, Jenseits von Gut und Böse, 1899, Nr.)

Noelle-Neumann, Elisabeth, Öffentlichkeit als Bedrohung, Beiträge zur empirischen Kommunikationsforschung, Freiburg – München 1977 (zit.: Noelle-Neumann, Öffentlichkeit als Bedrohung, 1977)

Ott K., Naturästhetik, Umweltethik, Ökologie und Landschaftsbewertung, in: Theobald (Hrsg), Integrative Umweltbewertung, Berlin 1998, 221–246 (zit.: Ott, in: Theobald, Integrative Umweltbewertung, 1998)

Roellecke, Gerd, Alternativen zur Demokratie?, in: Kaltenbrunner, Gerd-Klaus, Rückblick auf die Demokratie, München 1977, 77 ff. (zit.: Roellcke, in: Kaltenbrunner, Rückblick auf die Demokratie, 1977)

Schäfer, Robert, Was heißt denn schon Natur?, München 1993 (zit.: Bearbeiter, in: Schäfer, Was heißt denn schon Natur?, 1993)

Scheer, Hermann, Sonnen-Strategie – Politik ohne Alternative, 5. Aufl. München 1995 (zit.: Scheer, Sonnen-Strategie, 5. Aufl. 1995)

Schmitt, Carl, Der Begriff des Politischen, Berlin 1932 (zit.: Schmitt, Der Begriff des Politischen, 1932)

–, Die geistesgeschichtliche Lage des heutigen Parlamentarismus, 7. Aufl. Berlin 1991 (zit.: Schmitt, Geistesgeschichtliche Lage des Parlamentarismus, 7. Aufl. 1991)

Sieferle, Rolf Peter, Der unterirrdische Wald, München 1982 (zit.: Sieferle, Der unterirrdische Wald, 1982)

Sloterdijk, Peter, Kritik der zynischen Vernunft, 1. Band, 1. Aufl. Frankfurt am Main 1983 (zit.: Sloterdijk, Kritik der zynischen Vernunft, Bd. 1, 1. Aufl. 1983)

Sontheimer, Kurt, Grundzüge des politischen Systems der neuen Bundesrepublik, 2. Aufl. München 1971 (zit.: Sontheimer, Das politische System der BRD, 2. Aufl. 1971)

Stammen,Theo/Clapam, Ronald/Grieffenhagen, Martin und Sylvia/Rudzio, Wolfgang/Jesse,Eckhard/Nuscheler, Frank/Meyer, Reinhard/Guggenberger, Bernd, Grundwissen Politik, Frankfurt – New York 1997 (zit.: Stammen/Clapam/Grieffenhagen, Grundwissen Politik, 1997)

Sternberger, Dolf, Drei Wurzeln der Politik, Frankfurt am Main 1978 (zit.: Sternberger, Drei Wurzeln der Politik, 1978)

Tacke, Franz, Windenergie, Rheine 2003 (zit.: Tacke, Windenergie, 2003)

Taylor, Frederick Winslow, Die Grundsätze wissenschaftlicher Betriebsführung, dts. Ausgabe von Rudolf Roesler, München und Berlin 1917 (zit.: Taylor, Die Grundsätze wissenschaftlicher Betriebsführung, 1917)

Weber, Max, Wirtschaft und Gesellschaft, 5. Aufl. Tübingen 1972 (zit.: Weber, Wirtschaft und Gesellschaft, 5. Aufl. 1972)

Wolfrum, Otfried, Windkraft: Eine Alternative, die keine ist, Frankfurt am Main 1997 (zit.: Wolfram, Windkraft: Eine Alternative, die keine ist, 1997)

V. Aufsätze

Bach, Lothar/Handke, Klaus/Sinning, Frank, Einfluss von Windenergieanlagen auf die Verteilung von Brut- und Gastvögeln in Nordwest-Deutschland, in: Bremer Beiträge für Naturkunde und Naturschutz, 4/1999 (zit.: Bach/Hande/Sinning, in: Bremer Beiträge für Naturkunde und Naturschutz, 4/1999)

Bachof, Otto, Die Rechtsprechung des Bundesverwaltungsgerichts, in: JZ 1966, S. 436–443 (zit.: Bachof, in: JZ 1966)

Badura, Peter, Die Verwaltung als soziales System, in: DÖV 1970, S. 18–22 (zit.: Badura, in: DÖV 1970)

Beisung, Rüdiger/Hildebrand, Manfred, Emissionen in die Atmosphäre und ihre Einflüsse auf die globale Klimaentwicklung, in: Elektriztätswirtschaft, Heft

7, 1995, S. 328–333 (zit.: Beisung/Hildebrand, in: Elektrzitätswirtschaft, 7/1995)

Bielenberg, Walter, Ferienwohnungen und Windenergieanlagen im Außenbereich – zugleich ein Beitrag zu den baurechtlichen Auswirkungen des Strukturwandels in der Landwirtschaft, Teil 1, in: ZfBR 1989, S. 49–52 (zit.: Bielenberg, in: ZfBR 1989)

–, Die Rechtsnatur der vorbereitenden städtebaulichen Pläne, in: DVBl. 1960, S. 542–548 (zit.: Bielenberg, in DVBl. 1960)

Carstensen, Kirsten, Privilegierung von Windenergieanlagen, in: ZUR 1995, S. 312–314 (zit.. Carstensen, in: ZUR 1995)

Clemens, Thomas/Lammen, Christiane, Windkraftanlagen und Rastplätze von Küstenvögel – ein Nutzungskonflikt, in: Zeitschrift Verein Jordsand, Hamburg 1995, S. 34–38 (zit.: Clemens/Lammen, in: Zeitschrift Verein Jordsand, 16/1995)

Damkowski, Wulf, Kommunale Entwicklungsplanung am Ende?, in: VerwArch 1984, S. 219–246 (zit.: Damkowski, in: VerwArch 1984)

Decker, Andreas, §§ 214 ff. BauGB und die Kommunalaufsicht, in: BauR 2000, S. 1825–1833 (zit.: Decker, in: BauR 2000)

Dippel, Martin, Alte und neue Anwendungsprobleme der §§ 36, 38 BauGB, in: NVwZ 1999, S. 921–928 (zit.: Dippel, in: NVwZ 1999)

Dolderer, Michael, Das Baugesetzbuch 1998, in: NVwZ 1998, 567–572 (zit.: Dolderer, in: NVwZ 1998)

Erz, Wolfgang, Rückblicke und Einblicke in die Naturgeschichte, in: Natur und Landschaft, 3/1990, S. 103–106 (zit.: Erz, in: Natur und Landschaft, 3/1990)

Fischer-Hüftle, Peter, Vielfalt, Eigenart und Schönheit der Landschaft aus Sicht eines Juristen, in: Natur und Landschaft, 5/1997, S. 239–244 (zit.: Fischer-Hüftle, in: Natur und Landschaft, 1997)

Groß, Thomas, Das gemeindliche Einvernehmen nach § 36 BauGB als Instrument zur Durchsetzung der Planungshoheit, in: BauR 1999, 560–572 (Groß, in: BauR 1999)

Gruber, Meinhard, Sicherung kommunaler Planungsfreiräume durch Regionalplanung, in: DÖV 1995, S. 488–495 (zit.: Gruber, in: DÖV 1995)

Handke, Klaus/Adena, Julia/Handke, Pia/Sprötge, Martin, Räumliche Verteilung von Brut- und Rastvogelarten in Bezug auf vorhandene Windenergieanlagen in einem Bereich der küstennahen Krummhörn, in: Bremer Beiträge für Naturkunde und Naturschutz, Band 7, 2004, (zit.: Handke/Adena/Handke/Sprötge, in: Bremer Beiträge, Bd. 7, 2004)

Heck, Philipp, Gesetzesauslegung und Interessenjurisprudenz, in: Archiv für die Civilistische Praxis, Band 12, Tübingen 1914, S. 257 ff. (zit.: Heck, in AcP 1914)

Hoppe, Werner, Zur planakzessorischen Zulassung von Außenbereichsvorhaben durch Raumordnungs- und durch Flächennutzungspläne, in: DVBl. 2003, 1345–1352 (zit.: Hoppe, in: DVBl. 2003)

–, Zur planungsrechtlichen Zulässigkeit von Kraftwerken und sonstigen Großvorhaben im Außenbereich, in: NJW 1978, 1229–1234 (zit.: Hoppe, in: NJW 1978)

–, Gelenkfunktion der Braunkohleplanung, in: UPR 1983, S.105–114 (zit.: Hoppe, in: UPR 1983)

–, Die rechtliche Wirkung von Zielen der Raumordnung und Landesplanung gegenüber Außenbereichsvorhaben, in: DVBl. 1993, S. 1109–1117 (zit. Hoppe, in: DVBl. 1993)

Jung, Doris, Gemeindliche Verwerfungsbefugnis bei rechtsverbindlichen Bebauungsplänen außerhalb des Verfahrens nach § 2 VI BBauG, in: NVwZ 1985, S. 790–795. (zit.: Jung, in: NVwZ 1985)

Kirste, Stephan, Das Zusammenwirken von Raum- und Bauleitplanungsrecht dargestellt am Beispiel der Zulässigkeit von Windenergieanlagen, in: DVBl. 2005, 993–1004 (zit.: Kirste, in: DVBl. 2005)

Kopp, Ferdinand O., Das Gesetzes- und Verordnungsprüfungsrecht der Behörde, in: DVBl. 1983, S. 821–829 (zit.: Kopp, in: DVBl. 1983)

Kruckenberg, Helmut/Jaene, Johannes, Zum Einfluss eines Windparks auf die Verteilung weidender Bläßgänse im Rheiderland (Landkreis Leer Niedersachsen), in: Natur und Landschaft, 10/1999, 420–427 (zit.: Kruckenber/Jaene, in: Natur und Landschaft, 10/1999)

May, Hanne, Windkraft-Tourismus, in: Erneuerbare Energien 07/2004, S. 37–43 (zit.: May, in: Erneuerbare Energien, 2004)

Mitschang, Stephan, Standortkonzeptionen für Windenergieanlagen auf örtlicher Ebene, in: ZfBR 2003, S. 431–442 (zit.: Mitschang, in: ZfBR 2003)

Mnookin, Robert H./Kornhauser, Lewis, Bargaining in the Shadow of the Law: The Case of Divorce, in: The Yale Law Journal, 1979, S. 950–997 (zit.: Mnookin/Kornhauser, in: The Yale Law Journal, 1979)

Mutius, Albert von, Rechtliche Voraussetzungen und Grenzen der Erteilung von Baugenehmigungen für Windenergieanlagen, in: DVBl. 1992, 1469–1479 (von Mutius, in: DVBl. 1992)

Nicolai, Helmuth von, Raumordnerische Steuerung von Windenergieanlagen, in: DVBl. 2002, S. 1078–1081 (zit.: Nicolai, in: DVBl. 2002)

Peine, Franz-Joseph, Energiesparen- bau- und planungsrechtliche Aspekte, in: DVBl. 1991, 965–972 (zit.: Peine, in: DVBl. 1991)

Pöttinger, Helga, Baurechtliche Probleme mit Windkraftanlagen, in: DÖV 1984, S. 100–108 (zit.: Pöttinger, in: DÖV 1984)

Rehbinder, Manfred, Fragen an die Nachbarwissenschaften zum so genannten Rechtsgefühl, in: JZ 1982, S. 1–5 (zit.: Rehbinder, in: JZ 1982)

Reidt, Olaf, Die Bedeutung von (in Aufstellung befindlichen) Zielen der Raumordnung bei der Genehmigung von Bauvorhaben Privater, in: ZfBR 2004, S. 430–439 (zit.: Reidt, in ZfBR 2004)

Roesch, Hans Eberhard, Ferienwohnungen und Windkraftanlagen im Außenbereich nach dem Städtebaurecht, Teil III: Einzelfragen, in ZfBR 1989, S. 187–192 (zit.: Roesch, in: ZfBR 1989)

Ronellenfitsch, Michael, Die planungsrechtliche Zulässigkeit von Windenergieanlagen, in: VerwArch 1984, S. 407–424 (zit.: Ronellenfitsch, in: VerwArch 1984)

Runkel, Peter, Steuerung von Vorhaben der Windenergienutzung im Außenbereich durch Raumordnungspläne, in: DVBl. 1997, S. 275–281 (zit.: Runkel, in: DVBl. 1997)

Sach, Karsten/Reese, Moritz, Das Kyoto-Protokoll nach Bonn und Marrakesch, in: ZUR 2002, S. 65–71 (zit.: Sach/Reese, in: ZUR 2002)

Schmidt, Ingo, Die Raumordnungsklauseln in § 35 BauGB und ihre Bedeutung für Windkraftanlagen, in: DVBl. 1998, S. 669–677 (zit.; Schmidt, in: DVBl. 1998)

Schöne, Wulff-Ingo, Guter Wind, guter Strom, HR 6/93, 46–52 (zit.: Schöne, Guter Wind, guter Strom, HR 6/93)

Schreiber, Matthias, Zum Einfluß von Störungen auf die Rastplatzwahl von Watvögeln, in: Informationsdienst Naturschutz Niedersachsen 5/1993, 161–169 (zit.: Schreiber, in: Informationsdienst Naturschutz Niedersachsen 5/1993)

Schrey, D. Heinz-Horst, Gibt es ein modernes Weltbild?, in: Universitas 1962, S. 139–148 (zit.: Schrey, in: Universitas 1962)

Söfker, Wilhelm, Windkraftanlagen im Außenbereich, in: ZfBR 1989, 91–95 (zit.: Söfker, in: ZfBR 1989)

Steeg, Helga, Risiken in der Energieversorgungssicherheit – Ursachen und Strategien zu ihrer Minderung, in: RdE 2002, S. 235–242 (zit.: Steeg, in: RdE 2002)

Stüer, Bernhard, Planerische Steuerung von privilegierten Vorhaben im Außenbereich, in: NuR 2004, S. 341–348 (zit.: Stüer, in: NuR 2004)

Thieme, Werner, Entscheidungstheorie und Entscheidungsfähigkeit, in: Verwaltung und Fortbildung Nr. 3/1979, S. 97–107 (zit.: Thieme, in: VuF 1979)

–, Politische Verantwortung in Regierung und Verwaltung, in: Zeitschrift für Beamtenrecht 4/1980, S. 101–105 (zit.: Thieme, in: ZBR 1980)

Tigges, Franz–Josef/Berghaus, Jann/Niedersberg, Jörg, Windenergie und „Windiges" – Ein Plädoyer für wissenschaftlicher Ehrlichkeit, in: NVwZ 12/1999, S. 1317–1319 (zit.: Tigges/Berghaus/Niedersberg, in: NVwZ 1999)

Wagner, Jörg, Privilegierung von Windkraftanlagen im Außenbereich und ihre planerische Steuerung durch die Gemeinde, in: UPR, 10/1996, S. 370–376 (zit.: Wagner, in: UPR 1996)

Wöbse, Hans Hermann, Landschaftsästhetik – Gedanken zu einem einseitig verwendeten Begriff, in: Landschaft und Stadt, 1981, S. 152–160 (zit.: Wöbse, in: Landschaft und Stadt, 1981)

Wöbse, Hans Hermann, Landschaftsästhetik – eine Aufgabe für den Naturschutz?, in: Norddeutsche Naturschutzakademie, 1993, 3–7 (zit.: Wöbse, in: Norddeutsche Naturschutzakademie, 1993)

VI. Sonstige Literatur

Arbeitspapier der Bezirksregierung Weser-Ems, Windenergieanlagen, Möglichkeiten der Steuerung ihrer Zulässigkeit und Errichtung durch gemeindliche Bauleitplanung, 30.03.1993 (zit.: Arbeitspapier der BezReg Weser-Ems v. 30.03.1993 zur Windenergie)

Bericht über den Stand der Markteinführung und der Kostenentwicklung von Anlagen zur Erzeugung von Strom aus Erneuerbaren Energien (Erfahrungsbericht zum EEG), in: BT-Drucks. 14/9807 (zit.: Erfahrungsbericht zum EEG, BT-Drucks. 14/9807)

Brockhaus, Enzyklopädie, Bd. 19, 19. Aufl. Mannheim 1992 (zit.: Brockhaus, Enzyklopädie, Bd. 19, 19. Aufl. 1992)

Brockhaus, Conversations=Lexikon, Bd. 13, 13. Aufl. Leipzig 1886 (zit.: Brockhaus, Conversations=Lexikon, Bd. 13, 13. Aufl. 1886)

Bundesministerium für Verkehr, Bau- und Wohnungswesen, Novellierung des BauGB, Bericht der Unabhängigen Expertenkommission, Berlin 2002 (zit.: Bericht des BM für Verkehr, Bau- und Wohnungswesen, 2002)

Bundesverband für Windenergie e.V., Mehr Geld für Kommunen, Oktober 2006 (zit.: Bundesverband für Windenergie e.V., Mehr Geld für Kommunen, Okt. 2006)

Deutsches Wörterbuch für die Bundesrepublik Deutschland, Schweiz und Österreich, Köln 1996 (zit.: Deutsches Wörterbuch, 1996)

DEWI, Verzeichnis der deutschen Anbieter von Windkraftanlagen, 1989 (zit.: DEWI, Verzeichnis der dts. Anbieter von WKA, 1989)

Dürr, Tobias, Verluste von Vögeln und Fledermäusen durch Windenergieanlagen in Brandenburg, in: Kleine Mitteilungen, 2001, 123–125. (zit.: Dürr, Verluste von Vögeln durch WEA, 2001)

Entwurf des Regionalen Raumordnungsprogrammes des Landkreises Aurich, 2004 (zit.: RROP-Entwurf, 2004)

Erfahrungsbericht der Bundesministeriums für Wirtschaft zum StrEG, 29.09.1995, in: BT-Drucks. 13/2681 (zit.: Erfahrungsbericht BM 1995, BT-Drucks. 13/2681)

Europäisches Tourismusinstitut (ETI), Touristisches Leitbild und Entwicklungskonzept für den Raum Ostfriesland, 2003 (zit.: ETI 2003)

Ergebnisniederschrift der Bezirksregierung Weser-Ems v. 14.04.1993 (zit.: Ergebnisniederschrift der BezReg Weser-Ems v. 14.04.1993)

Fachbeitrag der Landwirtschaftskammer Weser-Ems, Oldenburg 2001 (zit.: Fachbeitrag LWK, 2001)

Flächennutzungspläne der Gemeinden Dornum, Krummhörn, Hage, Brookmerland, Südbrookmerland, Großefehn, Wiesmoor, Ihlow und der Stadt Norden von 1998 (zit.: F-plan der Gemeinde/Stadt, 1998)

Flächennutzungsplan 2000–2010 der Stadt Aurich von 2001 (zit.: F-plan 2000–2010, Aurich, 2001)

Geschlossene Gesellschaft, in: GEO, Nr. 10/Oktober, 1978 (zit.: Geschlossene in Gesellschaft, in: GEO 1978)

Gemeinsames Rundschreiben des Ministeriums für Landwirtschaft, Umweltschutz und Raumordnung und des Ministeriums für Stadtentwicklung, Wohnen und Verkehr des Landes Brandenburg zur raumordnerischen Beurteilung von Windenergieanlagen vom 16.02.2001, (zit.: Rundschreiben Brandenburg, 2001)

Grundsätze für Planung und Genehmigung von Windenergieanlagen, Nordrhein-Westfalen, Stand: Mai 2002 (Windenergie-Erlass NRW, 2002)

Hinweise zur Ermittlung und Beurteilung der optischen Immissionen von Windenergieanlagen, Stand: 13.03.2002 (zit.: LAI, Hinweise zu Ermittlung und Beurteilung der optischen Immissionen von WEA, Stand: 13.03.2002)

Landes-Raumordnungsprogramm des Landes Niedersachsen 1994/98 (zit.: LROP Nds. 1994/98)

Leitlinie zur Anwendung der Eingriffsregelung des Nds. Naturschutzgesetzes bei der Errichtung von Windenergieanlagen, in: Bekanntmachungen des Nds. Umweltministeriums v. 21.06.1993, 113–22531/2/3, Nds. MBl. Nr. 29/1993, S. 923–926 (zit.: Bek. d. Nds. MU v. 21.06.1993, in: Nds. MBl. Nr. 29/1993)

Nachhaltigkeitsstrategie der Bundesregierung 2002, in: BT-Drucks.15/2864 (zit.: Nachhaltigkeitsstrategie der BReg 2002, BT-Drucks. 15/2864)

Nds. Umweltministerium, Die Umsetzung der EU-Vogelschutzrichtlinie in Niedersachsen, Hannover 2000 (zit.: Nds. MU, Fachbroschüre zur EU-Vogelrichtlinie, 2000)

NLT, Hinweise zur Berücksichtigung des Naturschutzes und der Landschaftspflege, 2005 (zit.: NLT-Papier, 2005)

NLT-Rundschreiben Nr. 223/95 v. 04.04.1995 (zit.: NLT-Rundschreiben Nr. 223/95 v. 04.04.1995)

NLT-Rundschreiben Nr. 491/97 v. 15.07.1997 (zit.: NLT-Rundschreiben Nr. 491/97 v. 15.07.1997)

Positionspapier der Industrie- und Handelskammer für Ostfriesland und Papenburg v. 13.11.1995 (zit.: Positionspapier der IHK für Ostfriesland und Papenburg, 1995)

Regionales Raumordnungsprogramm des Landkreises Aurich, 1992 (zit.: RROP 1992)

Reshöft, Jan/Brandt, Stefan, ForWind Skript, Aurich 2006 (zit.: Reshöft/Brandt, ForWind Skript, 2006)

Runderlass des Nds. Innenministeriums v. 03.07.1991, in: Nds. MBl. Nr. 26/1991, S. 924–926 (zit.: Runderlass d. Nds. MI n. 03.07.1991, in: Nds. MBl. Nr. 26/1991)

Runderlass des Nds. Innenministeriums v. 11.07.1996 – 39.1–32346/8.4 – (zit.: Runderlass Nds. MI v. 11.07.1996 – 39.1–32346/8.4)

Runderlass des Nds. Ministeriums für den ländlichen Raum, Ernährung, Landwirtschaft und Verbraucherschutz v. 26.01.2004 – 303–32346/8.1 – (zit.: Runderlass d. Nds. ML v. 26.01.2004 – 303–32346/8.1)

Runderlass des Nds. Umweltministeriums v. 08.03.1993 – 116–22531/2 – (zit.: Runderlass d. Nds. MU v. 08.03.1993 – 116–22531/2 –)

Runderlass des Nds. Umweltministeriums v. 19.05.2005 – 34–40500/402 – (zit.: Runderlass d. Nds. MU v. 19.05.2005 –34–40500/402–)

Rundschreiben der Nds. Umweltministerin Griefahn v. 25.10.1994 (zit.: Rundschreiben der Nds. Umweltministerin v. 25.10.1994)

Rundverfügung der Bezirksregierung Weser-Ems v. 02.11.1992 – 309.10 – (zit.: Anlage zur Rundverfügung der BezReg Weser-Ems v. 02.11.1992 – 309.10 –)

Rundverfügung der Bezirksregierung Weser-Ems v. 14.04.1993 – 15ked155 – (Rundverfügung des BezReg Weser-Ems v. 14.04.1993 – 15ked155 –)

Rundverfügung der Bezirksregierung Weser-Ems v. 17.01.1995 – 204/924a – 21101 (zit.: Rundverfügung der BezReg Weser-Ems v. 17.01.1995 – 204/924a–21101)

Rundverfügung der Bezirksregierung Weser-Ems v. 03.09.2002 – 204.05–0–24159/6 – (zit.: Rundverfügung der BezReg Weser-Ems v. 03.09.2002 – 204.05–0–24159/6)

Sächsisches Staatsministerium für Umwelt und Landwirtschaft, Leitfaden zur Genehmigung von Windkraftanlagen im Freistaat Sachsen, 2001 (zit.: Windleitfaden Sachsen, 2001)

Schreiben der EWE v. 17.11.2008 (zit.: Auskunft der EWE mit Schreiben v. 17.11.2008)

Schreiben des Nds. Sozialministeriums v. 26.06.1993, Az.: 301.2–21120– (zit.: Schreiben des Nds. Sozialministeriums v. 26.06.1993, Az.: 301.2–21120–)

SOKO-Institut, Windkraftanlagen und Tourismus – Bevölkerungsumfrage 2003 (zit.: SOKO 2003)

Statistik des Bundesverbandes für Windenergie e.V., Stand: 30.06.2006 (zit.: Statistik des DEWI, Stand: 30.06.2006)

Verwaltungs- und Gebietsreform in Niedersachsen, Band 1 und 2, Gutachen der Sachverständigenkommission für die Verwaltungs- und Gebietsreform, Hannover 1969 (zit.: Weber-Kommission, 1969)

Wöbse, Hans Hermann, Gutachten zum Einfluss von Windkraftanlagen auf das Landschaftsbild im Landkreis Aurich, Aurich 1996 (zit.: Wöbse-Gutachten, 1996)

VII. Interviews

Kreisoberamtsrat a. D. Harm-Udo Wäcken (früherer Leiter des Bauamtes)

Dipl-Ing. Hermann Hollwedel (heutiger Leiter des Amtes für Bauordnung, Naturschutz und Planung)

Recht und Rhetorik

Herausgegeben von Katharina Gräfin von Schlieffen

Band 1 Ottmar Ballweg: Analytische Rhetorik. Rhetorik, Recht und Philosophie. Herausgegeben von Katharina Gräfing von Schlieffen. 2009.

Band 2 Markus Solbach: Politischer Druck und richterliche Argumentation. Eine rechtsrhetorische Analyse von Entscheidungen des Bundesverfassungsgerichts. 2003.

Band 3 Agnes Launhardt: Topik und Rhetorische Rechtstheorie. Eine Untersuchung zu Rezeption und Relevanz der Rechtstheorie Theodor Viehwegs. 2010.

Band 4 Frank Puchert: Entscheidungsfaktoren in der öffentlichen Verwaltung am Beispiel der Windenergie im Landkreis Aurich. 2010.

www.peterlang.de

Printed by
CPI books GmbH, Leck

Zeitfracht Medien GmbH
Ferdinand-Jühlke-Straße 7,
99095 - DE, Erfurt
produktsicherheit@zeitfracht.de